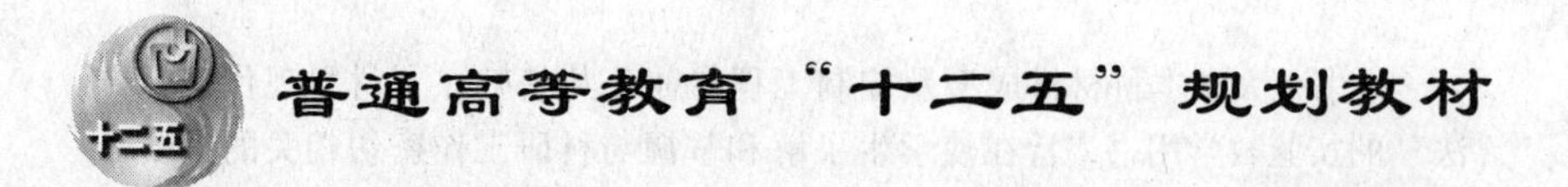

材料现代研究方法实验指导书

祖国胤　丁　桦　主编

北　京
冶金工业出版社
2014

内 容 提 要

本书是大学本科材料成型及控制工程专业公共基础课“材料现代研究方法”的实验教学用书，旨在使学生了解和掌握与科研工作密切相关的重要分析测试仪器原理、试样制作、分析特性以及数据解读等知识。

本书针对X射线衍射仪、扫描电子显微镜、透射电子显微镜等材料科学研究最重要的分析测试仪器，从仪器的基本原理入手，侧重介绍仪器的分析特性与制样等实用知识与技能。每章安排的分析实例大多为作者在实际科研工作中的珍贵素材，可使学生更好地熟悉本专业的学科方向与研究特点，掌握正确的研究方法。全书共设置了6个实验，以实现密切配合课堂教学，达到理论联系实际、增强动手能力的教学目的。

本书可作为本科及研究生的教学用书，也可供材料科技人员在从事科学研究及技术开发工作以及撰写论文时使用和参考。

图书在版编目(CIP)数据

材料现代研究方法实验指导书/祖国胤，丁桦主编．—北京：冶金工业出版社，2012. 11（2014. 2 重印）
普通高等教育“十二五”规划教材
ISBN 978-7-5024-5831-7

Ⅰ.①材…　Ⅱ.①祖…　②丁…　Ⅲ.①材料科学—研究方法—高等学校—教材　Ⅳ.①TB3-3

中国版本图书馆CIP数据核字（2012）第254935号

出 版 人　谭学余
地　　址　北京北河沿大街嵩祝院北巷39号，邮编100009
电　　话　(010)64027926　电子信箱　yjcbs@ cnmip. com. cn
责任编辑　程志宏　美术编辑　李　新　版式设计　孙跃红
责任校对　李　娜　责任印制　张祺鑫
ISBN 978-7-5024-5831-7
冶金工业出版社出版发行；各地新华书店经销；北京百善印刷厂印刷
2012年11月第1版，2014年2月第2次印刷
787mm×1092mm　1/16；9. 75印张；232千字；145页
25. 00 元

冶金工业出版社投稿电话：(010)64027932　投稿信箱：tougao@cnmip. com. cn
冶金工业出版社发行部　电话：(010)64044283　传真：(010)64027893
冶金书店　地址：北京东四西大街46号(100010)　电话：(010)65289081(兼传真)
（本书如有印装质量问题，本社发行部负责退换）

前　言

本书为东北大学“十二五”规划教材，是针对国家级特色专业——东北大学材料成型及控制工程专业开设的“材料现代研究方法”课程所编写的教学用书，亦可供国内其他材料成型及控制工程专业或冶金工程专业本科生“材料现代研究方法”课选用。

长期以来，作为材料科学与工程一级学科研究生阶段重要的专业基础课，“材料现代研究方法”已成为了研究生获得高水平学术成果的重要保障。但在本科阶段开设“材料现代研究方法”课程还只局限于材料学专业，对于材料成型及控制工程、冶金工程专业本科则很少设置这门课程。

从2006年起，东北大学为材料成型及控制工程专业本科生开设了“材料现代研究方法”课程。经过7个教学周期的实践，收到了良好的教学效果。教学过程中按照“加强基础，拓宽专业，增强能力，提高素质”这一培养目标，初步收到全面培养“厚基础、宽口径、高素质、有创新精神和实践能力”人才的效果。课程的开设对提高本科生的科研能力，激发创新思维发挥了积极作用。课程有效地改变了以往材料成型及控制工程专业本科生实践科研能力不足的突出问题，使学生了解与掌握了与专业科研工作密切相关的重要分析测试仪器的工作原理、制样方法、分析特性、数据解读等知识，为本科生的毕业设计（论文）工作奠定了良好的工作基础，对未来从事科学研究及技术开发工作也具有重要意义。

因此，在全面总结课程教学实践经验，且不断充实与完善“材料现代研究方法”讲义的基础上，我们组织编写了适于材料成型及控制工程专业本科学生使用的“材料现代研究方法实验指导书”。全书以材料科学研究最重要的分析测试仪器——X射线衍射仪、扫描电子显微镜、透射电子显微镜为对象，从仪器的基本原理入手，侧重介绍仪器的分析特性与制样方法等实用知识与技能。

每章安排的分析实例多为实际科研工作中的珍贵素材，可使本科生更好地熟悉本专业的学科方向与研究特色，掌握正确的研究方法。全书共设置了6个实验，以实现密切配合课堂教学，达到理论联系实际、增强动手能力的教学目的。

全书由东北大学祖国胤、丁桦主编。参加本书编写的有祖国胤（第1章及第2章2.1~2.6节、第3章3.1节、实验1~实验4）；丁桦（第2章2.7节、第3章3.3节、3.4.3小节、实验6）；任玉平（第3章3.2节及3.4.2小节、实验5）。在书稿编写过程中，东北大学研究院分析测试中心的高级实验师裴剑芬、宋丹、李慧莉分别对第1~3章的结构安排及实验部分提出了宝贵意见，编者在此表示由衷的感谢。

由于编者水平所限，书中存在的不足，敬请读者批评指正。

编　者

2012年5月于东北大学

目　录

第1章　X射线衍射分析技术

1.1　X射线的物理学本质

1.1.1　X射线的产生

高速运动的电子流或其他高能辐射流（如γ射线、X射线、中子流等）当被突然减速时均能产生X射线。获得X射线的方法是多种多样的，但大多数X射线源都是由X射线发生器产生的。为了获得X射线，需具备如下条件：

（1）产生并发射自由电子；

（2）在真空中迫使电子朝一定方向加速运动，以获得尽可能高的速度；

（3）在高速电子流的运动路线上设置一障碍物（阳极靶），使高速运动的电子突然受阻而停止下来。

实验室中使用的X射线通常是由X射线机所产生的。X射线机主要由X射线管、高压变压器、电压和电流调节稳定系统等构成，其主要线路如图1-1所示。为保证X射线机的稳定工作及其运行中的安全性和可靠性，还必须为其配置其他辅助设备，如冷却系统、安全防护系统、检测系统等。

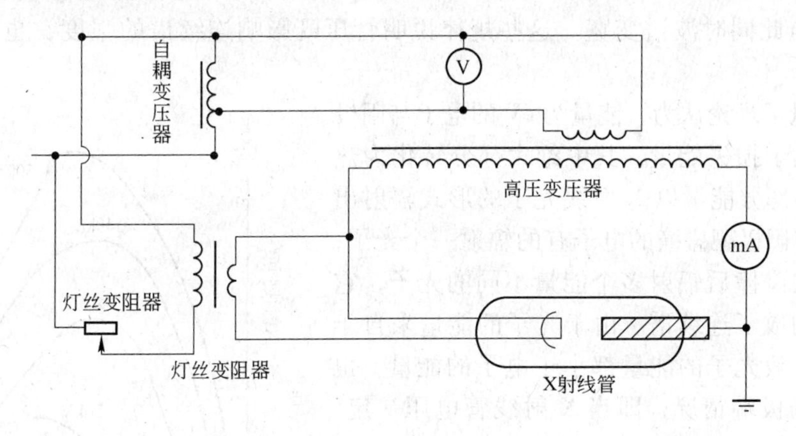

图1-1　X射线机的电路示意图

1.1.2　X射线的性质

X射线波长约为0.01～10nm。物质结构中，原子和分子的距离正好落在X射线的波长范围内，所以物质对X射线的散射和衍射能够传递极为丰富的微观结构信息。X射线和无线电波、可见光一样，从本质上都属于电磁波，只不过X射线的波长更短。与其他电磁波一样，X射线也具有波粒二象性，就是说它既有波动的属性，同时又具有粒子的属性。由于X射线的波长比可见光短很多，所以能量和动量很大，具有很强的穿透能力，可以穿透黑纸及许多对于可见光不透明的物质。当X射线穿过物质时，能被偏振化并被物质吸收而使强度减弱。X射线沿直线传播，即使存在电场和磁场，也不能使其传播方向发生改变。X射线肉眼不能观察到，但可以使照相底片感光。在通过一些物质时，X射线可使物质原子中的外层电子发生跃迁而产生可见光；通过气体时，X射线光子能与气体原子发生碰撞，使气体电离。

1.1.3 X射线谱

X射线随波长而变化的关系曲线，称为X射线谱。由X射线管发出的X射线可以分为两种类型，一种是连续波长的X射线所构成的连续X射线谱，它和白光相似，故也称白色X射线；另一种是在连续谱的基础上叠加若干条具有一定波长的谱线，构成特征X射线谱，它和白光中的单色光相似，所以也称单色X射线，这些射线与靶材有特定的联系。

1.1.3.1 连续X射线谱

连续X射线是高速运动的电子被阳极靶突然阻止而产生的，由于电子与阳极靶的无规律性，因而其X射线的波长是连续分布的。图1-2为不同管电压下的连续X射线谱，它由某一短波限λ_0开始，直到波长等于无穷λ_∞的一系列波长组成。连续X射线谱具有以下特点。

（1）连续谱短波限只与管电压有关。当固定管电压、改变管电流或者改变阳极靶材料时，λ_0不变，仅使各波长X射线强度改变；当增加管电压时，随X射线管电压的升高，各种波长的X射线的强度一致升高，最大强度对应的波长变短，短波限也相应变短，与此同时波谱变宽。这些规律说明管压既影响连续谱的强度，也影响其波长范围。

（2）量子理论认为，能量为eV的电子与阳极靶碰撞时电子损失能量，其中绝大部分转化为热能，仅一小部分能量以X射线光子的形式辐射出来。这些与阳极靶碰撞的电子有的辐射一个光子，有的经多次碰撞后辐射多个能量不同的光子，它们的总和构成了连续谱。由于光子的能量来自于电子，故一般光子的能量都小于电子的能量。也有极特殊的极端情况，即当X射线管电压一定，在电子发生能量转化时，某一电子的全部动能E完全转化为一个X射线的光子，那么此X射线光子的能量最大，波长最短。

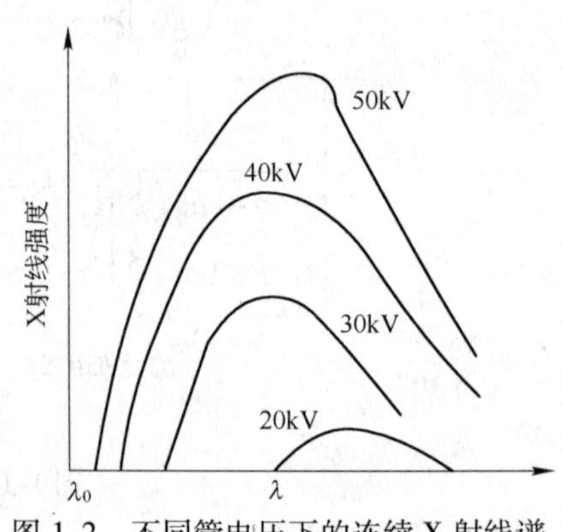

图1-2 不同管电压下的连续X射线谱

库伦坎普弗综合各种连续X射线强度分布的实验结果，得出一个计算波长为λ的X射线强度I_λ的经验公式：

$$I_\lambda = C'Z \cdot \frac{1}{\lambda^2}\left(\frac{1}{\lambda_0} - \frac{1}{\lambda}\right) \tag{1-1}$$

式中，C'为常数；Z为阳极材料的原子序数。

连续谱的总强度为图1-2所示的曲线所包围的面积，即：

$$I_{连} = \int_{\lambda_0}^{\lambda_\infty} I(\lambda)\,d\lambda = KIZV^2 \tag{1-2}$$

式（1-2）中，K为常数。该式说明连续谱的总强度与管电流强度I、靶的原子序数Z以及管电压V的平方成正比。

X射线管的效率η定义为X射线强度与X射线管功率的比值，即：

$$\eta = \frac{KIZV^2}{IV} = KZV \tag{1-3}$$

如使用钨阳极管，$Z=74$，管电压为100kV时，其X射线管的效率仅为1%或者更低，这是由于X射线管中电子的能量绝大部分在和阳极靶碰撞时产生热能而损失，只有极少部分能量转化为X射线能。所以X射线管工作时必须以冷却水冲刷阳极，以达到冷却阳极的目的。为了提高X射线管发射X射线的效率，需要选用重金属靶并施以高电压。

1.1.3.2　特征X射线谱

特征X射线为一线性光谱，由若干分离且具有特定波长的谱线组成，其强度大大超过连续谱线的强度并可叠加于连续谱线之上。对一定元素的靶，当管电压小于某一限度时，只激发连续谱。随着管电压的增高，射线谱曲线只向短波方向移动，总强度增高，本质上无变化。但当管电压超过某一临界值U_K后（如对铜靶超过20kV），强度分布曲线将产生显著变化，即在连续X射线谱某几个特定波长的地方，强度突然显著增大，如图1-3所示。这些谱线不随X射线管的工作条件而变，只取决于阳极靶物质，反映了物质的原子序数特征。

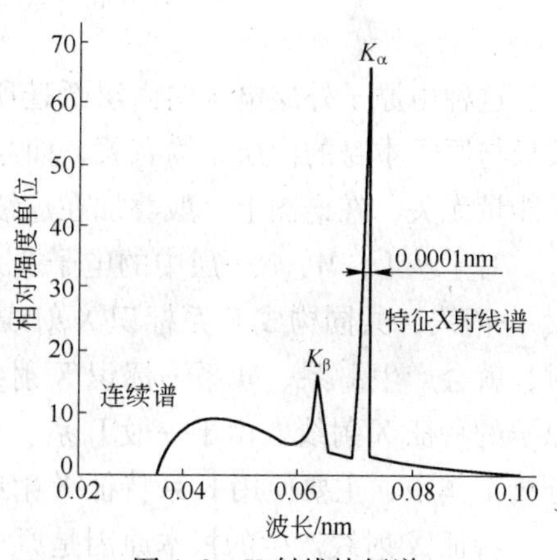

图1-3　X射线特征谱

特征谱的产生可以从原子结构观点得到解释。按照原子结构的壳层模型，原子中的电子遵从泡利不相容原理，不连续的分布在以原子核为中心的若干壳层中，光谱学中依次称为K、L、M、N…。不同能级的壳层上，分别对应于主量子数$n=1, 2, 3, 4\cdots$。在稳定状态下，每个壳层有一定数量的电子，它们具有一定的能量，最内层（K层）电子的能量最低，然后按L、M、N的顺序递增，从而构成一系列的能级。在正常情况下，电子总是先占满能量低的壳层。原子中各层能级上电子的能量取决于原子核对它的束缚力，因此对于原子序数Z一定的原子，其各能级上电子的能量具有分立的确定值。又由于内层电子数目和它们所占据的能级数不多，因此内层电子跃迁所辐射出的X射线的波长便是若干个特定的值。这些波长能反映出该原子的原子序数特征，而与原子所处的物理、化学状态基本无关。如图1-4所示，在具有足够高能量的高速电子撞击阳极靶时，会将阳极靶物质中原子K层电子撞出，在K壳层中形成空位，原子系统能量升高，使体系处于不稳定的激发态。按能量最低原理，L、M、N等层中的电子会跃入K层的空位。为保持体系平衡，在跃迁的同时，这些电子会将多余的能量以 X 射线光子的形式释放，比如 L 层电子跃迁到 K 层，此时能量降低为：

$$\Delta\varepsilon_{LK} = \varepsilon_L - \varepsilon_K \tag{1-4}$$

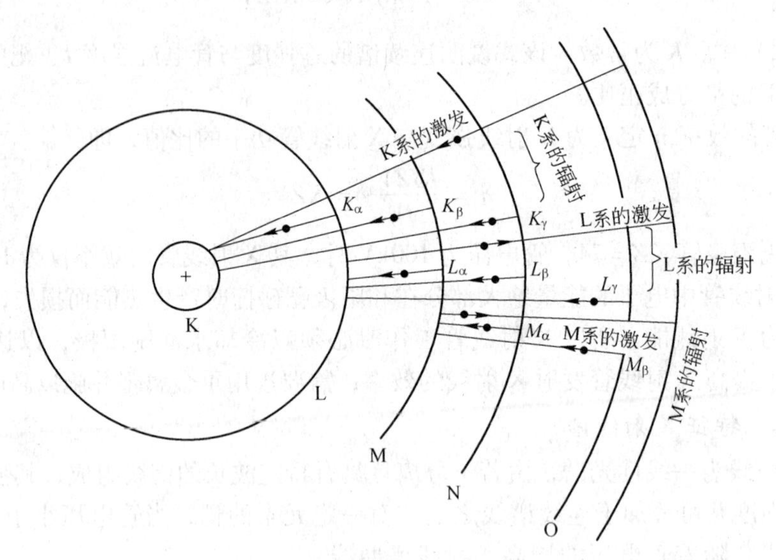

图 1-4　特征 X 射线产生原理图

这种由原子外层电子向内层跃迁所产生的 X 射线叫做特征 X 射线。这种 X 射线的波长只与原子本身的内层结构有关，而与该原子周围的物理、化学状态以及击发它的入射电子能量无关，在谱图上一般叠加在连续 X 射线谱上。

对于从 L、M、N…层中的电子跃入 K 层空位时所释放的 X 射线，分别称为 K_α、K_β、K_γ…谱线，共同构成 K 系标识 X 射线。类似 K 层电子被激发，L 层、M 层…电子被激发时，就会产生 L 系、M 系…标识 X 射线，而 K 系、L 系、M 系…标识 X 射线共同构成了原子的特征 X 射线。由于一般 L 系、M 系标识 X 射线波长较长，强度很弱，因此在衍射分析工作中，主要使用 K 系特征 X 射线。

特征 X 射线产生的根本原因是原子内层的电子跃迁，它的波长与原子序数服从莫塞莱定律，即：

$$\sqrt{\frac{1}{\lambda}} = K(Z - \sigma) \tag{1-5}$$

原子同一层上的电子并不处于同一能量状态，而分属于若干个亚能级。亚能级间有微小的能量差，因此，电子从同层不同亚层向同一内层跃迁，辐射的特征谱线波长必然有微小的差值。此外，电子在各能级间的跃迁并不是随意的，而要符合“选择定则”。如图 1-5 所示，L_1 亚能级上的电子就不能跃迁到 K 层上来，所以 K_α 谱线是电子由 $L_2 \to K$ 和 $L_3 \to K$ 跃迁时辐射出来的 $K_{\alpha1}$、$K_{\alpha2}$ 两根谱线组成的。由于能级 L_3 与 L_4 能量值相差很小，因为 $K_{\alpha1}$、$K_{\alpha2}$ 的波长很相近，通常无法分辨。为此，将 $K_{\alpha1}$、$K_{\alpha2}$ 谱线波长的加权平均值作为 K_α 谱线的波长。根据实验测定 $K_{\alpha1}$ 谱线的强度是 $K_{\alpha2}$ 谱线的两倍，故 K_α 谱线的平均波长为：

$$\lambda_{k_\alpha} = \frac{2\lambda_{k_{\alpha1}} + \lambda_{k_{\alpha2}}}{3} \tag{1-6}$$

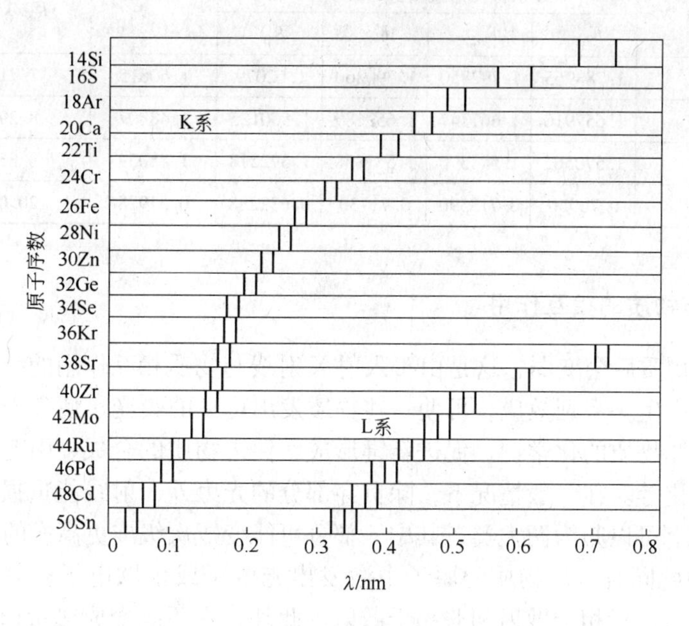

图 1-5 原子序数 Z 与特征谱线波长 λ 的关系

特征谱线的相对强度是由电子在各能级之间的跃迁概率决定的，还与跃迁前原来壳层上的电子数多少有关。例如，L 层电子跃入 K 层空位的概率比 M 层电子跃入 K 层空位的概率大，K_α 谱线的强度大于 K_β 谱线的强度，其比值大约为5:1。而对 $K_{\alpha1}$ 和 $K_{\alpha2}$ 谱线而言，L_3 上的四个电子跃迁至 K 层空位的概率比 L_2 上的两个电子跃迁至 K 层的概率大一倍，所以 $K_{\alpha1}$ 与 $K_{\alpha2}$ 的强度之比为 2:1。

原子内层电子造成空位是产生特征辐射的前提，而欲击出靶材原子内层电子，比如 K 层电子，由阴极射来的电子的动能必须大于（至少等于）K 层电子与原子核的结合能 E_K。只有当 $U \geqslant U_K$ 时，受电场加速的电子的动能足够大，将靶材原子的内层电子击出来，才能产生特征 X 射线。所以 U_K 实际上是与能级 E_K 的数值相对应的：

$$U_K = E_K \tag{1-7}$$

由于愈靠近原子核的内层电子的结合能愈大，所以击出同一靶材原子的 K、L、M 等不同内层上的电子，就需要不同的 U_K、U_L、U_M 等临界激发电压。当然阳极靶材原子序数越大，所需临界激发电压也越高。实验表明，欲得到最大的特征 X 射线与连续 X 射线的强度比，X 射线管的工作电压选在 $3U_K \sim 5U_K$ 时为最佳。表 1-1 列出了常用的几种特征 X 射线的波长以及其他有关数据。

表 1-1 常用阳极靶材料的特征谱线参数

靶材元素	原子序数	K 系特征谱线波长/10^{-1}nm				K 吸收限	U_K/kV	适宜的工作电压 U/kV
		$K_{\alpha1}$	$K_{\alpha2}$	K_α	K_β	λ_0 /10^{-1}nm		
Cr	24	2.28970	2.293606	2.29100	2.08487	2.0702	5.98	20 ~ 25
Fe	26	1.936042	1.939980	1.937355	1.75661	1.74346	7.10	25 ~ 30

续表 1-1

靶材元素	原子序数	K 系特征谱线波长/10^{-1}nm				K 吸收限 λ_0 /10^{-1}nm	U_K/kV	适宜的工作电压 U/kV
		$K_{\alpha1}$	$K_{\alpha2}$	K_α	K_β			
Co	27	1.788965	1.792850	1.790260	1.62079	1.60815	7.71	30
Ni	28	1.657910	1.661747	1.659189	1.500135	1.48807	8.29	30 ~ 35
Cu	29	1.570562	1.544390	1.541838	1.392218	1.88059	8.86	35 ~ 40
Mo	42	0.70930	0.713590	0.71730	0.632288	0.51978	20.0	50 ~ 55

1.1.4 X 射线与物质的相互作用

X 射线透过物质后会变弱，这是由于入射 X 射线与物质相互作用的结果。当 X 射线与物质相遇时，会产生一系列效应，可使一些物质发出可见的荧光、使离子固体发出黄褐色或紫色的光、破坏物质的化学键、促进新键形成、促进物质的合成、引起生物效应、导致新陈代谢发生变化等。在一般情况下，除贯穿部分的光束外，射线能量损失在与物质作用过程之中，基本上可以归为两大类，其中一部分可能变成次级或更高次的 X 射线，即所谓荧光 X 射线，与此同时，从物质的原子中激发出光电子或俄歇电子；另一部分消耗在 X 射线的散射之中，包括相干散射和非相干散射。此外，它还能变成热量逸出。以上过程可以用图 1-6 来表示，下面分别讨论 X 射线的散射作用、吸收规律和衰减规律。

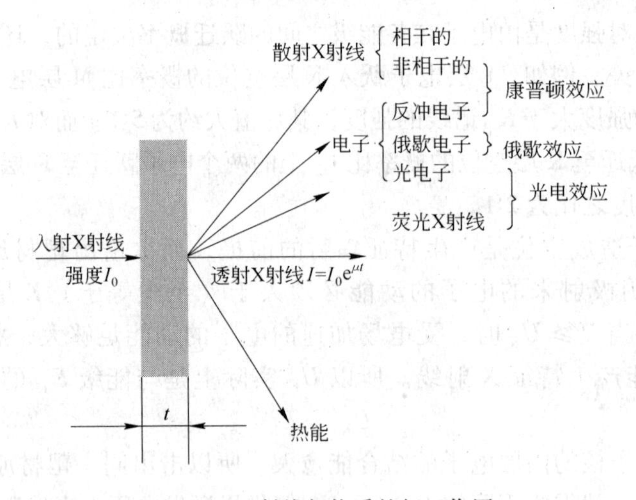

图 1-6 X 射线与物质的相互作用

1.1.4.1 X 射线的散射

沿一定方向运动的 X 射线光子流与物质的电子相互碰撞后，向周围弹射开来，这便是 X 射线的散射。散射分为波长不变的相干散射和波长改变的非相干散射。

A 相干散射

X 射线具有波粒二象性，当它与受原子核束缚很紧的电子相互作用时，就会发生一定的弹性碰撞，其结果是光子的能量没有发生改变，只是方向发生了改变。由于散射波与入射波的频率或波长相同，位相差恒定，在同一方向上各散射波符合相干条件，又称为相干散射。

按电子动力学理论，当一束非偏振的X射线照射到质量为 m、电荷为 e 的电子时，在与入射线呈 2θ 角度方向上距离为 R 处的某点，由电子引起的散射X射线的强度为：

$$I_e = I_0 \frac{e^4}{R^2 m^2 c^4}\left(\frac{1+\cos^2 2\theta}{2}\right) \tag{1-8}$$

式（1-8）称为汤姆逊公式，它表示一个电子散射X射线的强度。式中，$f_e = \frac{e^2}{mc^2}$ 称为电子的散射因子；$\frac{(1+\cos^2 2\theta)}{2}$ 称为极化因子。如果将电子的电荷 e，电子的质量 m 和光速 c 的数值代入上式，可得：

$$I_e = I_0 \frac{7.9\times10^{-26}}{R^2}\left(\frac{1+\cos^2 2\theta}{2}\right) \tag{1-9}$$

由此可见，在各方向上散射波的强度不同，在 $2\theta=0°$ 处即入射方向上强度最大，而在入射线垂直方向 $2\theta=90°$ 处强度最小。原子中的电子在入射X射线电场力的作用下产生与入射波频率相同的受迫振动，于是这样的电子就成为一个电磁波的发射源，向周围辐射新的电磁波，其波长与入射波相同，并且彼此间有确定的相位关系。晶体中规则排列的原子，在入射X射线的作用下都产生这种散射，于是在空间形成了满足波的相互干涉条件的多元波，故称这种散射为相干散射，或也称为经典散射或汤姆逊散射。相干散射是X射线在晶体中产生衍射现象的基础。

B 非相干散射

当光子与原子内的自由电子或束缚很弱的电子碰撞时，光子的能量一部分传递给了原子，这样入射光的能量改变了，方向也改变了，所以它们不会发生相互干涉，如图1-7所示。把一束X射线看成是由光子组成的粒子流，其中每个光子的能量为 $h\nu$（h 为普朗克常数；ν 为光的频率）。当每个光子与一个束缚较松的电子发生弹性碰撞时，电子被碰到一边，成为反冲电子，同时在 α 角度下产生一个新光子。由于入射光子的一部分能量转化成为电子的动能，因此，新光子的能量必然较碰撞前的能量 $h\nu$ 为小。散射辐射的波长 λ_2 应较入射光束的波长 λ_1 略长，其变化根据能量及动量守恒定律求得散射束波长的增大值（nm）为：

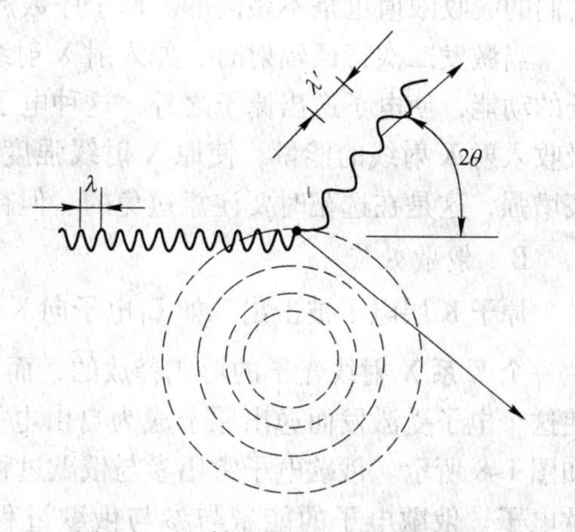

图1-7 X射线非相干散射示意图

$$\Delta\lambda = \lambda_2 - \lambda_1 = 0.00243(1-\cos\alpha) \tag{1-10}$$

由于这种散射效应是由康普顿及我国物理学家吴有训等首先发现的，故称之为康普顿-吴有训效应，称这种散射为康普顿散射或量子散射。散布于各个方向的量子散射波不仅波长互不相同，且其相位与入射波的相位也不存在确定关系，因此不能相互干涉，所以也称非相干散射。非相干散射不能参与晶体对X射线的衍射，只会在衍射图像上形成强度

随 $\frac{\sin\theta}{\lambda}$ 的增加而增大的连续背底，给衍射分析工作带来不利影响。

1.1.4.2　X射线的真吸收

X射线能量在通过物质时转变为其他形式的能量，对X射线而言主要是发生了能量损耗，这种能量损耗称为真吸收。物质对X射线的真吸收主要是由原子内部电子跃迁引起的，在这个过程中发生X射线的光电效应和俄歇效应，使X射线的部分能量转变为光电子（由于X射线入射而逸出原子的部分电子）、荧光X射线及俄歇电子的能量。

A　光电效应与荧光（二次特征）辐射

当X射线光子具有足够高的能量时，可以将被照射物质原子中内层电子激发出来，使原子处于激发状态，通过原子中壳层上的电子跃迁，辐射出X射线特征谱线，这种利用X射线激发作用而产生的新的特征谱线叫做二次特征辐射。二次特征辐射本质上属于光致发光的荧光现象，故也称为荧光辐射。显然，欲激发原子产生K、L、M等线系的荧光辐射，入射的X射线光子的能量必须大于等于K、L、M层电子与原子核的结合能 E_K、E_L、E_M，例如：

$$E_K = h\nu_K = \frac{hc}{\lambda_K} \tag{1-11}$$

式中，ν_K、λ_K 为当激发被照物质产生K系荧光辐射时，入射X射线须具有的频率和波长的临界值。激发不同元素产生不同谱线的荧光辐射所需要的临界能量条件是不同的，所以它们的吸收限值也是不相同的。原子序数愈大，同名吸收限波长值愈短。

当激发二次特征辐射时，原入射X射线光子的能量被激发出的电子所吸收而转变为电子的动能，使电子逸出原子之外，这种电子称光电子，也称光电效应。此时，物质将大量吸收入射X射线的能量，使原X射线强度明显减弱。二次特征辐射造成衍射图像漫散背底增强，这是在选靶时要注意避免的。但在荧光分析中，它又是X射线荧光分析的基础。

B　俄歇效应

原子K层电子被击出，如 L_1 电子向K层跃迁，其能量差 $\Delta E = E_K - E_{L_1}$ 可能不是以产生一个K系X射线光子的形式释放的，而是被邻近的电子（比如另一个 L_2 电子）所吸收，使这个电子受激发而逸出原子成为自由电子，这就是俄歇效应，这个电子称为俄歇电子，如图1-8所示。俄歇电子常用参与俄歇过程的三个能级来命名，如上所述的即为 KL_1L_2 俄歇电子。俄歇电子的能量与参与俄歇过程的三个能级能量有关，按上述举例，俄歇电子的能量为 $\Delta E = E_K - E_{L_1} - E_{L_2}$。可见俄歇电子能量是特定的，与入射X射线波长无关，仅与产生俄歇效应的物质的元素种类有关。

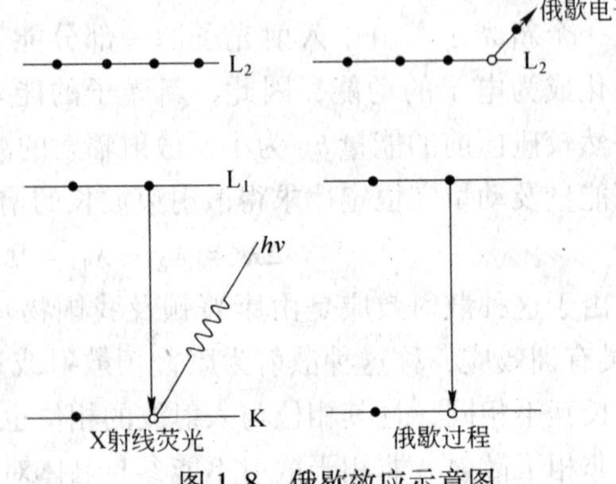

图1-8　俄歇效应示意图

此外，俄歇电子的能量很低，一般只有几百电子伏特，故只有表面几层原子所产生的俄歇电子才能逸出而被探测到。所以，由此原理而研制的俄歇电子显微镜是材料表面研究的重要工具之一。

1.1.4.3 X射线的衰减规律

X射线透过物质时，与物质相互作用产生散射和真吸收过程，强度将逐渐衰减。在大多数情况下，X射线的衰减是由真吸收造成的，散射只占很小一部分，因此在研究衰减规律时可以忽略散射部分的影响。

A 质量吸收系数

实验证明，当一束X射线通过物质时，由于散射和吸收的作用使其透射方向上的强度减弱。衰减的程度与所经过物质的距离成正比，如图1-9所示，设入射光X射线强度为I_0，透过厚度为d的物质后强度为I，$I < I_0$。在被照射的物质深度为x处取一微小厚度元dx，照射到此小厚度元上的X射线强度为I_x，透过此厚度元的X射线强度为I_{x+dx}，则强度的改变为：

$$dI_x = I_{x+dx} - I_x \tag{1-12}$$

而相对强度改变则有：

$$\frac{I_{x+dx} - I_x}{I_x} = \frac{dI_x}{I_x} = -\mu_L dx \tag{1-13}$$

式中，负号表示dI_x与dx的变化方向相反；μ_L为线吸收系数（cm^{-1}），与X射线束的波长及被照射物质的元素组成和状态有关。对上式积分，可得到X射线通过整个物质厚度的衰减规律：

$$I_x = I_0 e^{-\mu_L x} \tag{1-14}$$

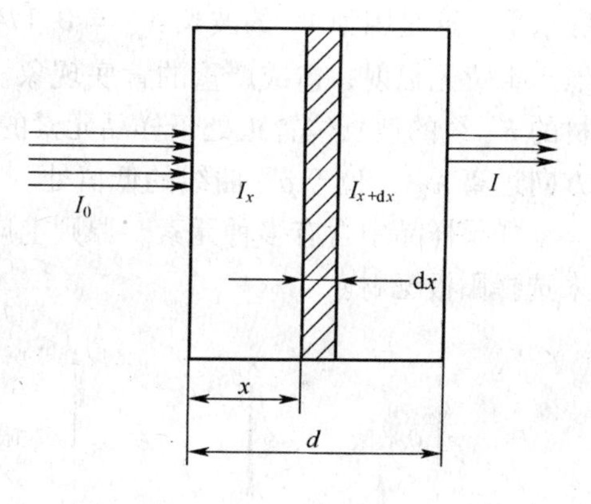

图1-9 X射线减弱规律

由于强度是指单位时间内通过单位截面的能量，因此μ_L表示的是单位时间内单位体积物质对X射线的吸收；而单位体积内的物质质量随其密度而改变，因此μ_L还与物质的物理状态有关。为了避开线吸收系数μ_L随吸收体物理状态不同而变得困难，可以用$\frac{\mu_L}{\rho}$代替μ_L，ρ为吸收物质的密度，这样式（1-14）变为：

$$I = I_0 e^{-\frac{\mu_L}{\rho}\rho x} = I_0 e^{-\mu_m \rho x} \tag{1-15}$$

式中，μ_m为质量吸收系数，cm^2/g。

质量吸收系数$\mu_m = \mu_L/\rho$表示单位质量物质对X射线的吸收程度，其值的大小与温度、压力等物质状态参数无关，但与X射线波长及被照射物质的原子序数Z有关，即存在如下的近似关系：

$$\mu_m = K\lambda^3 Z^3 \tag{1-16}$$

式中，K为常数。

图1-10给出了金属铅的μ_m-λ关系曲线。从图中可以看出，整个曲线并非随λ值减小而单调下降，而是在某些波长位置上突然升高，于是若干个跳跃台阶将曲线分为若干段，每段曲线连续变化，满足式（1-16），各段间仅K值不同。这些吸收突变处的波长，就是

吸收体因被激发产生荧光辐射而大量吸收入射X射线的吸收限（如λ_K、λ_{L_1}、λ_{L_2}等）。这是由于随着入射线波长的减小，光子的能量达到了能激发某个内层电子的数值，从而X射线大量地被吸收，质量吸收系数突然增大。

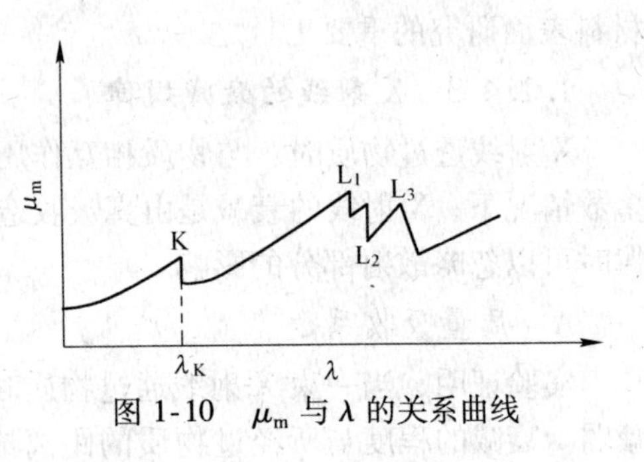

图1-10　μ_m与λ的关系曲线

当X射线通过多种元素组成的物质时，X射线的衰减是受到了组成该物质的各种元素的影响，由被照射物质原子本身的性质决定，而与这些原子间的结合方式无关。

B　吸收限的应用

（1）阳极靶的选择。在X射线衍射分析中，要求入射X射线尽可能少地激发样品的荧光辐射，以降低衍射花样的背底，使图像清晰。对于每一个试样而言，所选靶的K_α应比试样的λ_K稍长一些，或者短很多，这样不会引起样品的荧光辐射，可免于因衍射强度减弱和背底加深而使衍射谱质量变坏。根据样品化学成分选择靶材的原则是$Z_{靶} \leqslant Z_{样}+1$或$Z_{靶} \geqslant Z_{样}$。例如，分析Fe试样时，应用Co靶或Fe靶，如果用Ni靶，会产生较高的背底水平。这是因为Fe的波长$\lambda_K = 0.1743\text{nm}$，而Ni的波长$\lambda_{K_0} = 0.1659\text{nm}$，刚好大量地产生荧光辐射，造成严重的背底现象。图1-11清楚地表明，符合这一选择原则时，靶材的K_α线的波长位置正处于样品元素的吸收限λ_K附近，为μ_m值低谷处，或朝更短波长方向远离λ_K，位于μ_m曲线的低值处。

如果样品中含有多种元素，原则上应在含量较多的几种元素中以原子序数最小的元素来选择阳极靶材。

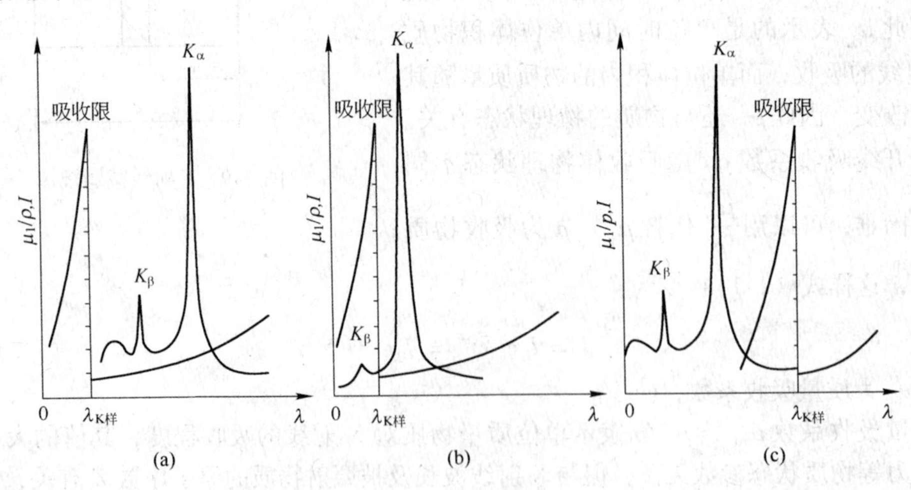

图1-11　X射线管靶材的选择原则

(a) $Z_{靶} < Z_{样}$；(b) $Z_{靶} = Z_{样}+1$；(c) $Z_{靶} \geqslant Z_{样}$

（2）滤波片的选择。许多X射线分析工作，都要求使用单色的X射线，但一般使用的靶材K系射线均有两条线K_α、K_β，其中K_α线强度高，选作分析用；而K_β是有害的，必须滤去它。利用吸收限两边吸收系数相差悬殊的特点，可制作X射线滤波片。

如果选择适当的材料，使其 K 吸收限波长 λ_K 正好位于所用的 K_α 和 K_β 的波长之间。当将滤波片置于入射线束或衍射线束光路中，滤波片将强烈地吸收 K_β 线，而对 K_α 线吸收很少，这样就可得到基本上是单色的 K_α 辐射，如图 1-12 所示。

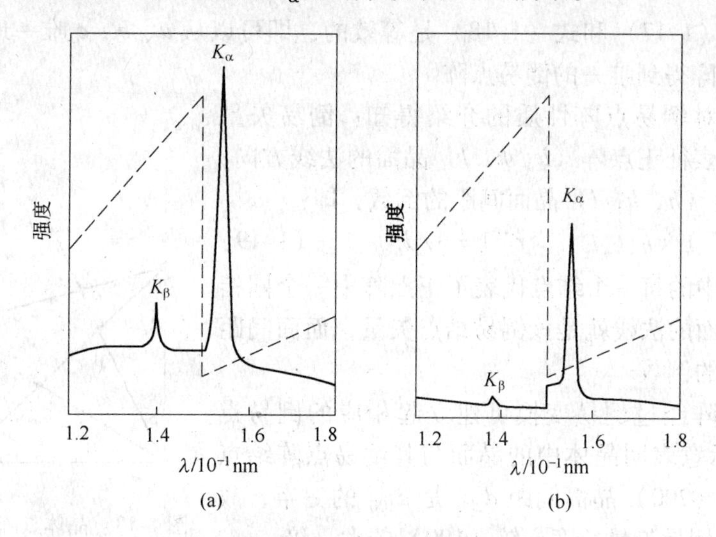

图 1-12 滤波片的原理示意图

（a）滤波前；（b）滤波后

滤波片材料是根据阳极靶元素而确定的。从滤波片 K 吸收限与阳极靶 K 系辐射波长的对应关系可以总结出如下规律，即滤波片的原子序数比阳极靶的原子序数小 1 或 2。一般来说，滤波片的选择是：当 $Z_{靶} < 40$ 时，$Z_{滤片} = Z_{靶} - 1$；当 $Z_{靶} > 40$ 时，$Z_{滤片} = Z_{靶} - 2$。

1.2 X 射线的衍射原理

X 射线运动学衍射理论包括衍射方向（干涉线的位置）和衍射强度（相含量的贡献）两个方面的内容。

1.2.1 倒易点阵简介

随着晶体学的发展，为了更清楚地说明晶体衍射现象和晶体物理学方面的某些问题，厄瓦尔德在 1920 年首先引入了倒易点阵的概念。

若从正点阵的原点出发，向（h，k，l）晶面做垂线，即（h，k，l）的法线，如图 1-13所示的 ON。在 ON 线上取一点 P_{hkl}，使 OP_{hkl}的长度与（h，k，l）的面间距成反比，则 P_{hkl}点称倒易点，所有正点阵晶面的倒易点组成了倒易点阵。若以 $\boldsymbol{a}$、$\boldsymbol{b}$、$\boldsymbol{c}$ 表示晶体点阵的基矢，则与之对应的倒易点阵基矢 $\boldsymbol{a}^*$、$\boldsymbol{b}^*$、$\boldsymbol{c}^*$ 可以用下面两种方式表示其关系。

第一种方式为：

$$\boldsymbol{a}^* = \frac{\boldsymbol{b} \times \boldsymbol{c}}{V},\ \boldsymbol{b}^* = \frac{\boldsymbol{c} \times \boldsymbol{a}}{V},\ \boldsymbol{c}^* = \frac{\boldsymbol{a} \times \boldsymbol{b}}{V} \tag{1-17}$$

式中，V为晶胞体积，$V=\boldsymbol{a}\cdot(\boldsymbol{b}\times\boldsymbol{c})$。

第二种方式为：

$$\begin{aligned}&\boldsymbol{a}^*\boldsymbol{a}=\boldsymbol{b}^*\boldsymbol{b}=\boldsymbol{c}^*\boldsymbol{c}=1\\&\boldsymbol{a}^*\boldsymbol{b}=\boldsymbol{a}^*\boldsymbol{c}=\boldsymbol{b}^*\boldsymbol{a}=\boldsymbol{b}^*\boldsymbol{c}=\boldsymbol{c}^*\boldsymbol{a}=\boldsymbol{c}^*\boldsymbol{b}=0\end{aligned}\tag{1-18}$$

实际上式（1-17）和式（1-18）是等效的，即可以从$\boldsymbol{a}$、$\boldsymbol{b}$、$\boldsymbol{c}$唯一地求出$\boldsymbol{a}^*$、$\boldsymbol{b}^*$、$\boldsymbol{c}^*$，即从正点阵得到唯一的倒易点阵。

通过以上对倒易点阵性质的介绍得知：倒易矢量$\boldsymbol{r}^*$的方向可以表征正点阵（h，k，l）晶面的法线方向，而$\boldsymbol{r}^*$的长度为（h，k，l）晶面间距的倒数，即：

$$\boldsymbol{r}^*\perp(h,k,l),\ |\boldsymbol{r}^*|=1/d_{hkl}\tag{1-19}$$

倒易点阵中的每一个结点代表了正点阵中一个同指数的晶面，此面的法线就是该倒易结点矢量，而面间距就是此矢量模的倒数。

由晶体点阵经过倒易变换可建立起相应的倒易点阵，图1-14示意表明晶体中的晶面与其倒易点阵结点的关系。因为（200）晶面间距d_{200}是d_{100}的一半，故（200）相应的倒易矢量长度亦较（100）的大一倍。

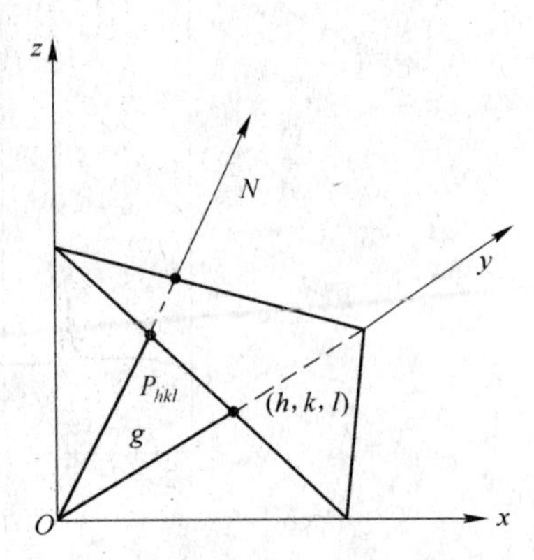

图1-13 晶体点阵中的晶面与倒易点阵中相应结点的关系

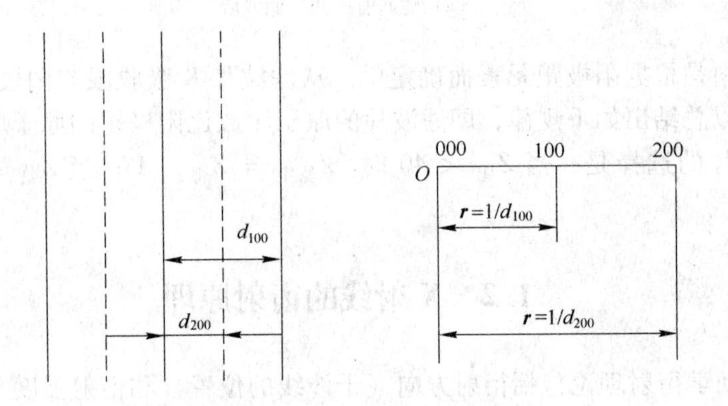

图1-14 晶面与倒易结点的关系

图1-15表明立方晶系晶体与其倒易点阵的关系。可以看出，$\boldsymbol{r}^*$矢量长度等于其对应晶面间距的倒数，且其方向与晶面相垂直。因（220）与（110）平行，故$\boldsymbol{r}^*_{200}$亦平行于$\boldsymbol{r}^*_{100}$，但长度不等。

1.2.2 X射线的衍射方向

X射线在晶体中产生衍射的现象是其散射的一种特殊表现，由于X射线被晶体各个原子中的电子散射，其散射波是具有与原射线同样波长的相干散射波，它们在某些方向上因相互干涉加强而得到衍射线。这种因相互干涉而加强的几何条件可以分别用劳厄方程式、布拉格定律或厄瓦尔德图解表示，以下介绍这些方程式和定律推导及图解的方法。

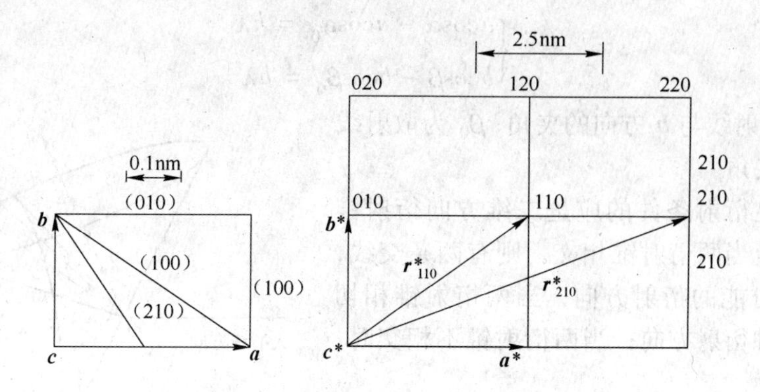

图 1-15　立方二维点阵与其倒易点阵的关系

1.2.2.1　劳厄方程

劳厄等人于1912年发现了X射线通过$CuSO_4$晶体的衍射现象。为了解释此衍射现象，假设晶体的空间点阵为一系列平行的原子网面组成，入射X射线为平行射线。由于相邻原子面间距与X射线的波长在同一个量级，晶体成为了X射线的三维光栅，当相邻原子网面的散射线的光程差为波长的整数倍时会发生衍射现象。下面依次讨论原子排列成一维、二维及三维时，所引起的X射线衍射情况。

如图1-16所示，波长为λ的一束X射线，以入射角α投射到晶体中原子间距为a的原子列上。假设入射线和衍射线均为平面波，且晶胞中只有一个原子（原子的尺寸忽略不计），原子中各电子产生的相干散射由原子中心点发出，由图1-16可知，相邻两原子的散射光程差为：

$$\sigma = ON - MA = a(\cos\alpha - \cos\alpha_0) \tag{1-20}$$

若各原子散射波相互干涉加强，形成衍射，则光程差σ必须等于入射X射线波长λ的整数倍：

$$a(\cos\alpha - \cos\alpha_0) = h\lambda$$

写成矢量式为：

$$\boldsymbol{a}(\boldsymbol{s} - \boldsymbol{s}_0) = h\lambda \tag{1-21}$$

式中，h为整数（0，±1，±2，±3，…），称为衍射级数；α为衍射矢量与直线点阵方向的夹角；α_0为入射矢量与直线点阵方向的夹角。

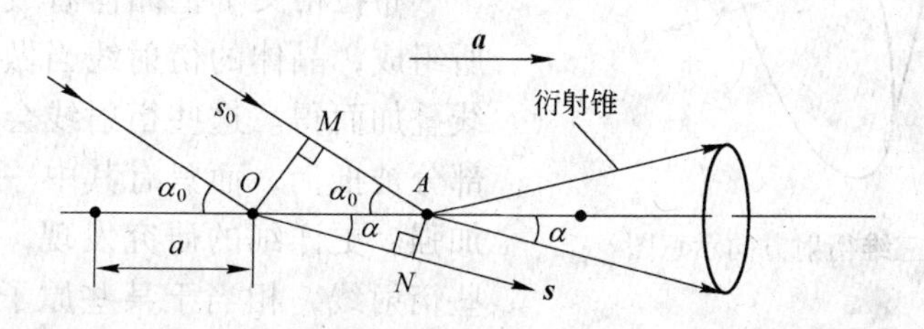

图 1-16　一维衍射方向示意图

当式（1-21）推广到两维时，如图1-17所示，此时应在两维方向上满足相干条件，即：

$$\begin{cases} a\cos\alpha - a\cos\alpha_0 = h\lambda \\ b\cos\beta - b\cos\beta_0 = h\lambda \end{cases} \tag{1-22}$$

式中，β 为入射线与 $\boldsymbol{b}$ 方向的夹角；β_0 为散射线与 $\boldsymbol{b}$ 方向的夹角。

此时满足衍射条件的应是二维方向衍射锥的公共交线。当两衍射锥相交，则有两条交线，表明有两种可能的衍射方向；当两衍射锥相切时，仅有一种衍射方向；当两衍射锥不相交时，则无衍射发生。

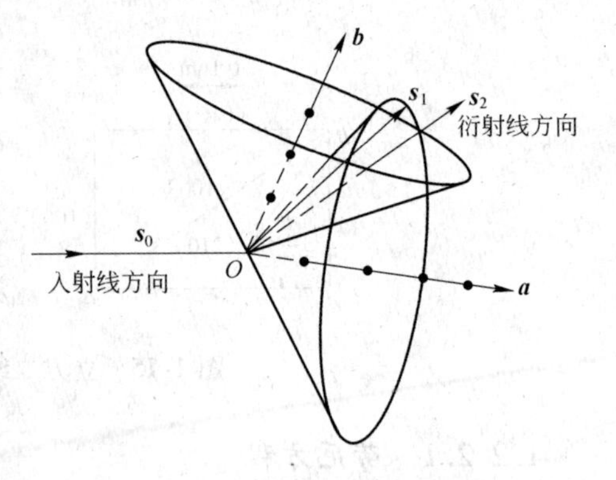

图 1-17　二维衍射方向示意图

如图 1-18 所示，在三维空间中，设入射 X 射线 $\boldsymbol{s}_0$ 与三晶轴 $\boldsymbol{a}$，$\boldsymbol{b}$，$\boldsymbol{c}$ 的交角分别为 α_0、β_0、γ_0，衍射方向 $\boldsymbol{s}$ 与三晶轴 $\boldsymbol{a}$，$\boldsymbol{b}$，$\boldsymbol{c}$ 的交角分别为 α、β、γ，则必须满足：

$$\begin{cases} a(\cos\alpha - \cos\alpha_0) = h\lambda \\ b(\cos\beta - \cos\beta_0) = k\lambda \\ c(\cos\gamma - \cos\gamma_0) = l\lambda \end{cases} \tag{1-23}$$

即：

$$\begin{cases} a(\boldsymbol{s} - \boldsymbol{s}_0) = h\lambda \\ b(\boldsymbol{s} - \boldsymbol{s}_0) = k\lambda \\ c(\boldsymbol{s} - \boldsymbol{s}_0) = l\lambda \end{cases} \tag{1-24}$$

由于 $\boldsymbol{s}$ 与三晶轴的交角具有一定的相互约束，因此，α、β、γ 不是完全相互独立的。对于立方晶系，α、β、γ 具有如下关系：

$$\cos^2\alpha + \cos^2\beta + \cos^2\gamma = 1 \text{ , } \cos^2\alpha_0 + \cos^2\beta_0 + \cos^2\beta_0 = 1 \tag{1-25}$$

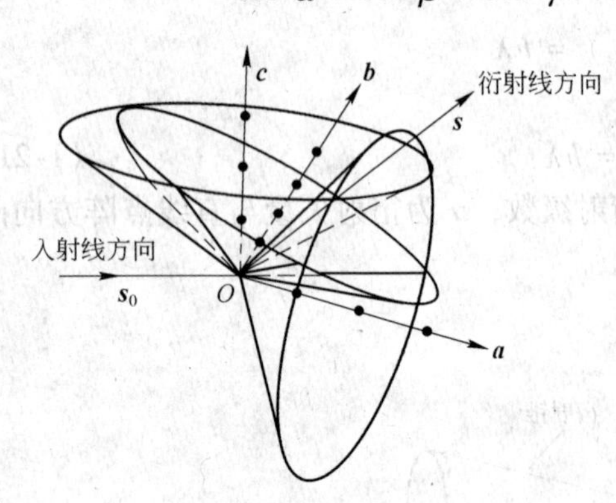

图 1-18　三维衍射方向示意图

通过以上分析可知，采用劳厄方程研究 X 射线的衍射方向须同时考虑 5 个方程，实际使用中存在不便。布拉格父子对此进行了简化研究，导出了简单实用的布拉格方程。

1.2.2.2　布拉格定律

布拉格父子把晶体看成为由平行的原子面所组成，晶体的衍射线当做是由原子面的衍射线叠加而得。这些衍射线会由于相互干涉而大部分被抵消，而只有其中一些衍射线可以得到加强。更详细的研究发现，能够保留下来的那些衍射线，相当于某些原子面的反射线。按照这一观点，晶体对 X 射线的衍射，可视为晶体中某些原子面对 X 射线的“反射”。

如图 1-19 所示，图中各点代表晶体中相应的原子，1、2、3 代表晶面符号为（h，k，l）的一组平行面网，面网间距为 d。设入射线方向与反射晶面的夹角为 θ，反射晶面 A-A，指数为（h，k，l）。与反射方向上的散射线满足“光学镜面反射”条件时，各原子的散射波将具有相同的位相，干涉结果产生加强，相邻两原子的光程差为零，相邻网面的“反射线”光程差为入射波长 λ 的整数倍：

$$\delta = PM_2 + M_2Q = n\lambda = 2d_{hkl}\sin\theta$$

即：

$$2d\sin\theta = n\lambda \tag{1-26}$$

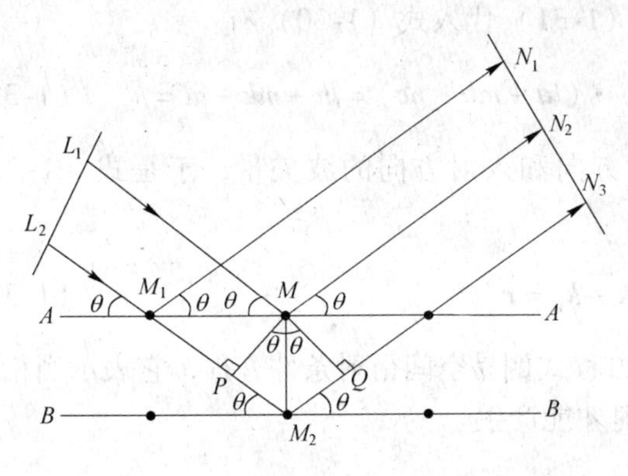

图 1-19　布拉格方程导出示意图

式（1-26）即为布拉格方程。它可以这样描述：对于一个给定的晶体和一定波长的 X 射线，一簇晶面要出现反射线，必须在满足布拉格方程的 θ 角上才出现，不满足此条件的 θ 角上由于相干消失，而无任何反射束，这就是说满足布拉格方程是产生衍射的必要条件。

布拉格方程是 X 射线衍射分析中最重要的基础公式。它形式简单，能够说明衍射的基本关系，所以应用非常广泛。布拉格方程从实验角度可归结为两方面的应用：一方面是用已知波长的 X 射线去照射晶体，通过衍射角的测量求得晶体中各晶面的面间距，这就是结构分析；另一方面是用一种已知面间距的晶体来衍射从试样发射出来的 X 射线，通过衍射角的测量求得 X 射线的波长，这就是 X 射线光谱分析。X 射线光谱分析除可进行光谱结构的研究外，从 X 射线的波长尚可确定试样的组成元素。

1.2.2.3　衍射矢量方程

在图 1-20 中，O 为晶体点阵原点上的原子，A 为该晶体中另一任意位置的原子，其位置可用矢量 $\overrightarrow{OA}$ 来表示：

$$\overrightarrow{OA} = l\boldsymbol{a} + m\boldsymbol{b} + n\boldsymbol{c} \tag{1-27}$$

式中，$\boldsymbol{a}$、$\boldsymbol{b}$、$\boldsymbol{c}$ 为晶体点阵的三个基矢；l、m、n 为任意整数。

如图 1-20 所示，一束波长为 λ 的 X 射线，以单位矢量 $\boldsymbol{s}_0$ 的方向照射晶体，假设在方向 $\boldsymbol{s}$ 上产生衍射，而 $\boldsymbol{s}_0$、$\boldsymbol{s}$ 和 $\overrightarrow{OA}$ 通常不在一个平面内。为此必须首先确定由原子 O 和 A 的散射光线之间的相位差。以 Om 和 An 分别表示垂直于 $\boldsymbol{s}_0$ 和 $\boldsymbol{s}$ 的波阵面，则经过 O 和 A 的散射线的光程差为：

$$\delta = On - Am = \overrightarrow{OA}\cdot\boldsymbol{s} - \overrightarrow{OA}\cdot\boldsymbol{s}_0 = \overrightarrow{OA}\cdot(\boldsymbol{s}-\boldsymbol{s}_0) \tag{1-28}$$

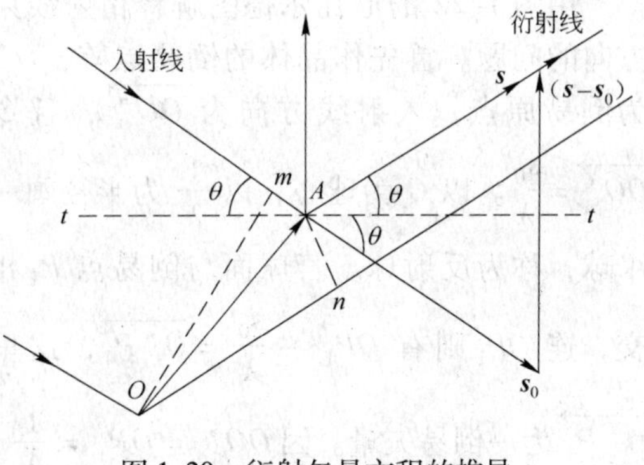

图 1-20　衍射矢量方程的推导

散射线的相位差为：

$$\varphi = \frac{2\pi\delta}{\lambda} = 2\pi\left(\frac{\boldsymbol{s}-\boldsymbol{s}_0}{\lambda}\right)\cdot\overrightarrow{OA} \tag{1-29}$$

根据光学原理，两个波互相干涉加强的条件为相位差 φ 等于 2π 的整数倍，即要求：

$$2\pi\left(\frac{\boldsymbol{s}-\boldsymbol{s}_0}{\lambda}\right)\cdot\overrightarrow{OA} = n \quad (n = 0, \pm1, \pm2, \cdots) \tag{1-30}$$

如果将矢量$\frac{(\boldsymbol{s}-\boldsymbol{s}_0)}{\lambda}$表示在倒易空间中，那么当

$$\left(\frac{\boldsymbol{s}-\boldsymbol{s}_0}{\lambda}\right)=\boldsymbol{r}^*=h\boldsymbol{a}^*+k\boldsymbol{b}^*+l\boldsymbol{c}^*\ (h,k,l\text{为整数}) \tag{1-31}$$

成立时，式（1-30）必成立。这是因为把式（1-31）代入式（1-30）有：

$$\left(\frac{\boldsymbol{s}-\boldsymbol{s}_0}{\lambda}\right)\cdot\overrightarrow{OA}=(h\boldsymbol{a}^*+k\boldsymbol{b}^*+l\boldsymbol{c}^*)\cdot(l\boldsymbol{a}+m\boldsymbol{b}+n\boldsymbol{c})=lh+mk+nl=n \tag{1-32}$$

令$\boldsymbol{k}=\boldsymbol{s}/\lambda$，$\boldsymbol{k}_0=\boldsymbol{s}_0/\lambda$，$\boldsymbol{k}$、$\boldsymbol{k}_0$表示衍射方向和入射方向的波矢量，于是式（1-32）变成：

$$\frac{\boldsymbol{s}}{\lambda}-\frac{\boldsymbol{s}_0}{\lambda}=\boldsymbol{k}-\boldsymbol{k}_0=\boldsymbol{r}^* \tag{1-33}$$

式（1-33）即被称之为衍射条件波矢量方程式倒易空间衍射条件方程，它表示当衍射波矢量和入射波矢量相差一个倒格矢时，衍射才能产生。

1.2.2.4　厄瓦尔德图解

方程（1-33）所表示的衍射条件，还可以用图解的方法表示，这种图解方法是德国物理学家厄瓦尔德首先提出的，故称之为厄瓦尔德图解。以下对厄瓦尔德图解法作简要介绍。

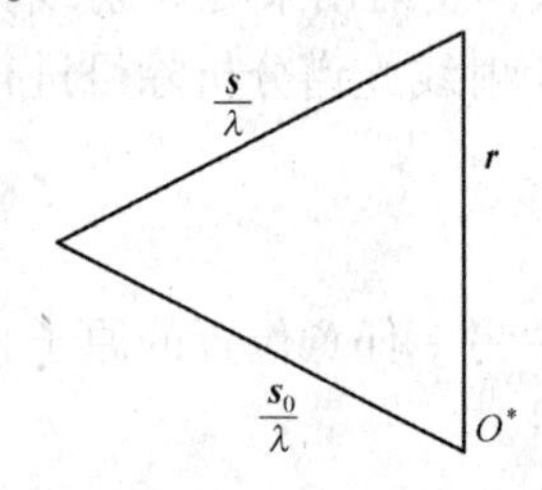

图1-21　衍射矢量方程图解

衍射矢量方程可以用图1-21的等腰矢量三角形表达，它表示产生衍射时，入射线方向矢量、衍射线方向矢量和倒易矢量之间的几何关系。这种关系说明，要使（h，k，l）晶面发生反射，入射线必须沿一定方向入射，以保证反射线方向的矢量$\frac{\boldsymbol{s}}{\lambda}$端点恰好落在倒易矢量$\boldsymbol{r}^*$的端点上，即$\frac{\boldsymbol{s}}{\lambda}$端点应落在$hkl$倒易点上。

用图1-22的厄瓦尔德图解释衍射线束方向的问题。首先作晶体的倒易点阵，O^*为倒易原点，入射线方向为$\overrightarrow{OO^*}$，且令$\overrightarrow{OO^*}=\frac{\boldsymbol{s}_0}{\lambda}$。以$O$为球心，以$\frac{1}{\lambda}$为半径画一个球，称为反射球。若球面与倒易点$P_1$相交，连$OP_1$则有$\overrightarrow{OP_1}-\frac{\boldsymbol{s}_0}{\lambda}=\overrightarrow{O^*P_1}$，这里$\overrightarrow{O^*P_1}$为一倒易矢量。因$OO^*=OP_1=\frac{1}{\lambda}$，故$\Delta OO^*P_1$为与图1-22等效的等腰矢量三角形，$\overrightarrow{OP_1^*}$是一衍射方向。同理，$P_2$是落在反射球面上的另一倒易点，$\overrightarrow{OP_2}$是另一衍射线方向。由此可见，当X射线沿$\overrightarrow{OO^*}$方向入射的情况下，所有能发生反射的晶面，其倒易点都应落在以O为球心、以$\frac{1}{\lambda}$为半径的球面

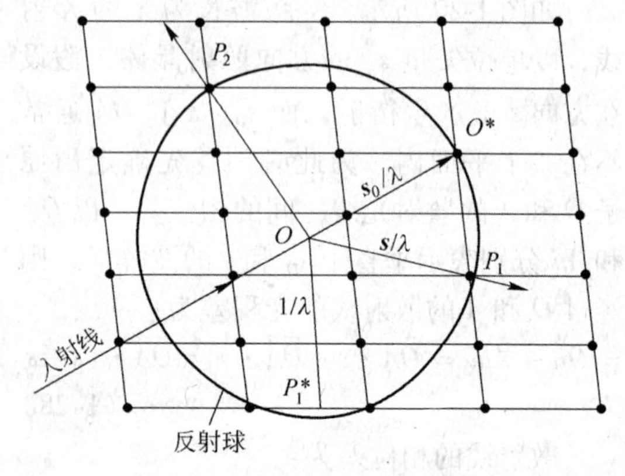

图1-22　厄瓦尔德图解

上，从球心 O 指向倒易点的方向是相应反射线的方向。

需要指出的是，衍射方向仅反映了晶胞的形状和大小，但对晶胞中原子种类及其排列的有序程度均未得到反映，这需要通过衍射强度理论来加以解释。

1.2.3 X射线衍射束的强度

衍射的方向取决于晶系的种类和晶胞的尺寸，而原子在晶胞中的位置以及原子的种类并不影响衍射的方向，但影响衍射束的强度。因此，研究原子种类以及原子在晶胞中的排列规律需靠衍射强度理论来解决。影响衍射强度的因素较多，按照作用单元由小到大逐一分析，即分别讨论单电子→单原子→单晶胞→单晶体→多晶体对X射线衍射强度的影响，最后再综合考虑其他因素的影响，得到完整的衍射强度公式。

1.2.3.1 单电子的散射强度

单电子对X射线的散射有两种情况。一种是受原子核束缚较紧的电子，X射线作用后，该电子发生振动，向空间辐射与入波频率相同的电磁波，由于波长、频率相同，会发生相干散射；另一种是X射线作用于束缚较松的电子，产生康普顿效应，即非相干散射，非相干散射只能成为衍射花样的背底。在此只讨论电子对X射线的相干散射。

设一束X射线沿 OX 方向传播，在 O 点处碰到一个自由电子。这个电子在X射线电场的作用下产生强迫振动，振动频率与原X射线的振动频率相同。由电动力学可知，电子获得了一定的加速度，并向空间辐射出与入射X射线相同频率的电磁波。设观测点为 P，入射线与散射线夹角为 2θ，建立如图1-23所示坐标系，坐标系的原点为 O，在距其 R 远处的 P 点处的电场强度为：

$$E_P = \frac{e^2 E_0}{4\pi\varepsilon_0 mc^2 R}\sin\varphi \tag{1-34}$$

式中，e 为电子电荷；m 为电子质量；c 为光速；φ 为散射方向与 E_0 方向的散射夹角；R 为散射方向上点 P 距散射中心的距离；ε_0 为真空介电常数。

由于 P 点的散射强度 I_{P} 正比于该点的电场强度的平方，因此：

$$\frac{I_P}{I_0} = \frac{E_P^2}{E_0^2} = \frac{e^4}{(4\pi\varepsilon_0)^2 m^2 c^4 R^2}\sin^2\varphi = \left(\frac{e^2}{4\pi\varepsilon_0 mc^2 R}\right)^2 \cdot \sin^2\varphi \tag{1-35}$$

式中，I_0 为入射光强度，P 点处单电子对偏振X射线的散射强度为：

$$I_P = I_0 \frac{e^4}{(4\pi\varepsilon_0)^2 m^2 c^4 R^2}\sin^2\varphi = I_0\left(\frac{e^2}{4\pi\varepsilon_0 mc^2 R}\right)^2 \cdot \sin^2\varphi \tag{1-36}$$

1.2.3.2 单原子的散射强度

原子对X射线的散射能力，随着原子中的电子数增加而递增，此外还与电子的分布情况、衍射角 2θ 及波长 λ 有关。

如果原子中的 Z 个电子都集中在一点上，则各个电子散射波之间将不存在相位差。若以 A_{e} 表示一个电子散射波的振幅，那么一个原子相干散射波的合成振幅 $A_{\mathrm{Z}} = ZA_{\mathrm{e}}$，而一个原子散射X射线的强度 I_{B} 应是一个电子散射强度 I_{e} 的 Z^2 倍，即 $I_{\mathrm{B}} = A_a^2 = (ZA_{\mathrm{e}})^2 = Z^2 I_{\mathrm{e}}$。然而，实际上原子中的电子是按电子云状态分布在核外空间的，不同位置电子散射波间存在相位差。由于一般用于衍射分析的X射线的波长与原子尺度为同一数量级，这个相位差便不可忽略，它使合成的电子散射波的振幅减小。如图1-24所示，为简明起见，图中将各个电子表示成围绕原子核而排列的许多点，电子A与电子B在前进方向所散射的波，由于光程差为零且同相位，于是A和B所散射的波可以完全加强。但在图中另一个散射方向上，其光程差 $\delta = BC - AD$ 不为零，这样就有了相位差。于是A和B散射波之间只能产生部分加强，结果使该方向的散射波的净余振幅小于前进方向散射波的振幅。

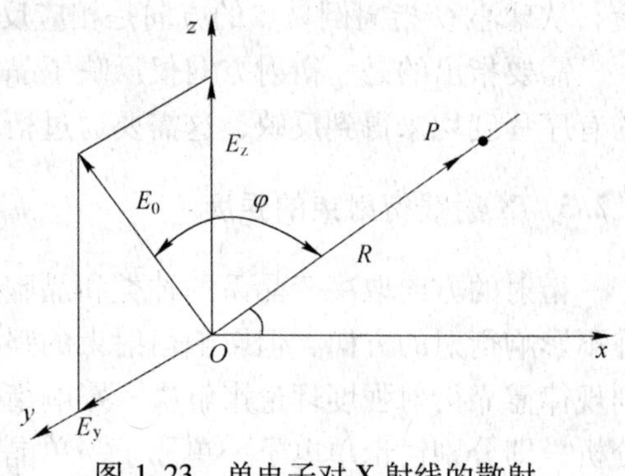

图1-23　单电子对X射线的散射

在某方向上原子的散射波振幅与一个电子散射波振幅的比值，用原子散射因子 f 表示：

$$f = \frac{\text{一个电子相干散射波的合成振幅}}{\text{一个电子相干散射波的振幅}} = \frac{A_s}{A_e} = f\left(\frac{\sin\theta}{\lambda}\right) \tag{1-37}$$

f 是 $\sin\theta/\lambda$ 的函数，随着 θ 角增大，在这个方向上的电子散射波间相位差加大，f 减小。当 θ 固定时，波长愈短，相位差愈大，f 愈小。f 将随 $\sin\theta/\lambda$ 增大而减小，将 θ 及 λ 对 f 的影响表示为如图1-25所示的 f 与 $\frac{\sin\theta}{\lambda}$ 关系曲线。

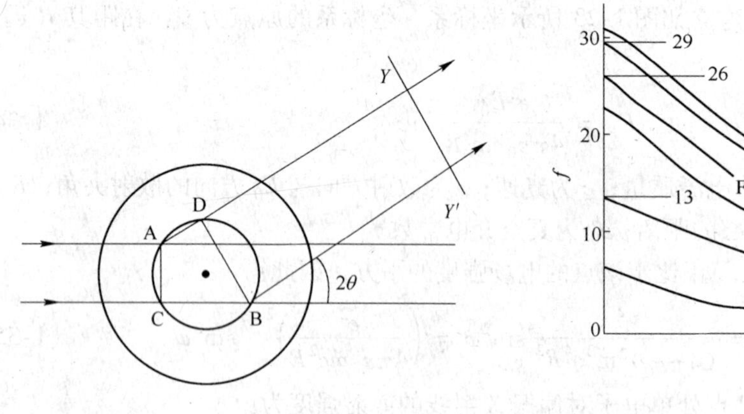

图1-24　一个原子对X射线的散射

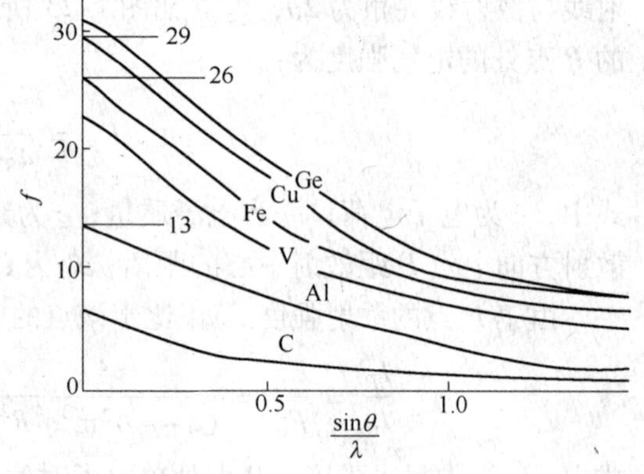

图1-25　f 与 $\frac{\sin\theta}{\lambda}$ 的关系曲线

由于散射强度正比于振幅的平方，因此单个原子对X射线的散射强度为：

$$I_B = f^2 I_e \tag{1-38}$$

1.2.3.3　单晶胞的散射强度

单胞是由多个原子组成的，因此单胞对X射线的散射强度即为单胞中各原子散射强度的合成。

原子在晶体空间中呈周期性排列，意味着它们的衍射线被严格地限制在某些确定的方向上，这些衍射线的方向是由布拉格定律所决定的。布拉格定律从某种意义上说是一个否定式的定律，即如果不满足布拉格定律便不能产生衍射光束。但是原子在单位晶胞内部的特殊排列，也可能使某些原子面在满足布拉格定律的条件下仍然不能产生衍射。也就是说，衍射线的强度受原子在单胞中的位置的影响，这在讨论图1-26中的两种结构后便可了解。这是两个点阵常数相同的斜方点阵，每个单胞含有两个同类原子，左边的为底心单胞，右边的是体心单胞。

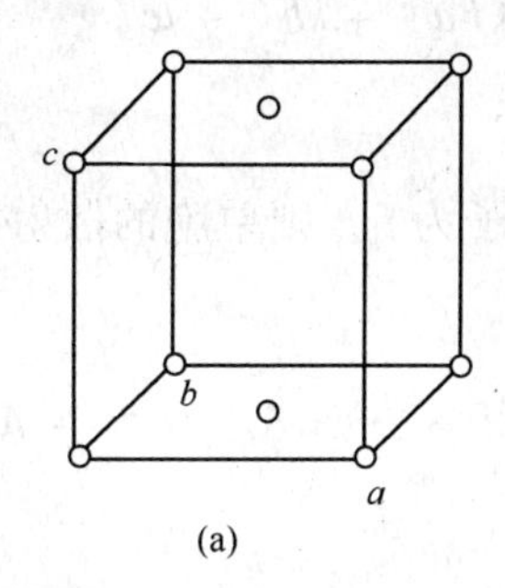

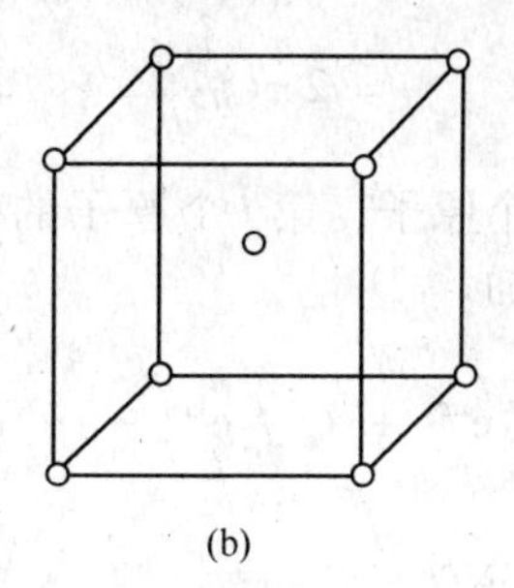

图1-26　斜方单位晶胞
（a）底心单胞；（b）体心单胞

图1-27是图1-26的正投影，用它讨论（001）面的反射。设图1-27（a）的底心晶胞，对所应用的波长和图示的θ角刚好满足布拉格定律，这意味着相邻晶面反射线波程差为一个波长，于是在方向1′能观察到反射线。与此相同，在图1-27（b）的体心晶胞中，光束11′和22′也是同相的，波程差ABC同样是一个波长，如无其他原子的影响，在方向1′也能观察到反射线。但是，由于体心原子的出现，过体心有一原子面，该原子面与晶胞上、下两原子面等距。因此，光束11′与33′之间的光程差DEF刚好是ABC的一半，即半个波长。故11′和33′完全反相，其反射线互相抵消，因此在体心点阵中不会有（001）反射出现。应用中将原子在晶胞中的位置不同而引起的某些方向衍射线的消失称为系统消光。

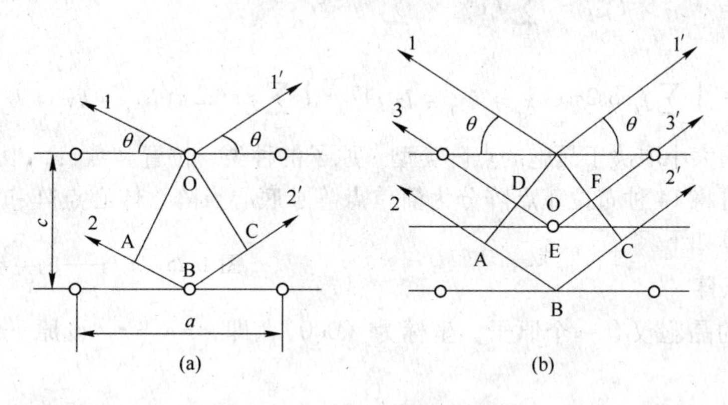

图1-27　（001）面上的衍射

设一单胞，建立直角坐标系，三轴的单位矢量分别为$\boldsymbol{a}$、$\boldsymbol{b}$、$\boldsymbol{c}$。如图1-27所示，O和A为单胞中的任意两个原子，O位于原点，A原子的坐标为(x_j, y_j, z_j)，其位置矢量$\boldsymbol{r}_j = x_j\boldsymbol{a} + y_j\boldsymbol{b} + z_j\boldsymbol{c}$，入射线和散射线的单位矢量分别为$\boldsymbol{s}_0$和$\boldsymbol{s}$，其光程差为：

$$\boldsymbol{\delta}_j = \boldsymbol{r}_j \cdot \boldsymbol{s} - \boldsymbol{r}_j \cdot \boldsymbol{s}_0 = \boldsymbol{r}_j \cdot (\boldsymbol{s} - \boldsymbol{s}_0) \qquad (1\text{-}39)$$

其位相差：

$$\varphi_j = \frac{2\pi}{\lambda} \times \delta = \frac{2\pi}{\lambda}\boldsymbol{r}_j \cdot (\boldsymbol{s} - \boldsymbol{s}_0) = 2\pi \boldsymbol{r}_j \cdot \frac{1}{\lambda}(\boldsymbol{s} - \boldsymbol{s}_0) = 2\pi \boldsymbol{r}_j \cdot \boldsymbol{g}_j \tag{1-40}$$

因为 $\boldsymbol{g}_j = h\boldsymbol{a}^* + k\boldsymbol{b}^* + l\boldsymbol{c}^*$，所以

$$\begin{aligned}\varphi_j &= 2\pi \boldsymbol{r}_j \cdot \boldsymbol{g}_j \\ &= 2\pi(x_j\boldsymbol{a} + y_j\boldsymbol{b} + z_j\boldsymbol{c}) \cdot (h\boldsymbol{a}^* + k\boldsymbol{b}^* + l\boldsymbol{c}^*) \\ &= 2\pi(hx_j + ky_j + lz_j)\end{aligned} \tag{1-41}$$

设晶胞中有 n 个原子，第 j 个原子的散射因子为 f_j，则单胞的散射振幅为各原子的散射波振幅的合成。即：

$$A_b = A_e f_1 e^{i\varphi_1} + A_e f_2 e^{i\varphi_2} + \cdots + A_e f_j e^{i\varphi_j} + \cdots + A_e f_n e^{i\varphi_n} = A_e \sum_{j=1}^{n} f_j e^{i\varphi_j}$$

$$\frac{A_b}{A_e} = \sum_{j=1}^{n} f_j e^{i\varphi_j} \tag{1-42}$$

引入一个以单个电子散射能力为单位，反映单胞散射能力的参数—结构振幅 F_{hkl}，定义为：

$$F_{hkl} = \frac{A_b}{A_e} = \frac{\text{单晶体中所有原子的相干散射波的合成振幅}}{\text{单电子相干散射波的振幅}} = \sum_{j=1}^{n} f_j e^{i\varphi_j} \tag{1-43}$$

由于散射波的强度正比于振幅的平方，所以，单胞的散射强度 I_b 与电子的散射强度 I_e 存在以下关系：

$$I_b = F_{hkl}^2 \times I_e \tag{1-44}$$

当晶胞的结构类型不同时，各原子的位置矢量也不同，位相差也随之变化，F_{hkl}^2 反映了晶胞结构类型对散射强度的影响，故称 F_{hkl}^2 为结构因子。

$$\begin{aligned}F_{hkl}^2 &= F_{hkl} \times F_{hkl}^* = \sum_{j=1}^{n} f_i e^{i\varphi_j} \times \sum_{j=1}^{n} f_i e^{-i\varphi_j} \\ &= \left[\sum_{j=1}^{n} f_j \cos 2\pi(hx_j + ky_j + lz_j)\right]^2 + \left[\sum_{j=1}^{n} f_j \sin 2\pi(hx_j + ky_j + lz_j)\right]^2\end{aligned} \tag{1-45}$$

结构因子的大小取决于晶胞的点阵类型、原子的种类、位置和数目，根据阵胞中阵点位置的不同，可将14种布拉菲点阵分为简单点阵、底心点阵、体心点阵和面心点阵四大类，现分别计算如下。

A 简单点阵

简单点阵的晶胞仅有一个原子，坐标为（000），即 $x = y = z$。设原子的散射因子为 f，则：

$$F_{hkl}^2 = f^2 \tag{1-46}$$

结果表明，简单点阵的结构因子与 hkl 无关，且不等于零，故凡是满足布拉格方程的所有 hkl 晶面均可产生衍射花样。所有晶面具有相同的结构因数，与这些反射面对应的倒易点组成了一个倒易格子。

B 底心点阵

底心点阵的晶胞有两个原子，坐标分别为（000）、（$\frac{1}{2}\frac{1}{2}0$），各原子的散射因子均

为f，则：

$$F_{hkl}^2 = f^2 [1 + \cos(h + k)\pi]^2 \tag{1-47}$$

（1）当$h+k$为偶数时，$F_{hkl}^2 = 4f^2$；

（2）当$h+k$为奇数时，$F_{hkl}^2 = 0$。

以上讨论表明，底心点阵的结构因子仅与hk有关，而与l无关。在hk同奇或同偶时，$h+k$为偶数，结构因子为$4f^2$，凡满足布拉格方程的晶面均可产生衍射；当hk奇偶混杂时，$h+k$为奇数，结构因子为零，该晶面虽然满足布拉格方程，但其散射强度为零，无衍射花样产生，出现了所谓的消光现象。将这种由点阵结构的原因导致的消光称为点阵消光，简单结构无点阵消光。

C 体心点阵

单位晶胞中有两个原子，坐标分别为（000）、（$\frac{1}{2}\frac{1}{2}\frac{1}{2}$）。

$$F_{hkl}^2 = f^2 [1 + \cos(h + k + l)\pi]^2 \tag{1-48}$$

当（$h+k+l$）=偶数，由于$e^{2\pi i} = e^{4\pi i} = e^{6\pi i} = 1$，所以

$$\begin{aligned} F &= f_a(1 + 1) = 2f_a \\ |F|^2 &= 4f_a^2 \end{aligned} \tag{1-49}$$

当（$h+k+l$）=奇数，由于$e^{\pi i} = e^{3\pi i} = e^{5\pi i} = -1$，所以

$$\begin{aligned} F &= f_a(1 - 1) = 0 \\ |F|^2 &= 0 \end{aligned} \tag{1-50}$$

因此，（110），（200），（211），（220），（310），（222），…均有反射，而（100），（111），（210），（221），…无反射。与这些反射面对应的倒易点组成了一个面心的倒易点阵，如图1-28所示。

D 面心点阵

单位晶胞中有四个原子，其坐标分别为（000），（$\frac{1}{2}\frac{1}{2}0$），（$\frac{1}{2}0\frac{1}{2}$），（$0\frac{1}{2}\frac{1}{2}$），所以

$$\begin{aligned} F &= f_a e^{2\pi i(0)} + f_a e^{2\pi i(\frac{h+k}{2})} + f_a e^{2\pi i(\frac{k+l}{2})} + f_a e^{2\pi i(\frac{l+k}{2})} \\ &= f_a \left[1 + e^{\pi i(h+k)} + e^{\pi i(l+k)} + e^{\pi i(h+l)}\right] \end{aligned} \tag{1-51}$$

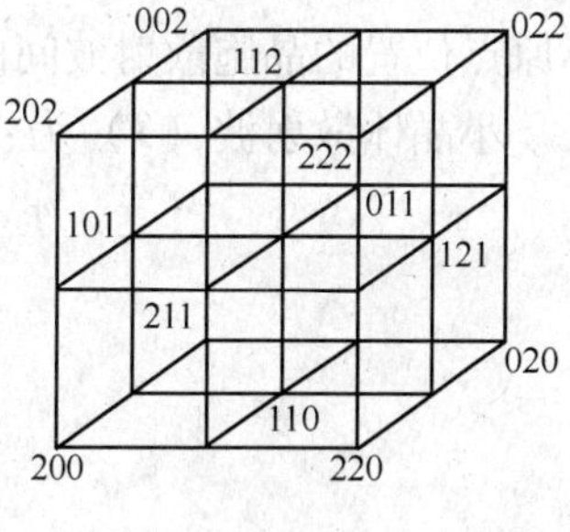

图1-28 面心倒易点阵

当h，k，l为全奇或全偶时，（$h+k$）、（$k+l$）和（$h+l$）必为偶数，故

$$\begin{aligned} F &= 4f_a \\ |F|^2 &= 16f_a^2 \end{aligned} \tag{1-52}$$

当h，k，l中有两个奇数或两个偶数时，则在（$h+k$）、（$k+l$）和（$h+l$）中必有两项为奇数，一项为偶数，所以

$$F = f_a(1 + 1 - 1 - 1) = 0$$

$$|F|^2 = 0 \tag{1-53}$$

因此，在面心立方的晶体中，（111），（200），（220），（311），…均有反射，而（100），（110），（112），（221），…均无反射。与这些反射面对应的倒易点组成了一个体心的倒易点阵，如图1-29所示。

1.2.3.4 单晶体的散射强度

单晶体是由晶胞在三维方向堆垛而成。设单晶体为平行六面体，三维方向的晶胞数分别为N_1、N_2、N_3，晶胞总数$N = N_1 \times N_2 \times N_3$，晶胞的基矢分别为$\boldsymbol{a}$、$\boldsymbol{b}$、$\boldsymbol{c}$。单胞的散射振幅为各原子的散射振幅的合成，与此相似，一单晶体的散射振幅为各单胞的散射振幅的合成。

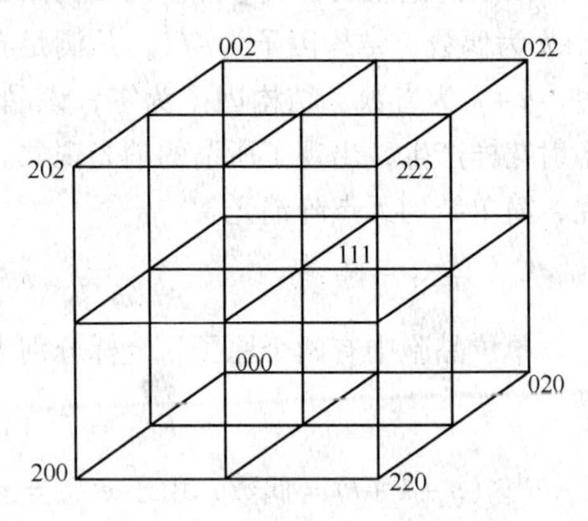

图1-29 体心倒易点阵

设任意两晶胞 O 与 A 坐标分别为（0，0，0）和（m，n，p），则两晶胞连接矢量

$$\boldsymbol{r} = m\boldsymbol{a} + n\boldsymbol{b} + p\boldsymbol{c} \tag{1-54}$$

两晶胞散射波间位相差为：

$$\varphi = \frac{2\pi}{\lambda}\delta = \frac{2\pi}{\lambda}\boldsymbol{r}(\boldsymbol{s} - \boldsymbol{s}_0)$$

设$\boldsymbol{k} = \frac{2\pi}{\lambda}(\boldsymbol{s} - \boldsymbol{s}_0)$，则

$$\varphi = \boldsymbol{k} \cdot (m\boldsymbol{a} + n\boldsymbol{b} + p\boldsymbol{c}) \tag{1-55}$$

小晶体内任意晶胞散射波可表示为：

$$|F|e^{i\varphi} = |F|e^{i\boldsymbol{k} \cdot (m\boldsymbol{a} + n\boldsymbol{b} + p\boldsymbol{c})} \tag{1-56}$$

式（1-56）中以$|F|$为晶胞散射振幅，各晶胞之$|F|$相同；以各晶胞相对于处于坐标原点位置的晶胞散射波间的位相差φ为位相（即相对位相）。

小晶体散射波（T）为：

$$T = \sum_N |F|e^{i\varphi} = |F|\sum_N e^{i\boldsymbol{k} \cdot (n\boldsymbol{a} + m\boldsymbol{b} + p\boldsymbol{c})}$$

$$= |F|\sum_{m=0}^{N_1-1} e^{im\boldsymbol{a} \cdot \boldsymbol{k}} \sum_{n=0}^{N_2-1} e^{in\boldsymbol{b} \cdot \boldsymbol{k}} \sum_{p=0}^{N_3-1} e^{ip\boldsymbol{c} \cdot \boldsymbol{k}} \tag{1-57}$$

设
$$G = \sum_N e^{i\varphi}, G_1 = \sum_{m=0}^{N_1-1} e^{im\boldsymbol{a} \cdot \boldsymbol{k}}, G_2 = \sum_{n=0}^{N_2-1} e^{in\boldsymbol{b} \cdot \boldsymbol{k}}, G_3 = \sum_{p=0}^{N_3-1} e^{ip\boldsymbol{c} \cdot \boldsymbol{k}} \tag{1-58}$$

则
$$G = G_1 G_2 G_3$$

且
$$T = |F|G$$

根据欧拉公式，可得$|G_1|^2$的三角函数表达式，即：

$$|G_1|^2 = \frac{1 - \cos(N_1\boldsymbol{a} \cdot \boldsymbol{k})}{1 - \cos(\boldsymbol{a} \cdot \boldsymbol{k})} = \frac{\sin^2\left(\frac{1}{2}N_1\boldsymbol{a} \cdot \boldsymbol{k}\right)}{\sin^2\left(\frac{1}{2}\boldsymbol{a} \cdot \boldsymbol{k}\right)} \tag{1-59}$$

同理可得：

$$|G_2|^2 = \frac{\sin^2\left(\frac{1}{2}N_2\boldsymbol{b}\cdot\boldsymbol{k}\right)}{\sin^2\left(\frac{1}{2}\boldsymbol{b}\cdot\boldsymbol{k}\right)};\quad |G_3|^2 = \frac{\sin^2\left(\frac{1}{2}N_3\boldsymbol{c}\cdot\boldsymbol{k}\right)}{\sin^2\left(\frac{1}{2}\boldsymbol{c}\cdot\boldsymbol{k}\right)} \tag{1-60}$$

$|G|^2 = |G_1|^2\ |G_2|^2\ |G_3|^2$，称 $|G|^2$ 为干涉函数，有：

$$|G|^2 = \frac{\sin^2\left(\frac{1}{2}N_1\boldsymbol{a}\cdot\boldsymbol{k}\right)}{\sin^2\left(\frac{1}{2}\boldsymbol{a}\cdot\boldsymbol{k}\right)}\cdot\frac{\sin^2\left(\frac{1}{2}N_2\boldsymbol{b}\cdot\boldsymbol{k}\right)}{\sin^2\left(\frac{1}{2}\boldsymbol{b}\cdot\boldsymbol{k}\right)}\cdot\frac{\sin^2\left(\frac{1}{2}N_3\boldsymbol{c}\cdot\boldsymbol{k}\right)}{\sin^2\left(\frac{1}{2}\boldsymbol{c}\cdot\boldsymbol{k}\right)} \tag{1-61}$$

设 $\varphi_1 = \frac{1}{2}\boldsymbol{a}\cdot\boldsymbol{k},\varphi_2 = \frac{1}{2}\boldsymbol{b}\cdot\boldsymbol{k},\varphi_3 = \frac{1}{2}\boldsymbol{c}\cdot\boldsymbol{k}$,则：

$$|G|^2 = \frac{\sin^2 N_1\varphi_1}{\sin^2\varphi_1}\cdot\frac{\sin^2 N_2\varphi_2}{\sin^2\varphi_2}\cdot\frac{\sin^2 N_3\varphi_3}{\sin^2\varphi_3} \tag{1-62}$$

干涉函数 $|G|^2$ 的物理意义即为单晶体的散射强度与单胞的散射强度之比，$|G|^2$ 的空间分布代表了一单晶体的散射强度在三维空间中的分布规律。

单晶体的散射强度 $I_m = I_e G^2 F_{hkl}$，主要取决于 G^2。由于实际晶体都有一定的大小，即 G^2 的主峰有一个存在范围。晶体的尺寸愈小，G^2 的主峰存在范围就愈大，实际散射强度 I_m 应是主峰在强度范围内的积分强度，其积分强度为：

$$\begin{aligned} I_m &= I_e F_{hkl}^2 \frac{\lambda^3}{V_n^2}\Delta V\cdot\frac{1}{\sin 2\theta} \\ &= I_0\cdot\frac{e^4}{(4\pi\varepsilon_0)^2 m^2 c^4}\cdot\frac{1+\cos^2 2\theta}{2\sin 2\theta}\cdot F_{hkl}^2\cdot\frac{\lambda^3}{V_0^2}\Delta V \end{aligned} \tag{1-63}$$

式中，ΔV 为单晶体体积；V_0 为单胞体积。

1.2.3.5 多晶体的散射强度

多晶体是由许多单晶体（细小晶粒）组成的，因此，X 射线在多晶体中产生的衍射可以看成是各单晶体衍射的合成。多晶材料中每个晶体的（h，k，l）对应于倒易空间中的一个倒易点，由于晶粒取向随机，各晶粒中同名（h，k，l）所对应的倒易阵点分布于半径为 $\frac{1}{d_{hkl}}$ 的倒易球面上，倒易球的致密性取决于晶粒数。多晶中并非每个晶粒都能参与衍射，只是反射球（厄瓦尔德球）与倒易球相交的交线圆，即交线圆上的倒易阵点所对应的 hkl 晶面参与了衍射。

图 1-30 为多晶体衍射的厄瓦尔德图解，倒易球与反射球交线为圆。按厄瓦尔德图解的实质，（h，k，l）倒易点若在反射球上，则晶体中相应的（h，k，l）面满足衍射必要条件。不难理解，多晶体（h，k，l）倒易球与反射球的交线圆上各倒易点相应的各个方位晶粒中的（h，k，l）面满足衍射必要条件，相应的 $\boldsymbol{s}/\lambda$（即反射球中心 O 到交线圆上各倒易点的连接矢量）集合而成为以 $\boldsymbol{s}_0$ 为轴、以 2θ 为半锥角的圆锥体（称衍射圆锥）。又由小晶体的衍射积分强度分析可知，衍射线都存在一个有强度范围，换言之，即当某（h，k，l）晶面反射时，衍射角有一定的波动范围，这也意味着（h，k，l）面法线方向（即倒易矢量 $\boldsymbol{r}_{hkl}^*$ 方向）有一定的波动范围。因此，对应于各个方位晶粒（h，

k, l）反射有强度范围，倒易球与反射球的交线圆成为一个有一定宽度的圆环带。

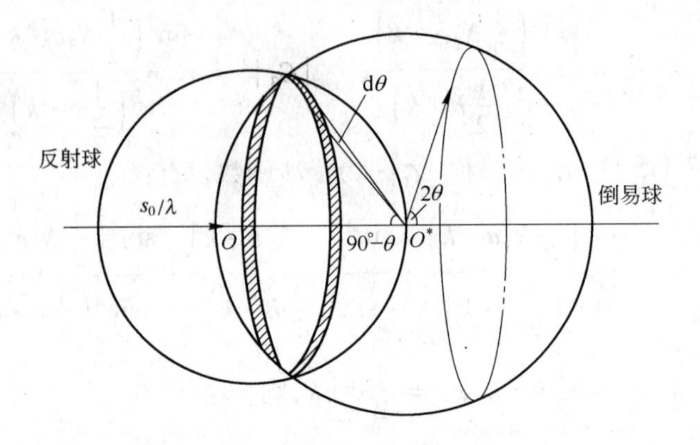

图 1-30　多晶体衍射的厄瓦尔德图解

由于倒易球上每一倒易点对应着一个晶粒，因而可认为上述圆环带上的每一倒易点对应着一个参与（h, k, l）反射的晶粒。据此，参加（h, k, l）衍射的晶粒数目（Δq）与多晶体样品总晶粒数（q）之比值可认为是上述圆环带面积与倒易球面积之比，即：

$$\frac{\Delta q}{q}=\frac{2\pi|r^*|\sin(90°-\theta)\cdot|r^*|\mathrm{d}\theta}{4\pi|r^*|^2}=\frac{\cos\theta}{2}\mathrm{d}\theta$$

$$\Delta q=q\cdot\frac{\cos\theta}{2}\mathrm{d}\theta \tag{1-64}$$

以一个晶粒的衍射积分强度 I_{m} 表达式为基础，若乘以多晶体中实际参与（h, k, l）衍射的晶粒数 Δq，即可得到多晶体的（h, k, l）衍射积分强度。需要指出的是，式（1-64）中 $\mathrm{d}\theta$ 对应着（h, k, l）衍射有强度范围，而 I_{m} 也是对衍射线的有强度范围积分而来，即由 $I_{\mathrm{m}}\Delta q$ 求得多晶体衍射积分强度（暂记为 $I_{多}$）时，Δq 表达式中 $\mathrm{d}\theta$ 已在 I_{m} 推导时考虑过了，故

$$I_{多}=I_{\mathrm{m}}q\frac{\cos\theta}{2}$$

$$I_{多}=I_{\mathrm{e}}\frac{\lambda^3}{V_0^2}|F_{hkl}|^2\Delta V\cdot q\frac{\cos\theta}{2}\cdot\frac{1}{\sin2\theta} \tag{1-65}$$

$$I_{多}=I_{\mathrm{e}}\frac{\lambda^3}{V_0^2}V|F_{hkl}|^2\cdot\frac{1}{4\sin\theta}$$

式中，V 为样品被照射体积，$V=\Delta V\cdot q$。

1.3　X 射线衍射方法

X 射线衍射方法的前提为要使一个晶体产生衍射，入射 X 射线的波长 λ，掠射角 θ 和衍射面面间距 d 必须满足布拉格方程的要求。因此，实际衍射实验中需要设计各种实验方法，能够改变 λ 或 θ，以便获得更多的满足布拉格条件的机会，得到更多的衍射信息。根据在实验中改变 λ 及 θ 的方法不同，X 射线衍射方法主要分为劳埃法、转晶法和粉末法

三种。

（1）劳埃法是最古老的方法，它是用连续 X 射线照射单晶体试样。晶体中每一衍射面与入射线间的掠射角是一定的，每一衍射面都将产生衍射，但相应的入射线的波长并不相同，即每一衍射面只衍射入射线中能满足布拉格条件的特定波长。在劳埃法中，记录衍射线的照相底片为平板状，并安放在试样后面垂直于入射线方向的位置上。衍射线在底片上形成一系列的斑点，称劳埃像。劳埃法的主要用途是测量晶体的位相，评定晶体的完整性。

（2）转晶法采用单色 X 射线，试样是单晶体。将单晶体的某个晶轴或某一重要晶向安放在与入射线相垂直的位置上，底片呈圆柱形围在晶体四周，圆柱形底片的中心线与晶体试样选定的晶轴或晶向一致。在实验时，晶体绕所选定的晶轴或晶向转动。在某一瞬间，晶体中某一衍射面与入射线的掠射角符合布拉格方程时，将在瞬间产生一束衍射线，在底片上形成一个斑点。当然，在这种方法中，不可能所有的衍射面都产生衍射现象。转晶法主要用于测量未知晶体结构，但是，由于所用试样为单晶体，并且要知道晶体的晶轴或晶向，这在实际研究中是较难实现的，所以转晶法应用得较少。

（3）粉末法采用单色 X 射线和多晶体试样，即利用晶粒的不同位相来改变掠射角 θ，以满足布拉格方程的要求。“粉末”的意义是指所有试样都是通过黏结剂将待测材料的粉末黏结在一起的一个试样或任一种呈多晶态（无择优取向）的试样。粉末法的应用最为广泛，其主要特点在于采用容易得到的多晶体试样，对于金属的分析研究极为有利。因为金属在自然状态下一般均为多晶体，可以用它们的粉末或直接用它们的块状固体作为试样而获得满意的结果。

由于粉末法在晶体学研究中被广泛应用，而且实验方法及样品制备简单，所以本书重点介绍粉末法的相关理论及应用。粉末法按照记录方式分为照相法和衍射仪法。

20 世纪 50 年代以前，X 衍射线分析绝大部分是利用底片来记录衍射信息（即各种照相技术）。近 50 多年以来，用各种辐射探测器（计数器）作为记录则已相当普遍。

粉末照相法是将一束近平行的单色 X 射线投射到多晶样品上，用照相底片记录衍射线束强度和方向的一种实验方法。目前大多数场合照相法已被衍射仪法所取代，因此本书将介绍最为常用的衍射仪法。

目前专用的仪器——X 射线衍射仪已广泛用于科研部门及厂矿，并在各主要领域中取代了照相法。衍射仪测量具有方便、快速、精确等优点，它是进行晶体结构分析的主要设备。衍射仪与计算机的结合，使操作、测量及数据处理基本上实现了自动化，目前大部分测试项目已有了专用程序，使衍射仪的威力得到更进一步的发挥。

1.3.1 X 射线衍射仪的结构

X 射线（多晶体）衍射仪是以特征 X 射线照射多晶体样品，并以辐射探测器记录衍射信息的衍射实验装置。X 射线衍射仪是以布拉格实验装置（见图 1-31）为原型，随着机械与电子技术等的进步，逐步发展和完善起来的。衍射仪由 X 射线发生器、X 射线测角仪、辐射探测器和辐射探测电路 4 个基本

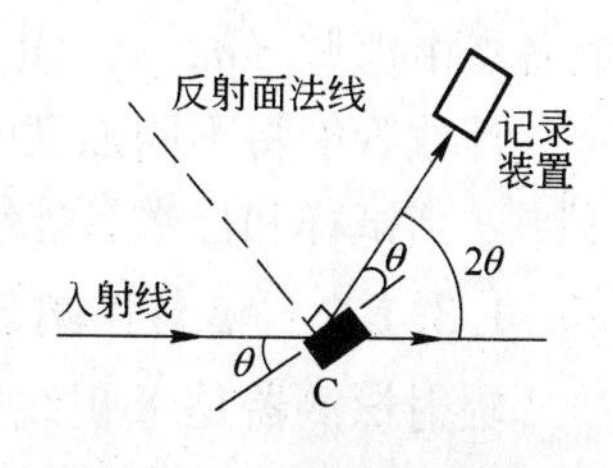

图 1-31 布拉格实验装置

部分组成，其中 X 射线测角仪是仪器的核心部分，现代 X 射线衍射仪还包括控制操作和运行软件的计算机系统。

1.3.1.1　X 射线测角仪

图 1-32 为 X 射线测角仪的示意图，它与德拜相机有很多相似之处，但亦有不少差别。例如，衍射仪利用 X 射线管的线焦斑工作，有采用发散光束、平板试样、用计数器记录衍射线、自动化程度高等优点。

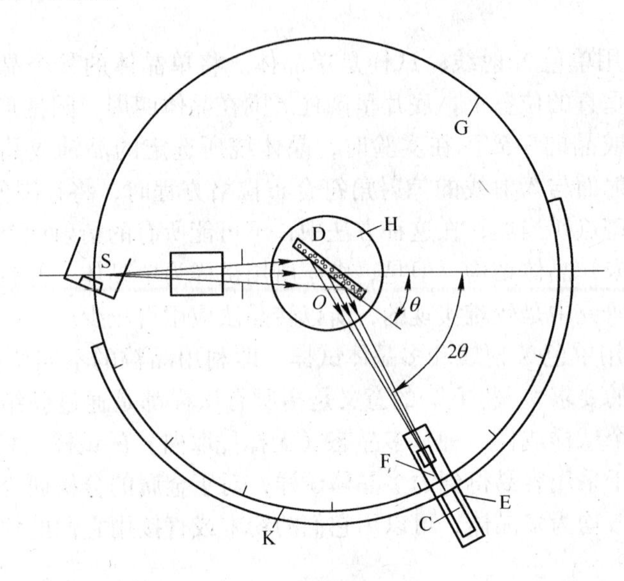

图 1-32　测角仪构造示意图

G—测角仪圆；S—X 射线源；D—试样；H—试样台；
F—接受狭缝；C—计数管；E—支架；K—刻度尺

平板试样 D 安装在试样台 H 上，试样台可绕垂直于图面的 O 轴旋转。S 为 X 射线源，即 X 射线管靶面上的线状焦斑，它与图面相垂直，故与衍射仪轴平行。当一束发散的 X 射线照射到试样上时，满足布拉格关系的某种晶面其反射线便形成一根收敛光束。F 处有一接收狭缝，它与计数管 C 共同安装在围绕 O 旋转的支架 E 上，当计数管转到适当的位置时便可接收到一根反射线。计数管角位置 2θ 可从刻度尺 K 上读出。衍射仪的设计使 H 和 E 保持固定的转动关系，当 H 转过 θ 时，E 恒转过 2θ。这就是试样 - 计数管的联动（$\theta \sim 2\theta$联动），即样品转动 θ 角，探测器转动 2θ，这种联动关系保证了试样表面始终平分入射线和衍射线的夹角 2θ。当 θ 符合某（h，k，l）晶面相应的布拉格条件时，从试样表面各点由那些（h，k，l）晶面平行于试样表面晶粒所贡献的衍射线都能聚焦进入计数管中。计数管能将不同强度的 X 射线转化为电信号，并通过计数率仪、电位差计将信号记录下来。当试样和计数管连续转动时，衍射仪就能自动描绘出衍射强度随 2θ 角的变化情况。

1.3.1.2　辐射探测器

辐射探测器是 X 射线衍射仪的探测元件，在衍射仪上用它来探测 X 射线的强弱和有无。衍射仪上常用的辐射探测器有盖革计数器、正比计数器（PC）和闪烁计数器（SC），其中，盖革计数器处于逐渐被淘汰的地位，目前已开始在研究中应用锂漂移硅半导体探测器和位敏探测器（PSPC）。目前，使用最为普遍的是正比计数器及闪烁计数器。各种探测器基本上都是利用X射线使被照物质电离的原理工作的。

A 正比计数器

正比计数器（PC）以X射线光子可使气体电离的性质为基础，其结构如图1-33所示。它由一个充有惰性气体的圆筒形套管（阴极）和一根与圆筒同轴的细金属丝（阳极）构成，两极间维持一定电压，X射线光子由窗口进入管内使气体电离，电离产生的电子和离子分别向两极运动；电子向阳极运动过程中被加速而获得更高的能量，且电场越强，电子加速速率越大。当两极间电压提高到一定值（约600~900V）时，电子因加速获得足够的能量，与气体分子碰撞时使气体进一步电离，而新产生的电子又可再使气体电离。在极短的时间内，所产生的大量电子涌到阳极（即发生了所谓的电子“雪崩效应”），此种现象称为气体的放大作用，每当一个X射线光子进入计数器时，就产生一次电子“雪崩”，从而在计数器两极间外电路中就产生一个易于探测的电脉冲。

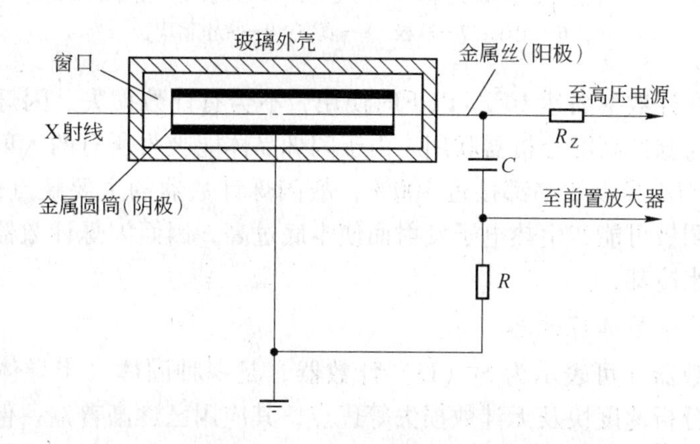

图1-33 正比计数器结构示意图

正比计数器所给出的脉冲峰大小与吸收的光子的能量成正比，故作衍射线强度测定时数据比较可靠。正比计数器反应快，对两个连续到来的脉冲的分辨时间只需10^{-6}s，其计数率可达10^6/s。正比计数器性能稳定，能量分辨率高，背底脉冲低，光子计数效率较高。其缺点是对温度较敏感，对电压稳定要求较高，并需要较强大的电压放大设备。

B 闪烁计数器

闪烁计数器（SC）利用X射线激发磷光体发射可见荧光，并通过光电倍增管进行测量。由于所发射的荧光量很少，为获得足够的测量电流，需采用光电倍增管放大。因输出电流和光线强度成正比，而后者又与被计数管吸收的X射线强度成正比，故可用来测量X射线强度。

图1-34为闪烁计数管构造及探测原理示意图。磷光体一般为加入少量铊作为活化剂的碘化物单晶体。一个X射线光子照射磷光体使其产生一次闪光，闪光射入光电倍增管并从光敏阴极上撞出许多电子，一个电子通过光电倍增管的倍增作用，在极短时间（小于1μs）内，可增至10^6~10^7个电子，从而在计数器输出端产生一个易检测

的电脉冲。

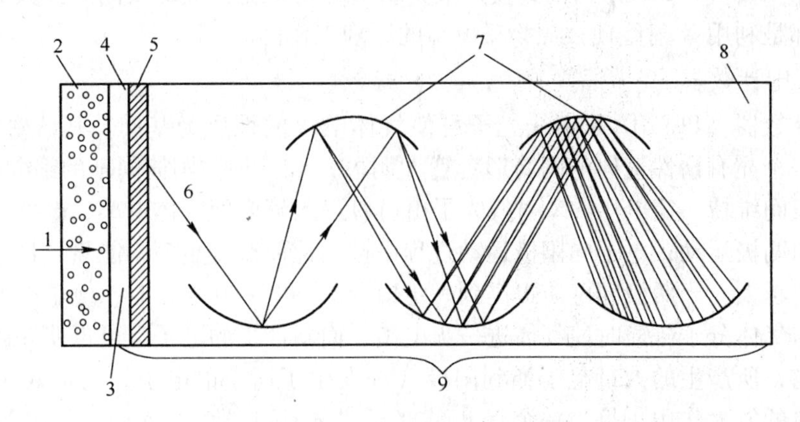

图 1-34 闪烁计数管构造及探测原理

1—X 射线；2—磷光体；3—可见光；4—玻璃；5—光敏阴极；
6—电子；7—联极；8—真空；9—光电倍增管

闪烁计数器在计数率高达 10^5/s 以下时使用，不会有计数损失。闪烁计数器跟正比计数器一样，也可与脉冲高度分析器联用。由于闪烁晶体能吸收所有的入射光子，因而在整个 X 射线波长范围内吸收效率都接近 100%，故闪烁计数器的主要缺点是本底脉冲过高。此外，由于光敏阴极可能产生热电子发射而使本底过高，因而闪烁计数器应尽量在低温下工作或采用循环水冷却。

C 锂漂移硅半导体探测器

锂漂移硅计数器［可表示为 Si（Li）计数器］是一种固体（半导体）探测器，因具备分辨能力高、分析速度快及无计数损失等优点，其应用已逐渐普遍。但锂漂移硅计数器需用液氮冷却，且低温室内需保持 1.33×10^{-4}Pa 以上的真空度，给使用和维修带来一定困难。

D 位敏探测器

位敏探测器（PSPC）是新近发展的一种计数器，它的工作原理和正比计数器相似，也是利用 X 光子的电离作用在阳极丝上形成的局部“雪崩”，继而在阴极延迟线的相应位置上感应出一个电脉冲。这个脉冲分别在延迟线两端位置上出现的时间与脉冲起始位置至延迟线两端的距离成正比，所以只要测出延迟线两端出现脉冲的时间差，就能确定产生“雪崩”的位置。因此，PSPC 能同时确定 X 射线光子的数目及其在计数器上被吸收的位置，故在计数器并不扫描的情况下即可记录衍射花样。因此，要获得一张衍射图样通常只需几分钟时间。PSPC 分单丝和多丝两种，多丝的 PSPC 给出衍射的二维信息，在研究生物大分子、高聚物的形变、结晶过程等动态结构变化上，PSPC 有着突出的优越性。

1.3.1.3 辐射探测电路

辐射测量电路是保证辐射探测器能有最佳状态的输出电（脉冲）信号，并将其转变为操作者能够直观读取或记录数值的电子学电路，电路方框图如图 1-35 所示。

A 脉冲高度分析器

脉冲高度分析器利用计数器产生的电脉冲高度（脉冲电压）与 X 射线光子能量成正

比的原理来判断脉冲高度，达到剔除干扰脉冲、提高峰背比的目的。

B 定标器

定标器是对由计数器直接输入或经脉冲高度分析器输入的脉冲进行计数的电路，定标器有定时计数和定数计时两种工作方式。除非精确进行衍射线形分析或漫散射测量等特殊需要时采用定数计时方式外，通常采用定时计数工作方式。计数时间和计数值可由数显装置显示，也可打印或由 x-y 记录仪绘图，由测量的脉冲数除以给定时间即获得平均脉冲速率。

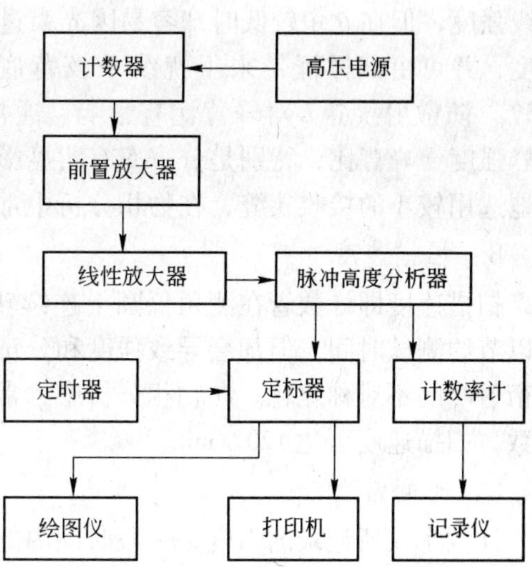

图 1-35 辐射测量电路方框图

C 计数率仪

定标器测量一段时间间隔内的脉冲数，而计数率仪的功能则是直接地、连续地测量平均脉冲速率（单位时间内平均脉冲数）。

1.3.2 X射线衍射仪的测量

1.3.2.1 衍射强度的测量

粉末衍射仪常用的工作方式有连续式扫描和步进式扫描两种。

A 连续式扫描

连续扫描法是将计数器与计数率仪相连接，在选定的 2θ 角范围内，计数器以一定的扫描速度与样品（台）联动扫描，测量各衍射角相应的衍射强度，结果获得 I-2θ 曲线。连续扫描方式扫描速度快、工作效率高，一般用于对样品的全扫描测量（如物相定性分析时）。

B 步进式扫描

步进扫描法是将计数器与定标器相连接，计数器首先固定在起始 2θ 角位置，按设定时间定时计数（或定数计时），获得平均计数速率（即为该 2θ 处衍射强度）；然后将计数器以一定的步进宽度（角度间隔）和步进时间（行进一个步进宽度所用时间）转动，每转动一个角度间隔重复一次上述测量，结果获得两两相隔一个步长的各 2θ 角对应的衍射强度。步进扫描测量精度高，但受步进宽度与步进时间的影响，适于做各种定量分析工作。

1.3.2.2 实验参数的选择

衍射仪测量只有在仪器经过精心调整，并恰当地选择实验参数后，方能获得满意的结果。针对不同种类样品和测试目的，所选择的实验参数会存在较大差异。下面就一般的工作（如物相定性分析）中，狭缝宽度、扫描速度、时间常数等参数的选择作以简介。

A 狭缝宽度

增加狭缝宽度可使衍射线强度增高，但却导致分辨率下降。增宽发散狭缝 K 即增加入射线强度，但在 θ 角较低时却容易因光束过宽而照射到样品之外，反而降低了有效的衍射强度，并可由试样框带来干扰线条及背底强度。物相分析通常选用的狭缝 K 为 1° 或 0.5°。防散射狭缝 L 对峰背比有影响，通常使之与狭缝 K 宽度有同一数值。接收狭缝 F 对峰强度、峰背比，特别是分辨率有明显影响，在一般情况下，只要衍射强度足够，应尽量地选用较小的接收狭缝，在物相分析中常选用0.2mm或0.4mm。

B 扫描速度

扫描速度即计数管在测角仪圆上连续转动的角速度，以 °/min 表示。提高扫描速度，可以节约测试时间，但却会导致强度和分辨率下降，使衍射峰的位置向扫描方向偏移并引起衍射峰的不对称宽化。在物相分析中，常用的扫描速度为(2°～4°)/min。常用位敏正比计数，扫描速度可达120°/min。

C 时间常数

计数率仪所记录的强度是一段时间内的平均计数率，这一时间间隔称为时间常数。增大时间常数可使衍射峰轮廓及背底变得平滑，但同时将降低强度和分辨率，并使衍射峰向扫描方向偏移，造成峰的不对称宽化。可以看出，增大扫描速度与增大时间常数的不良后果是相似的，但采用过低的扫描速度将大大增加测试时间；过小的时间常数将使背底波动加剧，从而使弱线难以识别。在物相分析中所选用的时间常数多为1～4s。

1.4 X射线衍射物相定性分析

1.4.1 分析原理

每一种结晶物质都有各自独特的化学组成和晶体结构，没有任何两种物质的晶胞大小、质点种类及其在晶胞中的排列方式是完全一致的。因此，当X射线被晶体衍射时，每一种结晶物质都有自己独特的衍射花样。利用布拉格公式 $2d\sin\theta=\lambda$，通过计算机将图谱中的衍射峰位转换成 d 值，衍射强度按百分比计算：$I=\max\left(\frac{I_{测}}{I}\times 100\right)$。得出只与相的特征有关，而与仪器、波长无关的 $d-I$ 列表，代替实际图谱，其中晶面间距 d 与晶胞的形状和大小有关，相对强度则与质点的种类及其在晶胞中的位置有关。由此可见，任何一种结晶物质的衍射数据 d 和 I 是其晶体结构的必然反映，因而可以根据它们来鉴别结晶物质的物相。

1.4.2 衍射卡片

标准物质的X射线衍射数据是X射线物相鉴定的基础。为此，人们将世界上的成千上万种结晶物质进行衍射或照相，将它们的衍射花样收集起来。但由于底片和衍射图都难以保存，并且由于实验的条件不同（如所使用的X射线波长不同），衍射花样的形态也有所不同，难以进行比较。因此，通常国际上统一将这些衍射花样经过计算，换算成衍射线的面网间距 d 值和强度 I，制成卡片进行保存。

这种卡片最早是由 J. D. Hanawalt 于 1936 年创立的，1964 年由美国材料试验协会（American Society for Testing Materials）接管，所以通常将这组卡片称为 ASTM 卡片或 PDF

卡片（Powder Diffraction File）。目前，这套卡片由“国际粉末衍射标准联合会”（Joint Committee on Powder Diffraction Standards）与美国材料试验协会（ASTM）、美国结晶学协会（ACA）、英国物理研究所（IP）、美国全国腐蚀工程师协会（NACE）等十个专业协会联合编纂，称为 JCPDS 卡片。JCPDS 卡片是目前世界上最为完备的 X 射线粉末衍射数据，至 1985 年出版了 46000 张卡片，并且还在不断补充之中。

此外，一些专门的部门及学术组织也出版一些用于特定领域的 X 射线粉末衍射数据集，如中国科学院贵阳地球化学所编撰的《矿物 X 射线粉晶鉴定手册》。实际应用中每张 PDF 卡片代表一种物相，均标有自己的顺序号。卡片中的内容包括两个部分：(1) 作为查寻依据的三强线 d-I 数值，以及衍射花样中各衍射线的 d-I 数据；(2) 物相名称、化学式、晶体学参数、光学性质和实验条件等。图 1-36 是一张 NaCl 的 PDF 卡片。

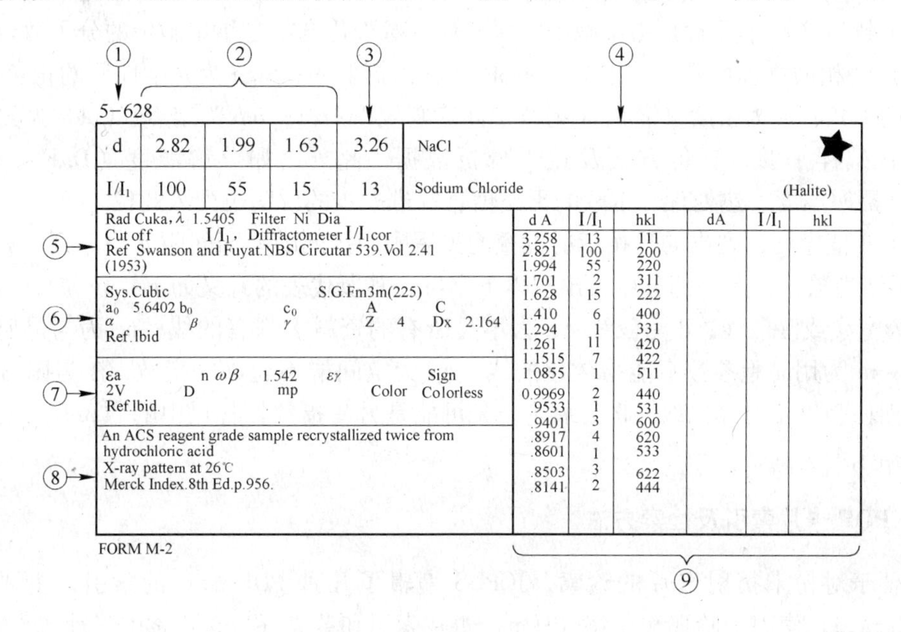

图 1-36　氯化钠晶体 PDF 卡片的内容构成示意图

标准物质 X 射线衍射卡片主要包含 9 个部分，由上图所示为氯化钠晶体 PDF 卡片的内容构成示意图。卡片各个部分的含义分别为：

(1) 卡片序号，PDF 卡片序号形式为×－××××，符号“－”之前的数字表示卡片的组号，符号“－”之后的数字表示卡片在组内的序号，如 4－0787 为第 4 组的第 787 号卡片。

(2) 三强线，d 值数列中强度最高的三根线条（三强线）的面间距和相对强度，三强线能准确反映物质特征，受实验条件影响较小。

(3) 可能测到的最大面间距。

(4) 物相的化学式及英文名称，在化学式之后常有数字及大写字母，其中数字表示单胞中的原子数，英文字母表示布拉菲点阵类型，各个字母所代表的点阵类型是：C 为简单立方；B 为体心立方；F 为面心立方；T 为简单四方；U 为体心四方；R 为简单菱形；H 为简单六方；O 为简单斜方；P 为体心斜方；Q 为底心斜方；S 为面心斜方；M 为简单单斜；N为底心单斜；Z为简单三斜。例如（BaS）8F表示该化合物属面心立方点阵，单胞中有8个原子。矿物学通用名称或有机结构式也列入第④栏。

右上角标号“★”表示数据可靠性高；如果出现“i”表示经指标化及强度估计，但不如有“★”号者可靠；“O”号表示可靠程度低；无任何符号者为一般；“C”表示衍射花样数据来自计算。

（5）试验条件，其中Rad为辐射种类；λ为辐射波长；Filter为滤波片名称；Dia为圆柱相机直径；Cut off为该设备所能测得的最大面间距；Coll为光阑狭缝的宽度或圆孔的尺寸；I/I_1为测量线条相对强度的方法；d_{corr}为所测d值是否经过吸收校正。

（6）晶体学数据，其中Sys为晶系；S. G. 为空间群符号；a_0、b_0、c_0为单胞点阵常数；$A = a_0/b_0$，$C = c_0/b_0$为轴比；α、β、γ为晶胞轴间夹角；Z为单位晶胞中相当于化学式的分子数目（对于元素是指单胞中的原子数；对于化合物是指单胞中的分子数目）。

（7）物相的物理性质，其中εα、nωβ、εγ为折射率；Sign为光学性质的正负；2V为光轴间的夹角；D为密度（若由X射线法测定则表以Dx）；mp为熔点；Color为颜色。

（8）试样来源、制备方式及化学分析数据，此外，如分解温度（D. F）、转变点（T. P）、摄照温度、热处理、卡片的更正信息等进一步的说明也列入此栏。

（9）d值序列，列出的是按衍射位置的先后顺序排列的晶面间距d值序列，相对强度I/I_1及干涉指数，在这一部分中常出现以下字母，其所代表的意义如下：

b为宽线或漫散线；d为双线；n为不是所有的资料上都有的线；nc为与晶胞参数不符的线；ni为用晶胞参数不能指数化的线；np为空间群不允许的指数；β为因β线存在或重叠而使强度不可靠的线；fr为痕迹；+可能是另一指数。各栏中的“Ref.”均指该栏中的数据来源。

1.4.3 PDF卡片索引及检索方法

为便于对粉末衍射卡片的检索，JCPDS编辑了几种PDF卡片的索引，主要有字母（Alphabetical）索引、哈那瓦尔特（Hanawalt）索引和芬克（Fink）索引三种。

1.4.3.1 字母索引

字母索引是按物相英文名称的字母顺序排列。在每种物相名称的后面，列出化学分子式、3根最强线的d值和相对强度数据，并列出该物相的粉末衍射PDF卡号。对于一些合金化合物，还可按其所含的各种元素顺序重复出现，某些物相同时还列出了其最强线对于刚玉最强线的相对强度。由此，若已知物相的名称或化学式，能利用此索引方便地查到该物相的PDF卡号。

1.4.3.2 哈那瓦尔特索引

在哈氏索引中，第一种物相的数据占一行，成为一项。由每个物质的8条最强线的d值和相对强度、化学式、卡片号、显微检索号组成。8条强线的构成是，首先在$2\theta < 90°$的线中选3条最强线，d_1、d_2、d_3，下标1、2、3表示强度降低的顺序。然后在这3条最强线之外，再选出5条最强线，按相对强度由大而小的顺序，其对应的d值依次为d_4、d_5、d_6、d_7、d_8，它们按如下三种排列：

$$d_1, d_2, d_3, d_4, d_5, d_6, d_7, d_8$$

$d_2, d_3, d_1, d_4, d_5, d_6, d_7, d_8$

$d_3, d_1, d_2, d_4, d_5, d_6, d_7, d_8$

前3条轮番作循环置换，后5条线的d值顺序始终不变。这样每种物相在索引中会出现3次以提高被检索的机会。

在索引中，每条线的相对强度写在其d值的右下角。在此，原来百分制的相对强度值用四舍五入的办法转换成十级制。其中，10用“X”来代表。

各个项在索引中的编排次序，由列在每项的第一、第二两个d值来决定。首先，根据第一个d值的大小，把从999.99Å到1.00Å的d值分成51个区间，这就是所谓的哈氏组。各个项按本身的第一个d值归入相应的组，属于同一个组的所有各项的排列先后则以第二个d值的大小为准，按d值由大而小的顺序排列。当有两个或若干个项的第二个d值彼此相同时，则按第一个d值由大而小排列。若第一个d值也相同时，则由第三个d值的大小来确定。

1.4.3.3 芬克索引

当被测物质含有多种物相时（往往都为多种物相），由于各物相的衍射线会产生重叠，强度数据不可靠。而且，由于试样对X射线的吸收及晶粒的择优取向，导致衍射线强度改变，从而采用字母索引和哈那瓦尔特索引检索卡片会比较困难。为克服这些困难，芬克索引以八根最强线的d值为分析依据，将强度作为次要依据进行排列。

芬克索引中，每一行对应一种物相，按d值递减列出该物相的8条最强线d值、英文名称、PDF卡片号及微缩胶片号。若某物相的衍射线少于8根，则以0.00补足8个d值。每种物相在芬克索引中至少出现4次。

设某物相8个衍射线d值依次为：d_1，d_2，d_3，d_4，d_5，d_6，d_7，d_8，而且d_2，d_4，d_6，d_8为8根强线中强度大于其他的4根，那么芬克索引中d值的排列为：

第一次：$d_2, d_3, d_4, d_5, d_6, d_7, d_8, d_1$

第二次：$d_4, d_5, d_6, d_7, d_8, d_1, d_2, d_3$

第三次：$d_6, d_7, d_8, d_1, d_2, d_3, d_4, d_5$

第四次：$d_8, d_1, d_2, d_3, d_4, d_5, d_6, d_7$

芬克索引中，对于索引中d值的分组类似于哈那瓦尔特法。

1.4.4 物相定性分析过程

首先用粉末照相法或粉末衍射仪法获取被测试样物相的衍射图样，然后计算面间距d值和测定相对强度I（PDF卡片中用I/I_1表示），定性相分析以$2\theta<90°$的衍射线为主要依据，2θ角的测量精度应达到0.01°。由2θ角计算得到的d值精度，随着d值的变化而各异，例如d=1、2、3、4，其相应的精度应达到±d=0.001、0.002、0.003、0.005。在测量和计算时，要求2θ角和d值分别给出0.01和0.001位有效数字，衍射强度I_i测量是扣除背底后的净峰高强度值，相对强度I（或I/I_1）等于各衍射线的峰高强度I_i被衍射花样中最强线的峰高强度I_{max}除，再乘100后取整，即$I=[(I_i/I_{max})\times100]$取整，然后检索PDF卡片。

如果试样中只含一个相，对计算得到的d值给出适当的误差，然后用3强线的d-I值在PDF卡片数值索引中的相应d（$\pm D_d$）值组中查寻被鉴定相的对应条目。当3强线的d-I值与索引条目中的d-I值符合时，再将该条目中8强线的d-I值与被鉴定相衍射花样中各衍射线的d-I值核对。如果八强线都能找到各自的对应值，则根据该条目指出的PDF卡片编号取出PDF卡片，将其中的全部d-I值与被鉴定相衍射花样中的d-I值核对，如果两者的d-I数据全部吻合，则相分析结束。从检索得到PDF卡片便可知道被鉴定相的名称、化学式和各种晶体学参数。

如果试样中含有多个物相，检索过程就会变得复杂，因为对这种情况需要一个相一个相地逐个进行鉴定。其主要难点是被测衍射花样中的三强线不一定属于同一个相，要想找到某个相的三强线必须作多种三强线搭配方案进行多次尝试检索。只有找到某个相的三强线，才能按上述单相检索程序查寻到与该相对应的PDF卡片。当检索出一个相之后，要将除去已鉴定相之外的剩余衍射线的强度重新进行归一化处理，即在剩余衍射线中重新用其中的最强线峰高强度去除各衍射线的峰高强度，得到重新归一化的相对强度$I=[(I_i/I_{max})\times 100]$取整。然后，在新的基础上，再作三强线的多种搭配进行多次尝试检索。以此类推，直到试样中所含相的PDF卡片全部被检索出为止。物相分析的最后判定无论是对人工检索还是计算机自动检索都是十分重要的，这是因为有时经检索后会给出数张乃至更多张可能的候选卡片，难以确定唯一的最终结果，需要根据化学成分、精确测定点阵常数、相图和相形成的反应规律等，进行综合判定后给出被鉴定物质各相唯一准确的PDF卡片。需要特别强调的是，预先知道试样的化学元素组成是物相分析必要的前提条件，因为这是排除那些似是而非的PDF卡片的重要依据，从而可以给出更确切的分析结果。

1.4.5 计算机物相检索

由于JCPDS粉末衍射文件卡片每年以约2000张的速度增长，数量越来越大，人工检索已变得费时和困难。从20世纪60年代后期开始，发展了电子计算机自动检索技术。为方便检索，相应的将全部JCPDS粉末衍射文件卡片上的d、I数据按不同检索方法要求，录入到磁带或磁盘之内，建立总数据库，并已实现商品化。计算机物相检索的数据仍像卡片那样分组排列，到1986年已有36组约48000张卡片。从20世纪70年代后期开始，在总数据库基础上，按计算机检索要求，又建立了常用物相、有机物相、无机物相、矿物、合金、NBS、法医等七个子库，用户还可根据自己的需要，在盘上建立用户专业范围常用物相的数据库等。近年来，JCPDS数据库分成两级：PDF—1级，包括全部PDF卡片的d值、I值、物质名称、化学式，储存在硬磁盘上；还有PDF—2级，除上述数据外，还可以将衍射线的晶面指数、点阵常数、空间群以及其他的晶体学信息储存在光盘上，使用相应的软件，使未知物相可以很容易地被鉴别出来。

目前，比较常用的计算机检索软件系统主要有PCPDFWIN系统和Jade分析软件，其中PCPDFWIN系统能够检索出所有的PDF卡片，应用较为普遍，而Jade分析软件为Mdi（Materials Date，Inc.）的产品，属于自动分析软件。

1.5 X射线衍射物相定量分析

1.5.1 定量分析原理

X射线物相定量分析的原理是样品中每个相衍射线条的强度随该相含量的增加而提

高。但由于X射线受试样吸收的影响，试样中某相的含量与其衍射线强度的关系，通常并不正好成正比。因衍射仪测量衍射线强度的精度高，速度快，而且强度公式中的吸收因数不随θ角的改变而变化，故普遍采用衍射仪法进行定量分析。衍射仪法的强度公式为：

$$I = \frac{I_0}{32\pi R}\frac{e^4}{m^2c^4}\frac{\lambda^3}{V_0^2}V\,|F|^2P\,\frac{1+\cos^4 2\theta}{\sin^2\theta\cos\theta}e^{-2M}\frac{1}{2\mu} \tag{1-66}$$

式（1-66）是由纯物质推导的公式，式中V为被照体积。如样品是由几种物相组成的混合物，则其中第j相某一衍射线条的强度应随j相所占体积分数X_f的增加而增加。为讨论简便起见，假定试样被照体积为单位体积，即$V=2$，则第j相的体积$V_f = X_f \cdot V = X_f$。对于多相混合物，式（1-66）中的μ应该用μ'替换，μ'为混合物的线吸收系数，它随各相含量变化而变化。式中除X_j（即原式中的V）和μ'外，其余各项均为常数，现用C_j表示它们的乘积。此时，n相混合物中第j相的某一衍射线条强度为：

$$I_j = C_jX_j/\mu' \tag{1-67}$$

式中，$C_j = \frac{I_0}{32\pi R}\frac{e^4}{m^2c^4}\frac{\lambda^3}{V_0^2}|F|^2P\frac{1+\cos^2 2\theta}{\sin^2\theta\cos\theta}\frac{e^{-2M}}{2}$。

测定某物相的含量时，常用质量分数，因此，下面将X_j和μ'都统一为与质量分数有关的量，则：

$$\mu' = \mu'_m\rho = \nu\left[w_1\left(\frac{\mu_1}{\rho_1}\right)+w_2\left(\frac{\mu_2}{\rho_2}\right)+\cdots+w_n\left(\frac{\mu_n}{\rho_n}\right)\right] = \rho\left[\sum_{i=1}^{n}w_i\,(\mu_m)_i\right] \tag{1-68}$$

式中，w_i为第i组元的质量分数；ρ为混合物的密度；$(\mu_m)_i = \mu_i/\rho_i$为第i相的质量吸收系数。如果W为被照部分的重量，而W_j为其中第j组元的重量，则：

$$W_j = w_jW \qquad V_j = X_jV = W_j/\rho_j$$

故

$$\rho = W/V = W\Big/\sum_{i=1}^{n}V_i = W\Big/\sum_{i=1}^{n}W\left(\frac{w}{\rho}\right)_i = 1\Big/\sum_{i=1}^{n}\left(\frac{w}{\rho}\right)_i \tag{1-69}$$

$$\mu' = \rho\sum_{i=1}^{n}w_i\,(\mu_m)_i = \sum_{i=1}^{n}w_i\,(\mu_m)_i\Big/\sum_{i=1}^{n}\left(\frac{w}{\rho}\right)_i \tag{1-70}$$

$$X_j = V_j/V = V_j\Big/\sum_{i=1}^{n}V_i = W\left(\frac{w}{\rho}\right)_j\Big/W\sum_{i=1}^{n}\left(\frac{w}{\rho}\right)_i \tag{1-71}$$

将式（1-70）和式（1-71）代入式（1-67）得：

$$I_j = C_j\left(\frac{w}{\rho}\right)_j\Big/\sum_{i=1}^{n}w_i\,(\mu_m)_i \tag{1-72}$$

式（1-72）是定量分析的基本公式，它描述了第j相某条衍射线的强度与该相的质量分数及混合物的质量吸收系数间的相对关系。

1.5.2 定量分析方法

1.5.2.1 外标法

外标法是将所测物相的纯相物质单独标定，通过测量混合物样品中欲测相（j相）某根衍射线条的强度并与纯j相同一线条强度对比，即可定出j相在混合样品中的相对含量。外标法要求纯标样，纯标样不加到待测样中。外标法适用于大批量试样中某相定量测量。

（1）如果试样中含有 n 相，当它们的 μ 和 ρ 均相等，则：

$$\frac{I_j}{(I_j)_0}=\frac{Cw_j}{C}w_j \tag{1-73}$$

式（1-73）表明，混合物试样中 j 相的某一衍射线的强度，与纯 j 相试样的同一衍射线条强度之比，等于 j 相在混合物中的质量分数。

（2）如果混合物由两相组成，它们的质量吸收系数不相等，则：

$$W_j=I_j\mu_{mj}/\left[I_{js}\mu_{mj}-I_j(\mu_{mj}-\mu_{mi})\right] \tag{1-74}$$

式中，μ_{mi}，μ_{mj}已知，I_j和 I_{js}可测，从而可计算出 j 相在混合相中的重量百分数 W_j。

可配制三个以上不同 j 相含量试样，将 I_j及纯相 j 相的 I_{js}（同一衍射线）作 $I_j/I_{js}-W_j$ 曲线，利用曲线可求 W_j。

1.5.2.2 内标法

设多相样品中待测相为 a，其参与衍射的质量及质量分数分别为 W_a 与 w_a，又设样品各相参与衍射的总量 W 为单位质量（$W=1$），则 $W_a=W\cdot w_a=w_a$。

在样品中加入已知含量的内标物（相）s，设其在复活样品即加入 s 相后的样品中质量分数为 w_s，a 相在复合样品中质量分数为 w'_s，则有：

$$w'_a=w_a(1-w_s) \tag{1-75}$$

对于复合样品，按式（1-75）有：

$$\frac{I_a}{I_s}=\frac{C_a}{C_s}\cdot\frac{f'_a}{f_s}=\frac{C_a}{C_s}\cdot\frac{w'_a/\rho_s}{w_s/\rho_s} \tag{1-76}$$

故

$$\frac{I_a}{I_s}=\frac{C_a}{C_s}\cdot\frac{\rho_a}{\rho_s}\cdot\frac{w'_a}{w'_s} \tag{1-77}$$

式中，ρ_s、ρ_a 为待测相 a 与内标相 s 的密度。

将式（1-75）代入式（1-77），有：

$$\frac{I_a}{I_s}=\frac{C_a\rho_s(1-w_s)}{C_s\rho_a w_s}w_a \tag{1-78}$$

令：$C''=\frac{C_a\rho_s(1-w_s)}{C_s\rho_a w_s}$，则式（1-78）可写为：

$$\frac{I_a}{I_s}=C''w_a \tag{1-79}$$

当 a 相与 s 相衍射线条选定且 w_s 给定时，则 C'' 为常数，故按式（1-79）可知，I_a/I_s 与 w_a 呈线性关系，C'' 为其斜率。若预先制作 I_a/I_s-w_a 曲线（称为定标曲线，实际是直线），则据此曲线，按待测样品所测得的 I_a/I_s 值就可直接读出待测相含量 w。

定标曲线的制作：制备若干（3 个以上）待测相（a）含量（w_a）不同且已知的样品，在每个样品中加入含量（w_s）恒定的内标物（s），制成复合样品。测量复合样品的 I_a/I_s 值，绘制 I_a/I_s-w_a 曲线。

在应用内标曲线测定未知样品中 a 相含量时，加入样品中的内标物（s）种类及其含量、a 相与 s 相衍射线条的选取等条件都要与所用内标曲线的制作条件相同。

1.5.2.3 *K* 值法

K 值法是内标法的发展，*K* 值与加入标样含量无关，无需作定标曲线，且 *K* 值易求。

K 值法也称基本冲洗法。

$$I_j/I_s = [CK_jW_j'/\rho_j\sum_{j=1}^{n+1}W_j\mu_{mj}]/[CK_sW_s/\rho_s\sum_{j=1}^{n+1}W_j\mu_{mj}] = \frac{K_j\rho_s}{K_s\rho_j}\cdot\frac{W_j'}{W_s} = K_s^j\frac{W_j'}{W_s}$$

所以，
$$W_j' = \frac{W_s}{K_s^j}\cdot\frac{I_j}{I_s}；W_j = \frac{W_j'}{1-W_s} \qquad (1\text{-}80)$$

$K_s^j = \frac{K_j\rho_s}{K_s\rho_j} = K$ 称 j 相对标样 s 的 K 值，j 和 s 相物质已知，ρ_j，ρ_s 为常数。当 λ 一定时，2θ（即衍射线选定）K_s^j 为恒定，由上式可求 W_j'，从而求出 W_j。

$$W_j = W_j'/(1-W_s) \qquad (1\text{-}81)$$

K 值法的优缺点：

（1）与内标法相比，无需求定标曲线，K 值易求；

（2）只要内标物质，待测相与实验条件相同，则 K 值恒定，故有普适性；

（3）只作一次扫测即可得到所有强度数据；

（4）可以对感兴趣的 j 相进行测量，试样中可有非晶；

（5）缺点是要加入 s 相稀释样品，只适用粉末试样。

1.5.2.4 绝热法

在 n 相待测样中，均为结晶相（不可有非晶相），各相的 K 值已知，可不加标样（由待测样中 j 相充当标样，只要实测各相的 I_{hkl}，$I=1$，2，…，j，…，n，且对应 K 值为已知）即可求所有结晶相含量。

$$\sum_{i=1}^{n}W_i = \sum_{i=1}^{n}\frac{W_i}{K_j^i}\frac{I_i}{I_j} = 1 \qquad (1\text{-}82)$$

式中，j 为内标，在 λ、2θ 等条件相同时，I_j 恒定。

$$\sum_{i=1}^{n}W_i = 1 = \frac{W_j}{I_j}\sum_{i=1}^{n}\frac{I_i}{K_j^i} \quad W_j = I_j/\sum_{i=1}^{n}\frac{I_i}{K_j^i}$$

代入下式

$$W_i = \frac{I_i}{I_j}\frac{W_j}{K_j^i} = I_i/K_j^i\cdot\sum_{i=1}^{n}(I_i/K_j^i) \qquad (1\text{-}83)$$

由式（1-83）可见，若测得各相 i 的 I_i 且 K_j^i 已知，即可求出各相的重量分数 W_i。

除以上介绍的各种方法外，还有直接对比法、外标法（以纯相样品作为比较标准的方法）、无标样分析法等。物相定量分析技术自 20 世纪 70 年代前后得到重视与发展，现有的各种方法均有各自的优缺点与应用范围。扩大应用范围，提高测量的精度与灵敏度是物相定量分析技术的重要发展方向。

1.6 宏观应力的测定

1.6.1 宏观应力及 X 射线测量宏观应力原理

材料的内应力是指当产生应力的各种因素（如外力、温度等）不复存在时，由于不均匀的塑性变形或相变而使材料内部依然存在并自身保持平衡的应力。这一类内应力是在物体较大范围内或许多晶粒范围内存在并保持平衡的应力，称为宏观应力，宏观应力能使衍射线产生位移。

宏观应力在物体中较大范围内均匀分布，产生的均匀应变表现为该范围内方位相同的各晶粒中同名（h，k，l）晶面间距变化相同，并因此导致衍射线向某方向位移（2θ角的变化），这就是X射线测量宏观应力的基础。

1.6.2 宏观应力测定的基本原理

一般情况下，物体中存在残余应力的区域内应力状态比较复杂，区域内任一点通常处于三维应力状态。在任一点处取单元体（微分六面体），单元体各面上共有6个独立的应力分量，即沿单元体各面法线方向上的应力（正应力）σ_x、σ_y与σ_z及垂直于法线方向的应力（切应力）τ_{xy}、τ_{yz}与τ_{xz}。调整单元体的取向，总可以找到这样的一个方位，使单元体上的切应力为零，此时单元体各面3个互相垂直的法线方向称为主方向，相应的3个正应力称为主应力，分别记为σ_1、σ_2和σ_3。

沿某方向（设为z向）应力为零（$\sigma_z=0$，$\tau_{yz}=0$，$\tau_{xz}=0$）的应力状态称为平面应力（二维应力）状态。物体表层不受外力时即处于平面应力状态，且表面法线方向为一个主方向，设该方向主应力为σ_3，若$\sigma_3=0$，其余两个主方向即在表面上（图1-37）。由于X射线对物体的穿入能力有限，因而X射线测量的就是物体表层应力（记为σ_ψ）。设任意方向应变为ε_ψ（以ε_ψ与样品表面法线方向夹角ψ表示ε_ψ之方位），按弹性力学原理，有：

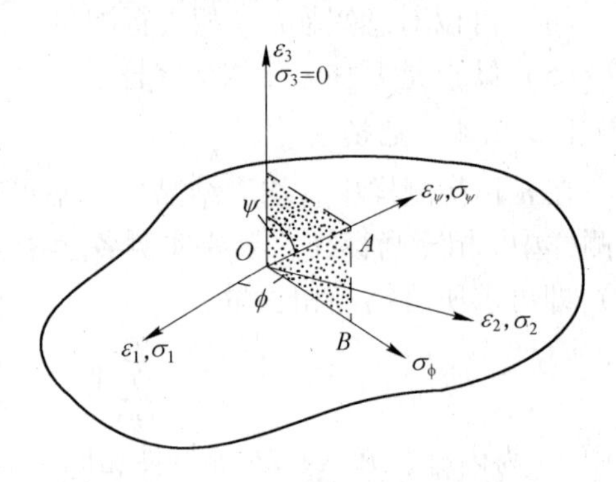

图1-37 样品的表层应力与应变状态

$$\varepsilon_\psi = \frac{1+\nu}{E}\sigma_\psi \sin^2\psi - \frac{\nu}{E}(\sigma_1+\sigma_2) \tag{1-84}$$

式（1-84）表达出σ_ψ与ε_ψ的关系。此式中σ_ψ的方向是ε_ψ在物体表面的投影方向。ε_ψ可由以其方向为法线方向的（h，k，l）面的面间距的变化表征，即有：

$$\varepsilon_\psi = \frac{d_\psi - d_0}{d_0} \tag{1-85}$$

式中，d_ψ为有应力时以ε_ψ方向为法线方向的（h，k，l）面间距；d_0为无应力时的（h，k，l）面间距。

也可用衍射线的位移（$\Delta 2\theta_\psi$）表达ε_ψ，对布拉格方程进行微分可得：

$$\frac{\Delta d}{d} = -\cot\theta\Delta\theta$$

即：

$$\varepsilon_\psi = \frac{d_\psi - d_0}{d_0} = \frac{\Delta d}{d_0} = -\cot\theta_\psi\Delta\theta_\psi = -\frac{\cot\theta_\psi}{2}\Delta 2\theta_\psi \tag{1-86}$$

式中，θ_0为无应力时（h，k，l）面的半衍射角；$\Delta\theta_\psi$为有应力时（h，k，l）面半衍射角

的变化，即 $\Delta\theta_\psi = \theta_\psi - \theta_0$，$\theta_\psi$ 为有应力时（h，k，l）面的半衍射角

将式（1-86）代入式 $\frac{\partial \varepsilon_\psi}{\partial \sin^2\psi} = \frac{1+\nu}{E}\sigma_\psi$，并乘以因子（π/180）（即将 $2\theta_\psi$ 由角度转换为弧度），得：

$$\sigma_\psi = -\frac{E}{2(1+\nu)}\cot\theta_0 \frac{\pi}{180} \frac{\partial(2\theta_\psi)}{\partial \sin^2\psi} \tag{1-87}$$

设 $k = -\frac{E}{2(1+\nu)} \frac{\pi}{180}\cot\theta_0$，并称其为应力常数，$k$ 的取值取决于材料的弹性性质（弹性模量 E 与泊松比 ν）及 θ_0（θ_0 取决于衍射面（h，k，l）的选取和入射线波长）；设 $M = \frac{\partial(2\theta_\psi)}{\partial \sin^2\psi}$，则式（1-87）可简化为：

$$\sigma_\psi = kM \tag{1-88}$$

由于 σ_ψ 是定值，若 k 取定（为常数），则由式（1-88）可知，M 亦为常数。$M = \frac{\partial(2\theta_\psi)}{\partial \sin^2\psi}$ 是 $2\theta_\psi - \sin^2\psi$ 曲线的斜率，因 M 为常数，故 $2\theta_\psi - \sin^2\psi$ 为直线。式（1-88）为X射线测定宏观平面应力的依据，可见只需测定 $2\theta_\psi - \sin^2\psi$ 之斜率 M 并取定 k 值，即可求得 σ_ψ。

1.6.3 宏观应力测定的测试方法

1.6.3.1 0° – 45° 法

（1）选择反射晶面（h，k，l）与入射线波长的组合，使产生的衍射线有尽可能大的 θ 角（θ 角越接近90°，则测量系统误差越小），计算无应力的衍射角 $2\theta_0$。

（2）测定 $\psi = 0°$ 时的应变（$2\theta_{\psi=0}$）。样品置入衍射仪样品台（或样品安装在样品架上，样品架再放入样品台内），计数器在 $2\theta_0$ 附近与样品台联动扫描，此时记录的衍射线是样品中其（h，k，l）晶面平行于样品表面的那部分晶粒的贡献，如图1-38（a）所示。因样品表面法线与反射晶面（h，k，l）法线重合（即 $\psi = 0°$），故所测之衍射角即为 $2\theta_{\psi=0}$。

（3）测定 $\psi = 45°$ 时的应变（$2\theta_{45°}$）。样品连同样品台顺时针转动45°，转动时与计数器“脱钩”，即计数器保持不动（若使用样品架，则样品架转动45°，而样品台与计数器均保持不动）。计数器仍在 $2\theta_0$ 附近（与样品台）联动扫描，此时记录的衍射线是样品中其法线与样品表面法线夹角（ψ）为45°的（h，k，l）晶面所产生，如图1-38（b）所示，故所测的衍射角即为 $2\theta_{45°}$。

（4）计算 M 值，即：

$$M = \frac{\partial(2\theta_\psi)}{\partial \sin^2\psi} = \frac{2\theta_{45°} - 2}{\sin^2 45° - \sin^2 0°} = \frac{2\theta_{45°} - 2\theta_{\psi=0}}{\sin^2 45°} \tag{1-89}$$

（5）计算 σ_ψ 值，按式（1-87），有：

$$\sigma_\psi = -\frac{E}{2(1+\nu)} \frac{\pi}{180}\cot\theta_0 \frac{2\theta_{45°} - 2\theta_{\psi=0}}{\sin^2 45°} \tag{1-90}$$

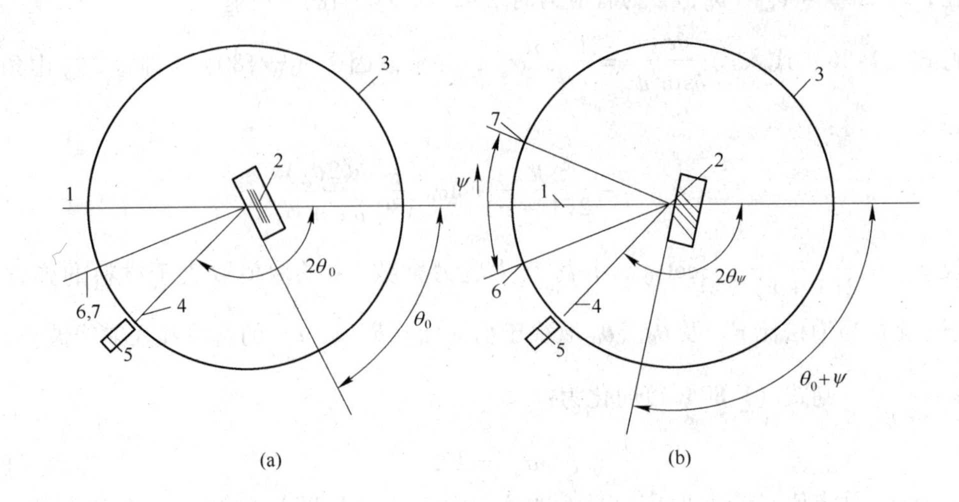

图 1-38 衍射仪测量应变 $2\theta_\psi$

(a) $\psi=0$；(b) $\psi\neq0$

1—入射线；2—样品；3—衍射仪圆；4—反射线；5—计数器；
6—反射晶面法线；7—样品表面法线

1.6.3.2 $\sin^2\psi$ 法

$\sin^2\psi$ 法与 0°－45°法测定步骤基本相同，由试验所得数据可作直线 $2\theta_\psi-\sin^2\psi$ 从而得到 M 值。若设 $\psi=0°$、15°、30°和 45°，$2\theta_{\psi=0}$、$2\theta_{15°}$、$2\theta_{30°}$、$2\theta_{45°}$ 分别为 ψ_i 及 $(2\theta_\psi)_i$，$i=1$，2，3，4，按最小二乘法处理数据，则有：

$$M=\frac{\sum_{i=1}^{n}(2\theta_\psi)_i\sum_{i=1}^{n}\sin^2\psi_i-n\sum_{i=1}^{n}\left[(2\theta_\psi)_i\cdot\sin^2\psi_i\right]}{\left(\sum_{i=1}^{n}\sin^2\psi_i^2\right)^2-n\sum_{i=1}^{n}\sin^4\psi_i} \tag{1-91}$$

式中，n 为测量点数。按式（1-88），由 M 值则可求得 σ_ψ 值。

1.6.3.3 应力仪法

应力（测定）仪与衍射仪不同，其测角仪为立式，可使入射线在竖直平面一定范围内任意改变方向（入射角 ψ_0 可在 0°～45°范围内变化，ψ_0 为入射线与样品表面法线的夹角），计数器在竖直平面内扫描（可扫描范围一般为 145°～165°）。在应力仪上一般采用固定 ψ_0 法测量应力。工件放置在样品架（支架，甚至地面）上，取定 ψ_0 后，计数器在 θ_0 附近扫描测得相应的 $2\theta_\psi$，测量过程中工件（及样品架）固定不动，因而 ψ_0 角保持不变。X 射线应力仪一般为立式，试样是固定的，计数管在垂直的平面内扫描。其中应变晶面方向与试样法线方向的夹角 ψ 由下式求得：

$$\psi=\psi_0+\eta=\psi_0+\left(\frac{\pi}{2}-\theta\right) \tag{1-92}$$

每次改变入射线角度就可测得不同 ψ 时的 $2\theta_\psi$，同样它也有 $\sin^2\psi$ 法和 0°－45°法。目前，X 射线应力仪正朝着轻便紧凑、快速、高精度和自动化方向发展，主要适用于大型整体部件及现场设备构件的应力测定。

实验1　X射线衍射多物相分析

实验目的及要求

（1）了解X射线衍射仪的基本结构、工作原理及操作过程。

（2）通过实际样品观察与分析，明确X射线衍射仪的应用。

实验条件

1. 实验设备

本实验采用X’Pert Pro MPD－PW3040/60X射线衍射仪对不同热处理温度下的铜/铝复合界面进行物相分析，判定界面反应生成的物相。X’Pert Pro MPD－PW3040/60X射线衍射仪可大幅度提高录谱强度，具有较高的分析灵敏度和分辨率，可以快速、全面收集实验数据，配合帕纳科推出的第四代寻峰及物相鉴定软件X’Pert HighScore，使微量相或微量样的鉴定结果更加可靠。

实验中选择的主要设备参数为：X射线衍射仪采用Cu靶，K_α射线，管电压40kV，管电流40mA。

2. 实验材料

实验使用的材料为经过500℃退火的铜/铝轧制复合板。

实验步骤

1. 实验样品制备

（1）将复合试样沿界面撕裂，保护好待观测表面；

（2）将观测面朝上，用橡皮泥将试样背面固定在样品台上，要求样品表面与样品支架表面平齐。

2. 实验样品检测

（1）开机前将制备好的试样插入衍射仪样品台，盖上顶盖并关闭防护罩。开启水龙头，使冷却水流通，X光管窗口应关闭，管电流管电压表指示应在最小位置，接通总电源。

（2）开启衍射仪总电源，启动循环水泵。待数分钟后打开计算机X射线衍射仪应用软件，设置管电压、管电流至需要值。设置合适的衍射条件及参数，设置参数的过程如下。

1）在弹出的窗口中选择相应的测试平台（图1-39）：

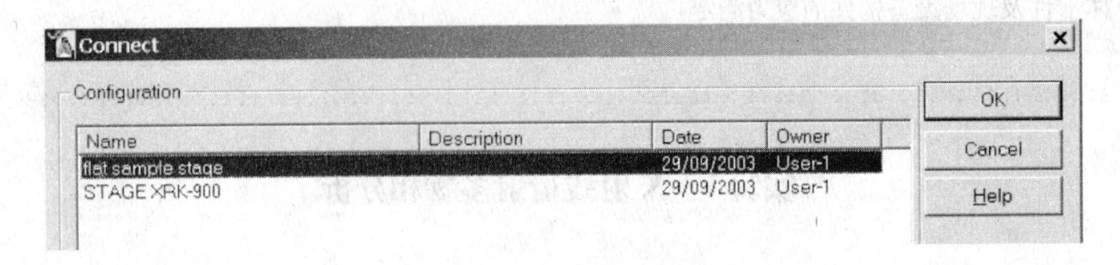

图 1-39 测试平台

一般测试选择“flat sample stage”，然后选择“OK”，出现连接界面（图 1-40）。

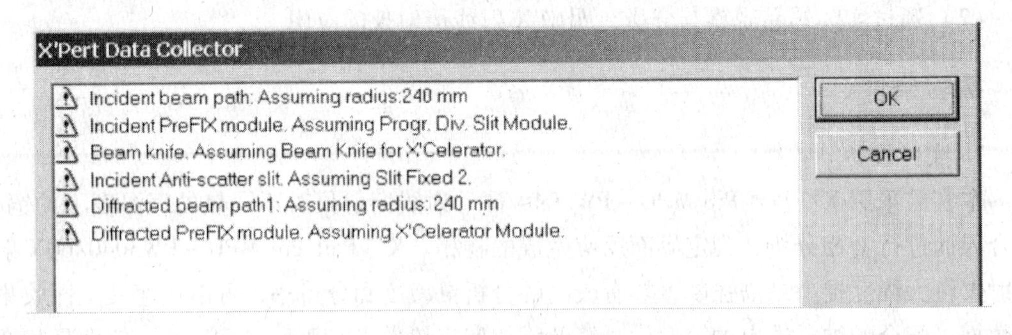

图 1-40 连接界面

当出现连接提示（图 1-41）时，点击“Yes”按钮。

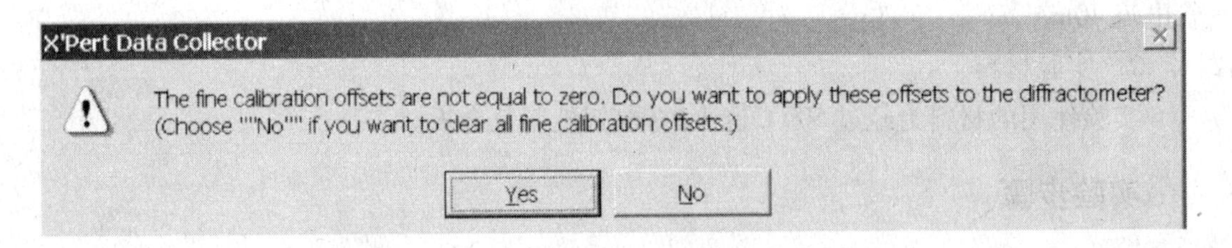

图 1-41 连接提示

连接成功，显示如下界面，如图 1-42 所示。

2）设置电压和电流。在软件左侧窗口的“Instruments Settings”选项卡中，双击“X－ray”或其下的任意一项（行），在弹出的对话框（见图 1-43 设置界面）的相应 Tension（KV）和 Current（mA）栏中，按规定顺序分步直接输入数据后点“Apply”按钮。

在弹出的界面（图 1-44）中选菜单“Files”中的“Open Program”（或工具栏第 2 个按钮）。

在弹出的窗口中选择相应的测试程序后点击“OK”。

可以选择的测试程序如下：

Phase _ XRK－p	高温分析测试程序（须更换高温原位反应室）
PW _ small _ angle	低角度衍射分析测试程序（2θ 不得小于 0.4°）
X′celerator _ grazing _ angle	膜、薄层等的分析测试程序（2θ 不得小于 30°）

X′celerator normal　　　　一般定性分析测试程序（2θ不得小于30°）

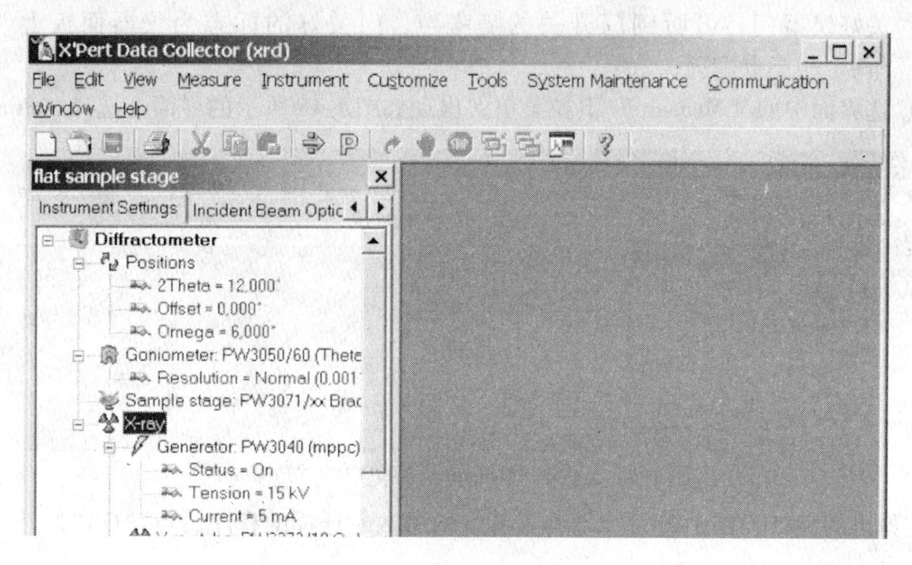

图1-42　连接成功

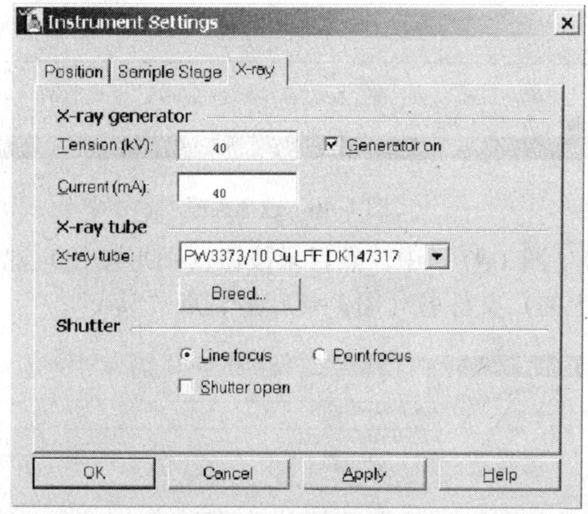

图1-43　设置界面

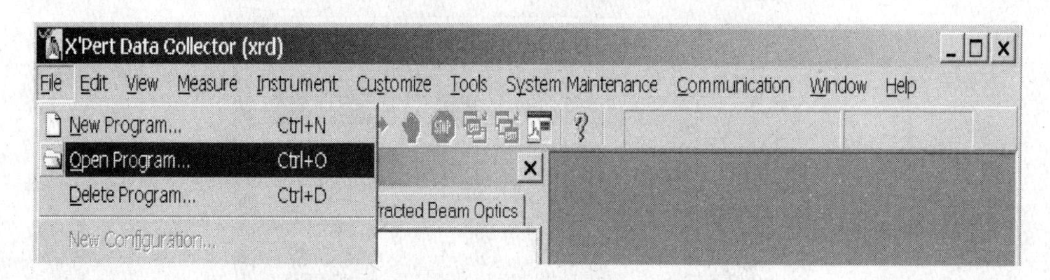

图1-44　选择Open Program程序进行测试

（3）测试过程：

1）放置被测样品，有效测试区域为距样品台垂直面5～12 mm范围内，同时保证试样表面落在测角仪轴心上，即保证试样表面与测角仪试样架下表面处于同一水平面上；

2）关好仪器门，可听到门开关的嘀嗒声，门关好的标志为仪器面板上“Shutter Open”下两个小亮点熄灭；

3）选界面中的“Measure”下拉菜单，出现如图1-45所示的界面，选择“Program”；

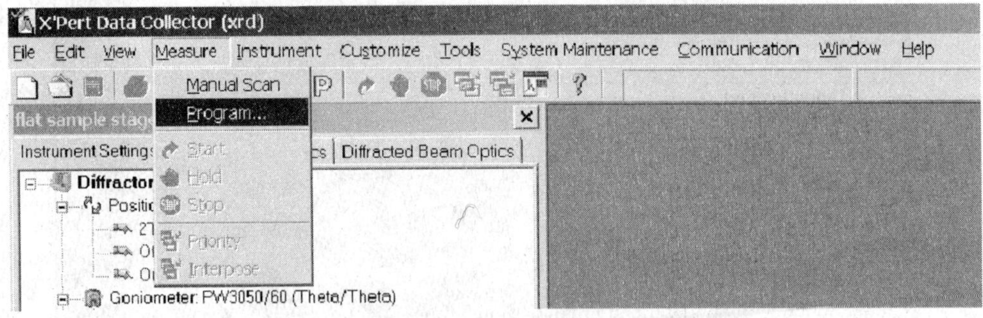

图1-45 选择“Measure”菜单中的“Program”

在弹出的窗口（图1-46）中选择设置实验参数时选择的程序后点“OK”。

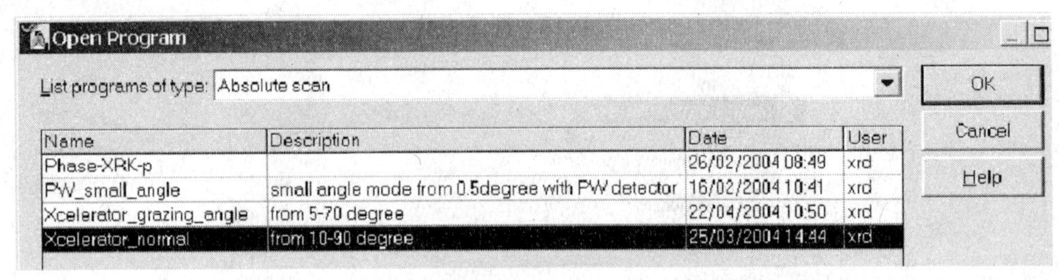

图1-46 选择程序

4）在弹出的窗口（图1-47）中，点目录按钮（图形按钮）建立或选择自己的目录，并设置（保存在磁盘上的）文件名（图1-48）后，点“Save”；

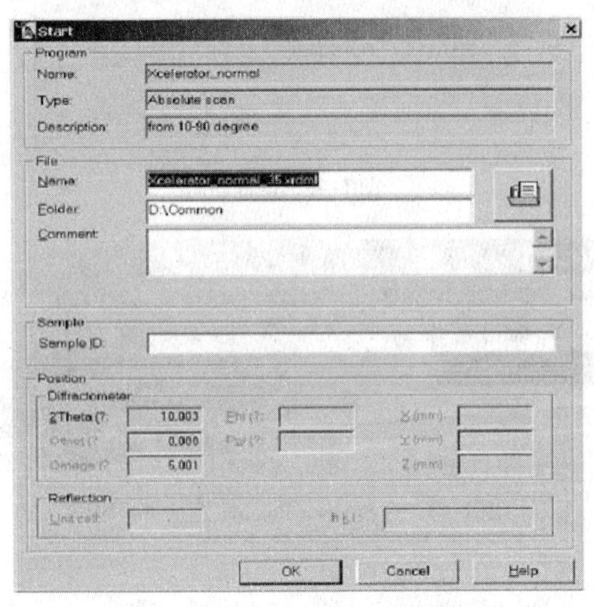

图1-47 建立或选择自己保存路径

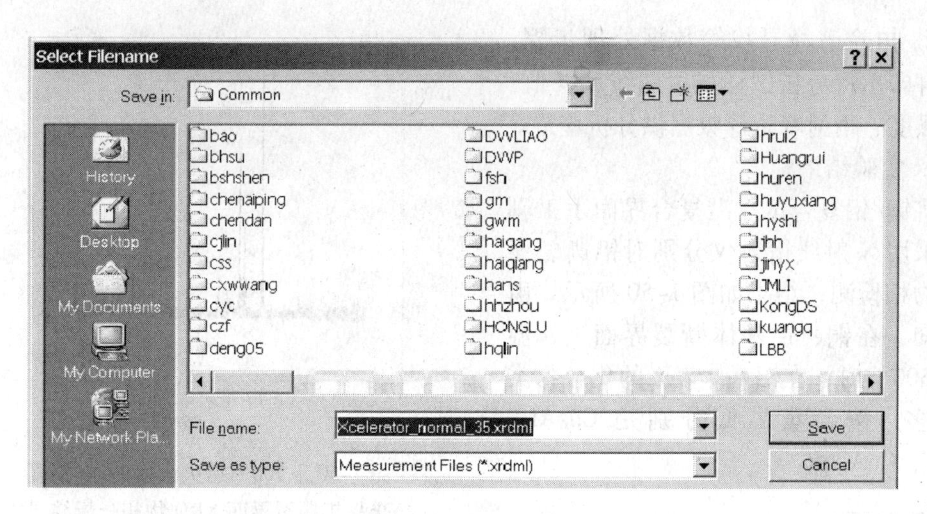

图1-48　保存文件

5）返回界面后，可以在“Sample ID”中填写样品名，如图1-49所示。

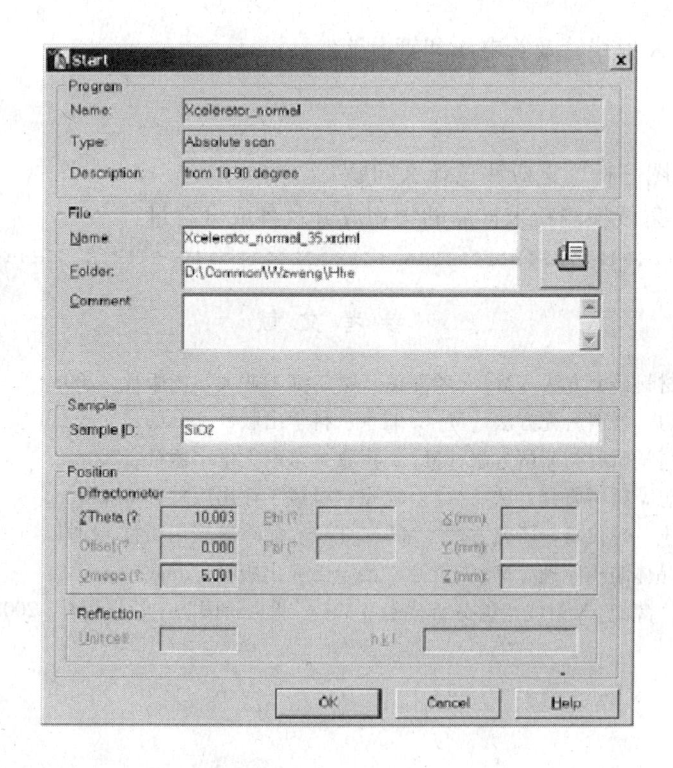

图1-49　为样品命名

（4）测量完毕，关闭X射线衍射仪应用软件，取出试样。15min后关闭循环水泵，关闭水源，关闭衍射仪总电源及线路总电源。

3. 实验数据处理

测试完毕后，可将样品测试数据存入磁盘供随时调出处理。原始数据需经过曲线平滑，K_{α_2}扣除谱峰寻找等数据处理步骤，最后打印出待分析试样衍射曲线和 d 值、2θ、强度、衍射峰宽等数据供分析鉴定。

4. 实验结果

将铜/铝复合试样沿复合界面手工剥离，采用 X 射线衍射仪分别对铝撕裂面进行物相检测，结果如图 1-50 所示。由图可知，在铜、铝基体撕裂界面上，温度为 500℃时，在铝基体表面的化合物类型很多，按含量高低分别是 Cu_9Al_4、$CuAl_2$、CuAl 相。

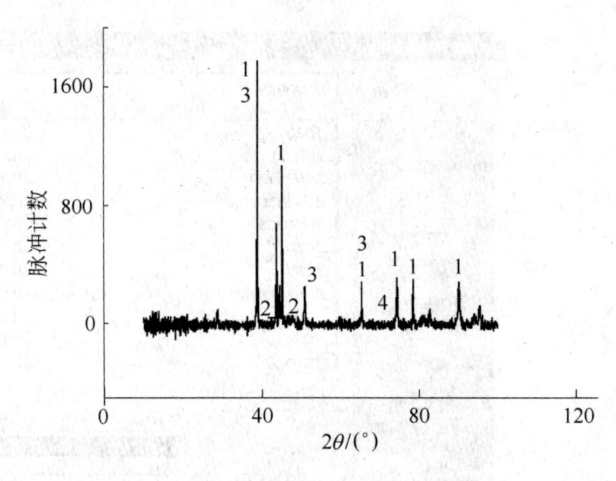

图 1-50 500℃退火温度的铜/铝复合板铝撕裂界面 XRD 物相分析结果

1—Al；2—$CuAl_2$；3—Cu_9Al_4；4—CuAl

思考题

1. 简述 X 射线衍射分析的特点和应用。

2. 如何选择 X 射线管及管电压和管电流?

实验报告

1. X 射线谱图分析鉴定应注意什么问题?

2. 如何用 X 射线检测粉末样品的物相成分及各成分含量?

参 考 文 献

[1] 黄新民，等. 材料研究方法 [M]. 哈尔滨：哈尔滨工业大学出版社，2008.
[2] 王培铭，许乾慰. 材料研究方法 [M]. 北京：科学出版社，2005.
[3] 朱和国. 材料科学研究与测试方法 [M]. 南京：东南大学出版社，2008.
[4] 谈育煦，胡志忠. 材料研究方法 [M]. 北京：机械工业出版社，2004.
[5] 王世中，臧鑫士. 现代材料研究方法 [M]. 北京：航空航天出版社，1991.
[6] 毛卫民. 材料晶体结构原理 [M]. 北京：冶金工业出版社，2008.
[7] 晋勇，孙小松，薛屺. X 射线衍射分析技术 [M]. 北京：国防工业出版社，2008.

第2章 透射电子显微分析技术

2.1 背景介绍

显微镜是人类最伟大的发明之一。在显微镜发明出来之前，人类关于周围世界的观念局限在肉眼所见，或者靠手持透镜帮助肉眼所能看到的东西。人的眼睛不能直接观察到比0.1mm更小的物体或物质结构细节，随着第一种显微镜，即光学显微镜（Optical Microscope，OM）的诞生，这一状况得以改善，人们可以看到像细菌、细胞那样小的物体。

光学显微镜的诞生和利用促进了电子显微镜和扫描探针显微镜的发明和应用，从而使人们能够看到物质内部微观结构，甚至原子图像。光学显微镜可以分辨微米范围（10^{-6}m）内的物体，使用可见光做照明源，用玻璃透镜来聚焦光和放大图像。

由于光波的衍射效应，光学显微镜分辨的极限大约是光波的半波长。可见光的短波长约为400nm，所以光学显微镜极限分辨本领约为200nm，小于200nm物体的观测必须使用其他波长小于光波长的照明源。

1924年，法国著名理论物理学家德布罗意提出了微观粒子具有波粒二象性的假设，后来这种假设得到了实验证实。从此之后，人们认识到高速运动的粒子与短波辐射相联系，例如，在100kV电压下加速的电子，相应的德布罗意波的波长为0.037Å（$1Å=10^{-8}$cm），比可见光的波长小几十万倍。此后，物理学家们利用电子在磁场中的运动与光线在介质中的传播相似的性质，成功研制出了电子透镜。

1931年，德国科学家E. Ruska和M. Knoll制作了第一台透射电子显微镜（Transmission Electron Microscope，TEM），并用它拍下了金和铜的表面图像。这台电子显微镜是非常简陋的，放大倍数只有17倍，几乎与1595年Janssen研制的第一台光学显微镜的放大倍数相同。但它表明，电子波可以用于显微镜，从而为显微镜的发展开辟了一个新的方向，其意义非常重大。

在此之后，E. Ruska又制作了另一台新的电子显微镜。这台电子显微镜用电磁聚光镜聚焦电子束，使放大倍数达到12400倍，其分辨本领超过了200nm光学极限。1932年Ruska和Knoll在他们合作的一篇文章中首次使用电子显微镜这个术语。透射电子显微镜的问世为人们对材料及其他物质的内在本质和外在行为的认识和理解提供了一个极为重要的工具，这个发明被誉为“20世纪最重大的发明之一”，Ruska也因其在电子显微镜方面所做的贡献而于1986年获得诺贝尔物理学奖。

1936年，英国制造了第一台商用透射电子显微镜（Metropolitan-Vivkers EM1）。电子显微镜的商业化生产实际上是在1939年从德国的Siemens和Hulske真正开始的，当时的分辨率达到10nm。1940年，RCA将商用电子显微镜的分辨率提高到2.4nm。而在1945年的电子显微镜的分辨率已达到1nm。在第二次世界大战以后，已有许多厂家生产电子显微镜，如JEOL、Hitachi、Philips、RCA等。20世纪60年代，超高电压电子显微镜开始进入发展阶段。1960年，Gaston Duproy和Toulouse发明了工作电压为750kV的电子显微镜。1969年，几百千伏的商用电子显微镜投入使用。我国从1958年开始制造电子显微镜，现在已经能够生产性能较好的透射电子显微镜和扫描电子显微镜。现代高性能的透射电子显微镜，点分辨本领优于3Å，晶格分辨本领达到1~2Å，自动化程度相当高，而且具备多方面的综合分析性能。

在自然科学的诸多领域中，电子显微镜作为观察世界的“科学之眼”，已经成为一种不可缺少的仪器。在生物学、医学中，在金属、高分子、陶瓷、半导体等材料科学中，在矿物、地质等部门中以及在物理、化学等学科中，电子显微分析都发挥着重要的作用。电子显微镜使人们进入了以“Å”为单位的世界。现代电子显微镜的分辨本领已经达到了原子大小的水平，人们渴望直接看到原子的理想已经开始实现。科学工作者已经用电子显微镜直接看到某些特殊的大分子的结构，还看到了某些物质的原子像。随着电子显微术的进一步发展，今后有可能使人们对物质结构的认识有新的重大进展。

2.2 基本原理

电子光学是电子显微镜的理论基础，它主要研究电子在电子磁场中的运动规律。本节将讲述与电子显微有关的电子透镜的基本知识。

2.2.1 电子的波动性及电子波的波长

根据德布罗意的假设，运动微粒与一个平面单色波联系。一个运动粒子的波长（λ）与粒子的质量（m）、运动速度（v）、动量（p）之间的关系由De Broglie波动方程给出：

$$\lambda = \frac{h}{mv} = \frac{h}{p} \tag{2-1}$$

式中 h——普朗克常数。

初始速度为0的电子，受到电位差为U的电场的加速，根据能量守恒定律，电子获得的动能为：

$$\frac{1}{2}mv^2 = eU \tag{2-2}$$

式中 e——电子的荷电量。

从式（2-2）得出：

$$v = \sqrt{\frac{2eU}{m}} \tag{2-3}$$

将式（2-3）代入式（2-1），得到：

$$\lambda = \frac{h}{\sqrt{2meU}} \tag{2-4}$$

电子显微镜中所用的电压在几十千伏以上，必须考虑相对论效应。在经过相对论修正后，电子波长与加速电压之间的关系为：

$$\lambda = \frac{h}{\sqrt{2m_0eV\left(1 + \frac{eU}{2m_0c^2}\right)}} \tag{2-5}$$

式中 m_0 ——电子的静止质量；

c ——光速。

表2-1列出了一些加速电压和电子波长的关系。

表 2-1 加速电压与电子波长的关系

加速电压/kV	电子波长/Å	相对论修正后的电子波长/Å
1	0.3878	0.3876
10	0.1226	0.1220
50	0.0548	0.0536
100	0.0388	0.0370
1000	0.0123	0.0087
100000	0.0037	0.0037

透射电子显微镜的加速电压一般在50k～100kV，电子波长在0.0536～0.0370Å，比可见光的波长小几十万倍，比结构分析常用的X射线的波长也小1～2个数量级。

运动电子具有波粒二象性。在电子显微镜中，研究电子在电、磁场中的运动轨迹以及试样对电子的散射等问题是从电子的粒子性来考虑的，而对于电子的衍射以及衍射成像问题，则是从电子的波动性出发的。

2.2.2 电子散射

在电子显微镜（并不限于TEM）成像中，电子散射是重要理论基础。当一束高能电子束照射到试样上，运动的电子受固体中原子核及其周围电子形成的电场作用，改变其运动方向，称为电子散射。

2.2.2.1 电子散射的特点

由于电子的粒子性，原子对入射电子的散射类似于球与球之间的碰撞。电子散射分为弹性散射和非弹性散射，其中，弹性散射只改变入射电子运动的方向而基本不改变电子的能量（即不改变波长和速度）；而非弹性散射既改变电子的运动方向，同时也会导致电子能量的损失。

原子核对入射电子的散射主要是弹性散射。由于原子核的质量远远大于电子的质量，当入射电子运动到原子核附近时，入射电子受原子核的强库仑场作用发生弹性散射，电子散射后只改变其运动方向而不损失其能量。原子核对入射电子的散射也可以是非弹性的。如果电子受原子核电势的作用而做减速运动，电子运动速度降低，能量减少。原子核对入射电子的非弹性散射产生连续X射线谱，电子损失的能量转变为X射线光子。

核外电子对入射电子的散射主要是非弹性散射。入射电子和核外电子的质量相当，当它们相碰撞时，入射电子不仅运动方向发生改变，而且发生能量传递。核外电子将从入射电子获得能量，而与之相碰撞的入射电子将失去相应的能量，其运动速度减慢，并产生热、光、特征X射线、二次电子等信号。

与此同时，当考虑电子的波动性质时，我们可以将电子散射分为相干散射和非相干散射。假设入射电子波是相干的，即它们具有相同的波长和固定的位相。相干的散射电子保持入射电子的位相和波长，而非相干散射电子在与试样相互作用后，没有确定的位相关系。

散射电子的运动方向与原入射电子束方向之间的夹角叫做散射角。相对于入射束，电子可以以不同的角度散射，导致不同的角分布。如果散射角小于90°，称为前散射；若散射角大于90°，称为背散射。前散射包括：弹性散射、布拉格散射（衍射）及非弹性散射。前弹性散射角通常较小（1°~10°），前弹性散射角越大，非相干的程度就越大。非弹性散射总是非相干的。电子散射角的不同还与电子多次散射有关，通常，散射次数越多，散射角越大。最简单的散射过程是单散射。随着试样变厚，前散射电子越少，非相干的背散射电子越多，试样变为不“透明”。

2.2.2.2　电子散射截面和散射能力

首先，我们考虑一个孤立的原子对电子的散射。如图2-1所示，当电子遇到一个孤立的原子时，将发生电子-电子和电子-原子核的相互作用而发生散射。由于电子带负电，它受到带正电的原子核吸引而向原子核一侧偏转，如图2-1（a）所示；受核外电子的排斥而向远离原子核的方向而偏转，如图2-1（b）所示。在一定加速电压 U 下，原子核对入射电子的散射角 θ_n，与该电子和原子核的距离 r_n 及原子序数 Z 有关，并由式（2-6）确定：

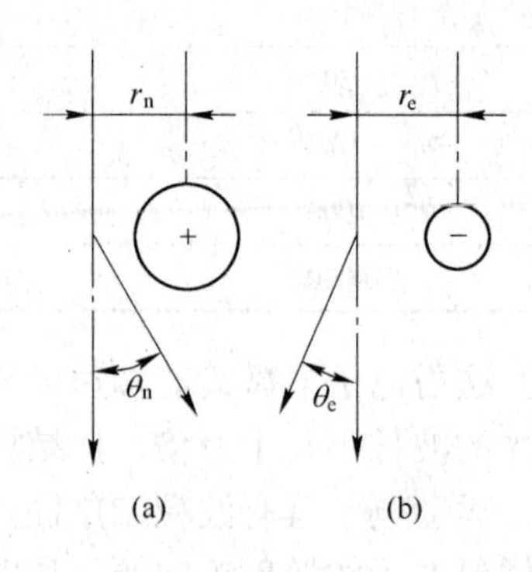

图2-1　电子受原子核和核外电子的散射示意图
（a）电子受原子核吸引；
（b）电子受核外电子排斥

$$\theta_n = \frac{Ze}{Ur_n} \tag{2-6}$$

核外电子对入射电子的散射角 θ_e 与该电子和核外电子的距离 r_e 有关，并由式（2-7）确定：

$$\theta_e = \frac{e}{Ur_e} \tag{2-7}$$

由式（2-6）和式（2-7）可以看出，入射电子与原子核或核外电子的距离越大，两种散射角就越小。原子核对入射电子的散射角要比核外电子对入射电子的散射角大，原因是多了原子序数因子 Z 。原子序数越高，原子核对入射电子的散射角也越大。实际上大部分的散射电子集中在 ±5°以内。

电子被散射的机会由散射截面 σ 确定，散射截面定义：

$$\sigma = \pi r^2 \tag{2-8}$$

式中　r——散射中心的有效半径，实际代表了电子与散射中心的距离。

对于不同的散射过程，r 具有不同的意义。散射截面 σ 具有面积的单位，但不代表一个实际的物理面积。散射截面越大，电子散射的机会就越多。因此，散射截面反映了电子的散射能力。

将式（2-6）和式（2-7）分别代入式（2-8），得到电子-电子散射截面：

$$\sigma_{e}=\pi r_{e}^{2}=\pi\left(\frac{e}{U\theta_{e}}\right)^{2} \tag{2-9}$$

电子-原子核的散射截面：

$$\sigma_{n}=\pi r_{n}^{2}=\pi\left(\frac{Ze}{U\theta_{n}}\right)^{2} \tag{2-10}$$

由上式可以看出，加速电压越高，电子散射截面越小，电子散射机会就越少。散射角越大，电子散射截面越小，电子散射机会就越少。核外电子的散射截面主要取决于加速电压，即电子束的能量；而原子核的散射截面与原子序数密切相关。

原子核对入射电子的散射主要是弹性散射，而电子-电子相互作用主要导致非弹性散射。一个原子序数为 Z 的原子有 Z 个电子，所有核外电子的总散射截面为 $Z\sigma_{e}$。一个孤立原子的总散射截面 σ 是所有弹性散射 σ_{n} 和非弹性散射截面 σ_{e} 的和：

$$\sigma=Z\sigma_{e}+\sigma_{n} \tag{2-11}$$

由核外电子引起的非弹性散射与原子核产生的弹性散射之比：

$$\frac{Z\sigma_{e}}{\sigma_{n}}=\frac{1}{Z} \tag{2-12}$$

非弹性散射与弹性散射的比值由原子序数确定，非弹性散射部分是弹性散射的 $1/Z$。随着原子序数的增加，原子核的散射截面增加，弹性散射所占的比重增加，电子的弹性散射能力增加。对于轻元素，非弹性散射占主要部分，由于非弹性散射的电子有能量损失，因而在成像时造成色差，使图像的清晰度下降。因此，对于低原子序数的试样，需要考虑提高其散射能力。对于 TEM 电子能量范围，弹性散射几乎总是占主要部分。例如，对于过渡族金属，在 100kV 加速电压的作用下电子小角度弹性散射截面是 10^{-22}m^{2} 左右，非弹性散射截面在 $10^{-22}\sim10^{-26}\text{m}^{2}$ 范围。

现在我们考虑单位体积中包含有 N 个原子的电子散射截面 Q。Q 由下式确定：

$$Q=N\sigma=\frac{N_{0}\sigma\rho}{A} \tag{2-13}$$

式中 N_{0}——阿伏加德罗常数；

A——原子量；

ρ——密度，$N_{0}\rho=NA$。

Q 可以认为是电子束通过单位面积单位厚度试样所产生的电子散射几率。若试样厚度为 t，那么试样厚度为 t 的散射概率为：

$$Q_{t}=\frac{N_{0}\sigma_{0}(\rho\times t)}{A} \tag{2-14}$$

式（2-14）是一个重要的表达式，它包含了影响散射概率的所有因素，式中 $\rho\times t$ 称为试样的质厚。对于实际试样，在待定的试样点所发生的电子散射数量取决于试样厚度和密度，即试样的质厚与试样的其他性质关系不大。特定面积的试样的散射能力直接正比于试样的质厚。随试样的质厚增加，电子的散射概率增加。

2.2.3 电子衍射

考虑到电子的波动性，能量（波长）不变的弹性散射波可以相互干涉得到加强或减弱。固体晶体中的原子在三维空间的排列具有周期性。由于这种周期性，电子在受到这些规则排列的原子集合体的弹性散射后，各原子散射的电子波相互干涉使电子合成波在某些方向得到加强，而在某些方向削弱，在相干散射加强的方向产生电子衍射束。在透射电子显微镜中，当这些电子衍射束被电磁透镜聚焦并放大投影到荧屏上或照相底版上，形成规则排列的斑点或线条，这就是我们在荧屏上或照相底版上所看到的电子衍射谱。弹性相干散射是电子束在晶体中产生衍射现象的基础。值得注意的是，这里弹性相干散射是指原子位置的相关性，不同于电子源的相干性。

2.2.3.1　电子衍射的特点

众所周知，几乎所有的金属或合金和其他物质一样，是由原子、离子或原子集团在三维空间内周期性地有规则排列而成。这些规则排列的质点对具有适当波长的辐射波的弹性相干散射，将产生衍射现象，为透射电子显微镜提供了一束波长恒定的单色平面波，因而可以用它对晶体样品进行电子衍射分析。

电子衍射几何学与X射线一样，都遵循劳埃方程和布拉格定律的衍射条件和几何关系。由两种衍射方法得到的晶体衍射谱的几何特征相似，但两者的散射过程存在差别。

与X射线衍射相比，电子衍射主要有以下几个特点：

（1）电子波长比X射线波长短得多，因此电子衍射的布拉格角要比X射线衍射的布拉格角小得多，一般为$1^\circ \sim 2^\circ$。如果用X射线衍射获得单晶体衍射谱，必须让试样旋转，或者用一定波长范围的X射线。但对于电子衍射，只需要用一个单一波长的电子束就可以得到许多衍射束。波的长短决定了电子衍射的几何特征，单晶电子衍射谱基本上与晶体的一个二维倒易点阵相同，这使得晶体几何关系学的研究变得简单方便。

（2）由于物质对电子的散射作用比X射线强，因此电子衍射比X射线衍射多，摄取电子衍射花样的时间只需几秒钟，而X射线衍射则需数小时，所以电子衍射有可能研究晶粒很小或者衍射作用相当弱的样品。正因为电子的散射作用强，电子束的穿透能力很小，所以电子衍射只适于研究薄的晶体。

（3）在透射电子显微镜中作为电子衍射时，可以将晶体样品的显微像与电子衍射花样结合起来研究，而且可以在很小的区域作电子衍射。然而，在结果的精确性、实验方法和成熟程度方面，电子衍射不如X射线衍射分析。

在利用电子衍射进行晶体学分析时，利用单晶的电子衍射谱进行物相鉴定，而衍射波的强度不作为重要信息。因为电子在试样中发生多次衍射，电子束的强度不能被测量，而在X射线衍射分析中，衍射强度对于晶体结构分析具有重要的作用。

2.2.3.2　电子衍射的布拉格定律

A　布拉格方程

当一束平面波长为λ的单色电子波照射在晶体上，各平行晶面组与电子束形成不同的夹角，我们称为入射角，用θ表示。对于晶面间距为d_{hkl}的晶面组（h，k，l）（图2-2），产生电子衍射的条件是满足布拉格方程：

$$2d_{hkl}\sin\theta_B = \lambda \tag{2-15}$$

式中　θ_B——布拉格角。

只有当入射电子束与该晶面的夹角为θ_B时，该晶面才可能发生衍射。当晶面组的晶面间距确定时，发生衍射的布拉格角 θ_B 取决于入射电子束的波长。通常透射电子显微镜的工作电压在 100k ~ 300kV，电子波长在 10^{-3}nm 数量级，金属常见晶体的晶面间距（主要是低指数晶面）在 1nm 的数量级，得到 $\theta_B \approx 10^{-2}$rad。

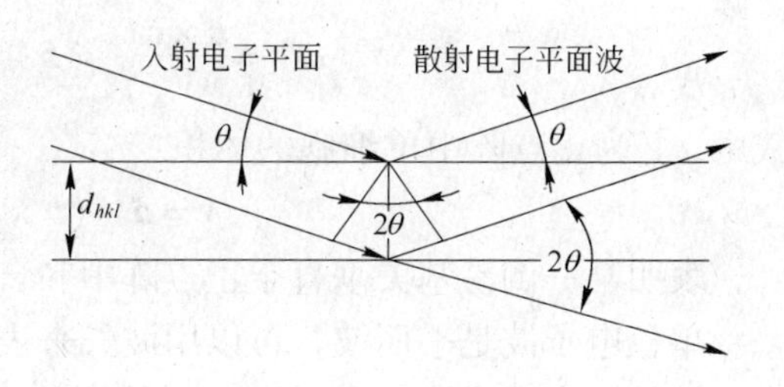

图 2-2　布拉格方程的示意图

由此可见，晶体发生电子衍射的布拉格角非常小，发生衍射的低指数晶面组基本上平行于入射电子束。这是有别于 X 射线衍射的一个重要特征，也为分析电子衍射谱提供了极其方便的条件。

用电子显微镜可以得到各种晶体试样的电子衍射花样，单晶体试样产生规则排列的衍射斑点，多晶试样产生同心环状衍射花样，如图 2-3 所示。

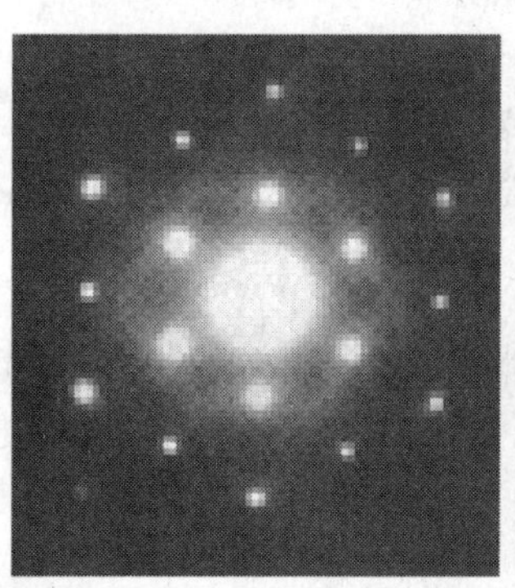
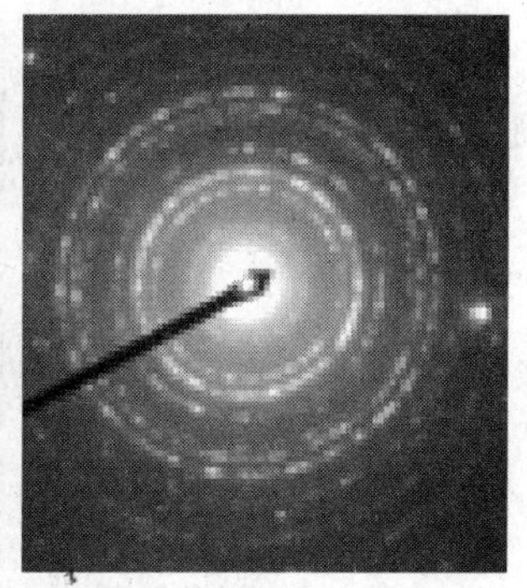

图 2-3　单晶与多晶的电子衍射花样

B　倒易点阵与衍射矢量方程

在实际操作中，单晶体的电子衍射（包括 X 射线单晶衍射）结果得到的是一系列规则排列的斑点。根据布拉格定理，这些衍射斑点与晶体点阵结构有一定的对应关系，但又不是晶体某晶面上原子排列的直观影像。人们在长期的试验中发现，如果把晶体点阵结构作为正点阵，它与其电子衍射斑点之间可以通过另外一个假想的点阵很好地联系起来，这就是倒易点阵，通过倒易点阵可以把晶体的电子衍射斑点直接解释成晶体相应晶面的衍射结果。也可以说，电子衍射斑点就是与晶体相对应的倒易点阵中某一截面上阵点排列的放大像。倒易点阵是与正点阵相对应的量纲为长度倒数的一个三维空间（倒易空间）点阵，它的真面目只有从它的性质及其与正点阵的关系中才能真正了解。

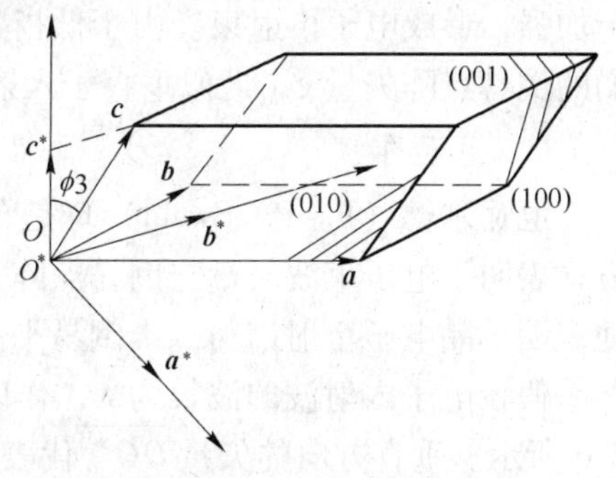

图 2-4　倒易基矢和正空间基矢之间的关系

倒易点阵中单位矢量的定义：

设正点阵的原点为 O，基矢为 $\boldsymbol{a}$、$\boldsymbol{b}$、$\boldsymbol{c}$，倒易点阵的原点为 O，基矢为 $\boldsymbol{a}^*$、$\boldsymbol{b}^*$、$\boldsymbol{c}^*$，如图 2-4 所示，则有：

$$\boldsymbol{a}^* = \frac{\boldsymbol{b} \times \boldsymbol{c}}{V} \qquad \boldsymbol{b}^* = \frac{\boldsymbol{c} \times \boldsymbol{a}}{V} \qquad \boldsymbol{c}^* = \frac{\boldsymbol{a} \times \boldsymbol{b}}{V} \tag{2-16}$$

式中，V 为正点阵中单细胞的体积：

$$V = \boldsymbol{a} \cdot (\boldsymbol{b} \times \boldsymbol{c}) = \boldsymbol{b} \cdot (\boldsymbol{a} \times \boldsymbol{c}) \tag{2-17}$$

表明某一倒易基矢垂直于正点阵中和自己异名的二基矢所成平面。

单色电子波是平面波，可以用波矢来表示电子波。波矢的方向与波阵面垂直，代表了电子波的方向，大小是电子束波长的倒数。将入射电子束波矢定义为 $\boldsymbol{K}_1$，将散射角为 2θ 的电子散射束波矢定义为 $\boldsymbol{K}_D$，这里 θ 不一定是布拉格角 θ_B，$\boldsymbol{K}$ 是两者的矢量差。三者之间的矢量关系可用如下矢量方程表示：

$$\boldsymbol{K} = \boldsymbol{K}_D - \boldsymbol{K}_1 \tag{2-18}$$

在弹性散射情况下，散射前后电子束波长不变，$\boldsymbol{K}_1$ 和 $\boldsymbol{K}_D$ 大小相同，是入射电子束波长的倒数：

$$|\boldsymbol{K}_D| = |\boldsymbol{K}_1| = \frac{1}{\lambda} \tag{2-19}$$

$\boldsymbol{K}_1$、$\boldsymbol{K}_D$ 和 $\boldsymbol{K}$ 构成矢量三角形。$\boldsymbol{K}$ 垂直于平行晶面组（h，k，l），如图2-5所示。

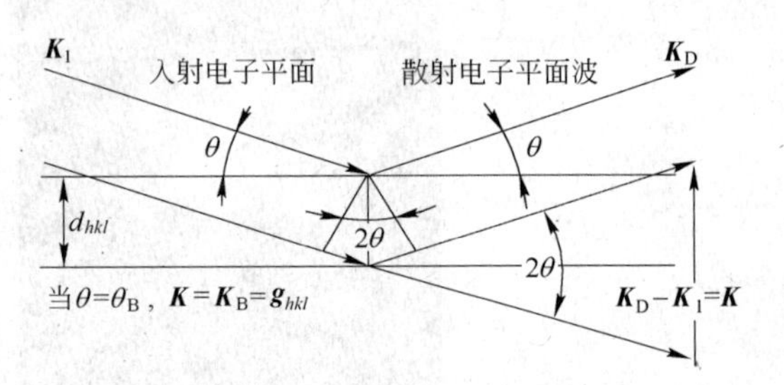

图2-5 衍射矢量方程的示意图

由矢量三角形可以得到 $\boldsymbol{K}$ 的大小：

$$|\boldsymbol{K}| = \frac{2\sin\theta}{\lambda} \tag{2-20}$$

当 θ 为布拉格角 θ_B 时，由布拉格方程（2-15）可以得到：

$$|K_B| = \frac{2\sin\theta_B}{\lambda} = \frac{1}{d_{hkl}} \tag{2-21}$$

从上式可以看出，当 θ 满足布拉格角 θ_B 时，矢量差 $\boldsymbol{K}_B$ 实际上是正空间晶面组（h，k，l）的倒易点阵矢量 $\boldsymbol{g}_{hkl}$，矢量方程（2-18）表达为：

$$\boldsymbol{K}_B = \boldsymbol{K}_D - \boldsymbol{K}_1 = \boldsymbol{g}_{hkl} \tag{2-22}$$

上式称为衍射矢量方程，是布拉格定律的另一个表达式。该方程给出了在满足布拉格衍射条件下电子束波矢与倒易点阵矢量之间的关系。当入射电子波与从平行晶面组（h，k，l）发出的散射电子波的矢量差等于该晶面的倒易点阵矢量 $\boldsymbol{g}_{hkl}$ 时，散射电子束发生相干加强，形成电子衍射束。由于低指数晶面发生电子衍射的布拉格角非常小，可以认为它们的倒易点阵矢量 $\boldsymbol{g}_{hkl}$ 近似垂直于入射电子束 $\boldsymbol{K}_1$。

C 厄瓦尔德

厄瓦尔德（P. P. Ewald）球是布拉格定律另一个重要的表达方式。它不仅用图解的方式表明了电子束波矢量与倒易点阵矢量的关系，更重要的是，通过它可以非常直观明了地表明单晶电子衍射谱与二维倒易平面点阵的对应关系。

假设电子入射波的波长为 λ，作以 O 为球心、半径为 $1/\lambda$ 的球，即厄瓦尔德球，如图2-6所示。垂直方向的矢量 $\overrightarrow{OO^*}$ 代表入射电子束波矢 $\boldsymbol{K}_1$，矢量 $\overrightarrow{OG}$ 代表了电子散射束波矢 $\boldsymbol{K}_D$，入射束波矢 $\boldsymbol{K}_1$ 的端点 O^* 为倒易点阵原点。当晶面（h，k，l）满足布拉格定律时，即 $\boldsymbol{K}_1$ 和 $\boldsymbol{K}_D$ 之间夹角为 $2\theta_B$ 时，矢量 $\overrightarrow{O^*G}$ 代表了 $\boldsymbol{K}_D$ 与 $\boldsymbol{K}_1$ 的矢量差 $\boldsymbol{K}_B$，即该晶面相应的

倒易点阵矢量 g_{hkl}。而矢量端点 G 点是相应的倒易阵点$(h, k, l)^*$，位于厄瓦尔德球面上。若晶面(h, k, l)满足布拉格衍射条件，其倒易阵点必然落在厄瓦尔德球面上，倒易阵点不在厄瓦尔德球面上的晶面不满足布拉格衍射条件。

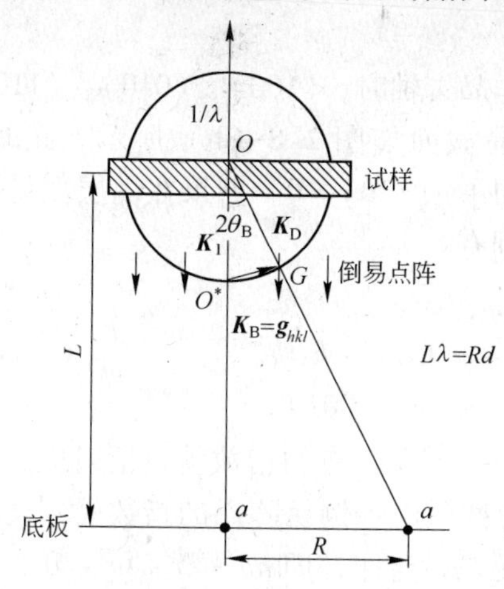

图 2-6　厄瓦尔德球示意图

图 2-6 是厄瓦尔德球非常夸张的画法。实际上因为电子波长极短，导致布拉格角非常小，发生衍射的各低指数晶面的倒易点$(h, k, l)^*$都集中落在入射束波矢 K_1 的端点 O^* 附近的厄瓦尔德球面上，发生衍射的各晶面的倒易点阵矢量 g_{hkl}，近似垂直于入射电子束 K_1。又由于电子波长极短，导致厄瓦尔德球非常大，比倒易矢量大几十倍。对倒易矢量来说，在 O^* 附近的球面可视为平面。因此当试样为单晶时，可以认为满足布拉格条件的晶面的倒易点所构成的二维图形相当于一个与厄瓦尔德球相截、且垂直于入射束波矢 K_1 $[u, v, w]$ 的二维倒易平面点阵$(u, v, w)^*$。

当晶体相对入射束位置不变时，减小入射电子束波长，厄瓦尔德球的半径增大，将使更多的倒易阵点接触到厄瓦尔德球面。当晶体相对入射电子束转动时，入射束与各平行晶面组之间的夹角关系发生变化，导致原来发生衍射的晶面偏离布拉格条件，相应的倒易阵点离开厄瓦尔德球面，而其他一些新的晶面组满足布拉格衍射条件，相应的倒易阵点落在厄瓦尔德球面。

D　晶带定理与零层倒易截面

在正点阵中，同时平行于某一晶向$[u,v,w]$的一组晶面构成一个晶带，而这一晶向称为这一晶带的晶带轴。

图 2-7 为正空间中晶体的$[u,v,w]$晶带及其相应的零层倒易截面（通过倒易原点）。图中晶面(h_1,k_1,l_1)、(h_2,k_2,l_2)、(h_3,k_3,l_3)的法向 N_1、N_2、N_3 和倒易矢量 $g_{h_1k_1l_1}$、$g_{h_2k_2l_2}$、$g_{h_3k_3l_3}$的长度相等，倒易面上坐标原点 O^* 就是厄瓦尔德球上入射电子束和球面的交点。由于晶体的倒易点阵是三维点阵，如果电子束沿晶带轴$[u,v,w]$的反向入射时，通过原点 O^* 的倒易平面只有一个，我们把这个二维平面叫做零层倒易面，用$(u,v,w)_\theta^*$表示。显然，$(u,v,w)_\theta^*$的法线正好和正空间中的晶带轴$[u,v,w]$重合。进行电子衍射分析时，大都是以零层倒易面作为主要分析对象。

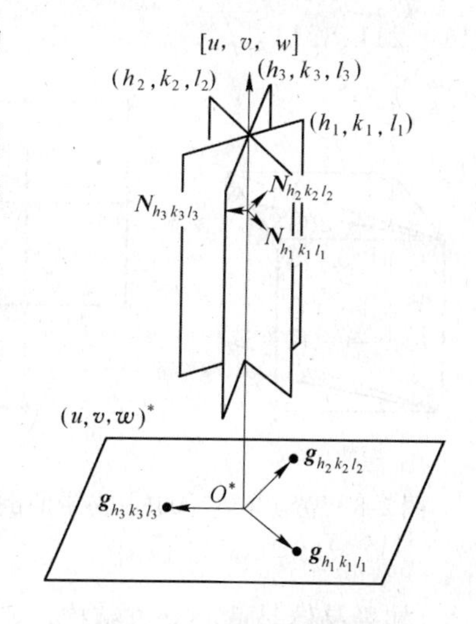

图 2-7　晶带和它的倒易面

因为零层倒易面上的各倒易矢量都和晶带轴 $r=[u,v,w]$ 垂直，故有：

$$g_{hkl} \cdot r = 0 \tag{2-23}$$

即：

$$hu + ku + lw = 0 \quad (2\text{-}24)$$

这就是晶带定理。根据晶带定理，我们只要通过电子衍射实验，测得零层倒易面上任意两个 $\boldsymbol{g}_{hkl}$ 矢量，即可求出正空间内晶带轴指数。由于晶带轴和电子束照射的轴线重合。因此，就可能断定晶体样品和电子束之间的相对方位。

图 2-8（a）示出了一个立方晶胞，若以［001］作晶带轴时，(100)、(010)、(110) 和（120）等晶面均和［001］平行，相应的零层倒易截面如图 2-8（b）所示。此时，［001］·［100］=［001］·［010］=［001］·［110］=［001］·［120］=0。如果在零层倒易截面上任取两个倒易矢量 $\boldsymbol{g}_{h_1k_1l_1}$ 和 $\boldsymbol{g}_{h_2k_2l_2}$，将它们叉乘，则有：

$$[u,v,w] = \boldsymbol{g}_{h_1k_1l_1} \times \boldsymbol{g}_{h_2k_2l_2} \quad (2\text{-}25)$$

$$u = k_1l_2 - k_2l_1 \quad v = l_1h_2 - l_2h_1 \quad w = h_1k_2 - h_2k_1 \quad (2\text{-}26)$$

若取 $\boldsymbol{g}_{h_1k_1l_1}$ =（110）；$\boldsymbol{g}_{h_2k_2l_2}$ =（120），则［u，v，w］=［001］。

标准电子衍射花样是标准零层倒易截面的放大图像，倒易阵点的指数就是衍射斑点的指数。相对于某一特定晶带轴［u，v，w］的零层倒易截面内各倒易阵点的指数受到两个条件的约束，一是各倒易阵点和晶带轴指数间必须满足晶带定律，即 $hu + kv + lw = 0$，因为零层倒易截面上各倒易矢量垂直于它们的晶带轴；二是只有不产生消光的晶面才能在零层倒易面上出现倒易阵点。

图 2-9 为体心立方晶体［001］和［011］晶带的标准零层倒易截面图。对［001］晶带的零层倒易截面来说，要满足晶带定理的晶面指数必定是 {h，k，0} 型的，同时考虑体心立方晶体的消光条件是三个指数之和应是奇数，因此，必须使 h、k 两个指数之和是偶数，此时在中心点 000 周围最近八个点的指数应是 110、$\bar{1}\bar{1}0$、$1\bar{1}0$、$\bar{1}10$、200、$\bar{2}00$、020、$0\bar{2}0$。再来看［011］晶带的标准零层倒易截面，满足晶带定理的条件是衍射晶面的 k 和 l 两个指数必须相等和符号相反。如果同时再考虑结构消光条件，则指数 h 必须是偶数。因此，在中心点 000 周围的八个点应是 $01\bar{1}$、$0\bar{1}1$、$\bar{2}00$、200、$21\bar{1}$、$\bar{2}\bar{1}1$、$2\bar{1}1$、$\bar{2}1\bar{1}$。

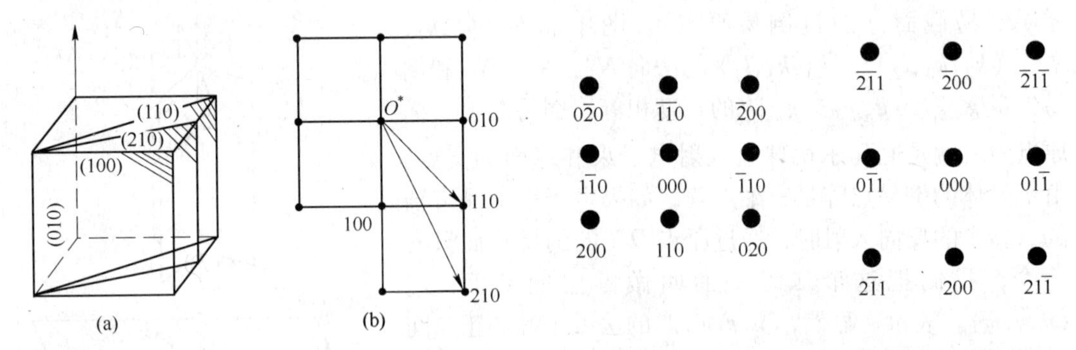

图 2-8　立方晶体［001］晶带的倒易平面

图 2-9　体心立方晶体［001］和［011］晶带的标准零层倒易截面图

如果晶体是面心立方结构，则服从晶带定律的条件和体心立方晶体是相同的，但结构消光条件却不同。面心立方晶体衍射晶面的指数必须是全奇或全偶时才不消光，［001］晶带零层倒易截面中只有 h 和 k 两个指数都是偶数时倒易阵点才能存在，因此在中心点 000 周围的八个倒易阵点指数应是 200、$\bar{2}00$、020、$0\bar{2}0$、200、$\bar{2}\bar{2}0$、$\bar{2}20$、$2\bar{2}0$。根据同样道理，面心立方晶体［011］晶带的零层倒易截面内，中心点000周围的八个倒易阵点是 $11\bar{1}$、$1\bar{1}1$、$\bar{1}1\bar{1}$、$\bar{1}\bar{1}1$、200、$\bar{2}00$、$02\bar{2}$ 和 $0\bar{2}2$。

根据上面的原理可以画出任意晶带的标准零层倒易平面。

在进行已知晶体的验证时，把摄得的电子衍射花样和标准倒易截面（标准衍射花样）对照，便可直接标定各衍射晶面的指数，这是标定单晶衍射花样的一种常用方法。应该指出的是：对立方晶体（指简单立方、体心立方、面心立方等）而言，晶带轴相同时，标准电子衍射花样有某些相似之处，但因消光条件不同、衍射晶面的指数是不一样的。

E 结构因子——倒易点阵的权重

满足布拉格定律或者倒易阵点正好落在厄瓦尔德球球面上的所有（h，k，l）晶面组是否都会产生衍射束？由X射线衍射原理可知，衍射束的强度：

$$I_{hkl} \propto |F_{hkl}|^2 \tag{2-27}$$

式中，F_{hkl}叫做(h,k,l)晶面组的结构因子或结构振幅，表示晶体的正点阵晶胞内所有原子的散射波在衍射方向上的合成振幅，即：

$$F_{hkl} = \sum_{j=1}^{n} f_i \exp[2\pi i(hx_j + ky_j + lz_j)] \tag{2-28}$$

式中 f_i——位于(x_j,y_j,z_j)第j个原子的原子散射因数（或原子散射振幅）；

n——晶胞内原子数。

根据倒易点阵的概念，式（2-28）又可以写成：

$$F_g = F_{hkl} = \sum_{j=1}^{n} f_i \exp(2\pi i g \cdot r) \tag{2-29}$$

当$F_{hkl}=0$时，即使满足布拉格定律，也没有衍射束产生，因为每个晶胞内原子散射波的合成振幅为零，这叫做结构消光。在X射线衍射中已经计算过典型晶体结构的结构因子，常见的几种晶体结构的消光（即$F_{hkl}=0$）规律如下：

简单立方：F_{hkl}恒不等于零，即无消光现象。

面心立方：h、k、l为异性数时，$F_{hkl}=0$；h、k、l为同性数，即全奇全偶时，$F_{hkl}\neq 0$。

例如{100}、{210}、{112}等晶面族不会产生衍射，而{111}、{200}、{220}等晶面族可产生衍射。

体心立方：$h+k+l=$奇数时，$F_{hkl}=0$；$h+k+l=$偶数时，$F_{hkl}\neq 0$。

例如{100}、{111}、{012}等晶面族不产生衍射，而{200}、{110}、{112}等晶面族产生衍射。

密排六方：$h+2k=3n$，$l=$奇数时，$F_{hkl}=0$。

例如（0001）、$(033\bar{1})$和$(\bar{2}115)$等晶面不会产生衍射。

由此可见，满足布拉格定律只是产生衍射的必要条件，但并不充分，只有同时又满足$F\neq 0$的（h，k，l）晶面组才能得到衍射束。考虑到这一点，我们可以把结构振幅绝对值的平方$|F|^2$作为“权重”加到相应的倒易阵点上去，此时倒易点阵中各个阵点将不再是彼此等同的，“权重”的大小表明各阵点所对应的晶面组发生衍射时的衍射束强度。所以，凡“权重”为零，即$F=0$的那些阵点，都应当从倒易点阵中抹去，仅留下可能得到

衍射束的阵点；只要这种 $F \neq 0$ 的倒易阵点落在反射球面上，必有衍射束产生。这样，在图2-10的面心立方晶体倒易点阵中把 h、k、l 有奇有偶的那些阵点（即图中画成空心圆圈的阵点，如100，110等）抹去以后，它就成了一个体心立方的点阵（注意：这个体心立方点阵的基矢长度为 $2\boldsymbol{a}^*$，并不等于实际倒易点阵的基矢 $\boldsymbol{a}^*$）。反过来，也不难证明，体心立方晶体的倒易点阵将具有面心立方的结构。

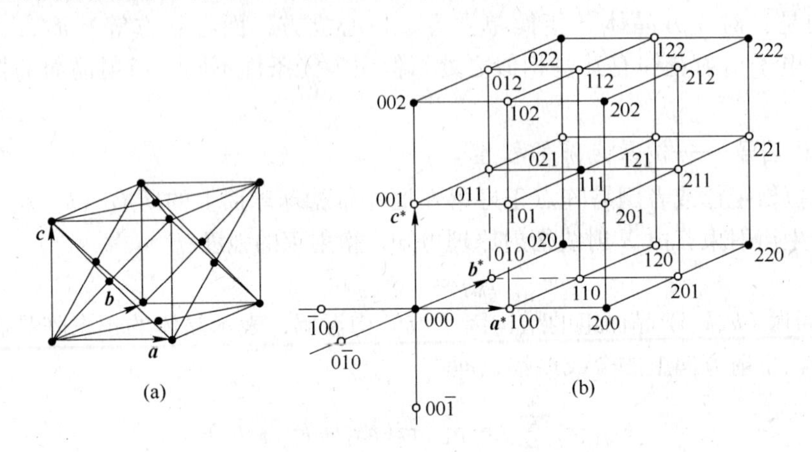

图2-10 面心立方点阵晶胞（a）及其倒易点阵（b）

F 偏移矢量与倒易点阵扩展

在几何角度，电子束方向与晶带轴重合时，零层倒易截面上除原点 O^* 以外的各倒易阵点不可能与厄瓦尔德球相交，因此各晶面都不会产生衍射，如图2-11（a）所示。如果要使晶带中某一晶面（或几个晶面）产生衍射，必须把晶体倾斜，使晶带轴稍为偏离电子束的轴线方向，此时零层倒易截面上倒易阵点就有可能和厄瓦尔德球面相交，即产生衍射，如图2-11（b）所示。

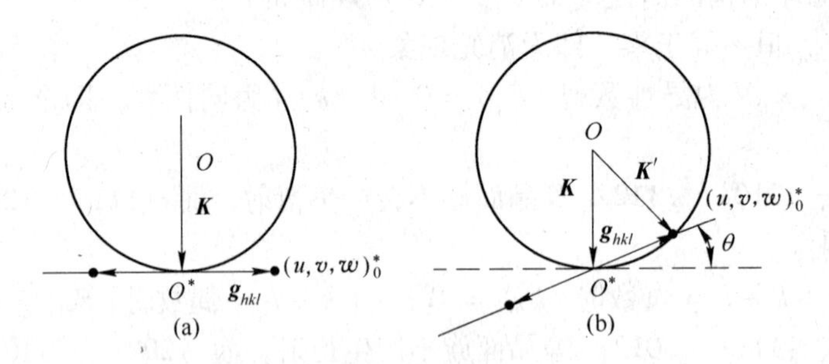

图2-11 理论上获得零层倒易截面比例图像（衍射花样）的条件

（a）倒易点是一个几何点，入射电子束和 $(u, v, w)_0^*$ 垂直时不可能产生衍射束；

（b）倾斜 θ 角后，h，k，l 阵点落在厄瓦尔德球面上才有衍射束产生

但是在电子衍射操作时，即使晶带轴和电子束的轴线严格保持重合（即对称入射）时，仍可使矢量 $\boldsymbol{g}$ 端点不在厄瓦尔德球面上的晶面产生衍射，即入射束与晶面的夹角和精确的布拉格角 $\theta_B\left(\theta_B = \arcsin\dfrac{\lambda}{2d}\right)$ 存在某偏差 $\Delta\theta$ 时，衍射强度变弱但不一定为0，此时衍射方向的变化并不明显。衍射晶面位向与精确布拉格条件的允许偏差（以仍能得到衍射强

度为极限）和样品晶体的形状和尺寸有关，这可以用倒易阵点的扩展来表示。由于实际的样品晶体都有确定的形状和有限的尺寸，因而它们的倒易阵点不是一个几何意义上的“点”，而是沿着晶体尺寸较小的方向发生扩展，扩展量为该方向上实际尺寸的倒数的 2 倍。对于电子显微镜中经常遇到的样品，薄片晶体的倒易阵点拉长为倒易“杆”，棒状晶体为倒易“盘”，细小颗粒晶体则为倒易“球”，如图 2-12 所示。

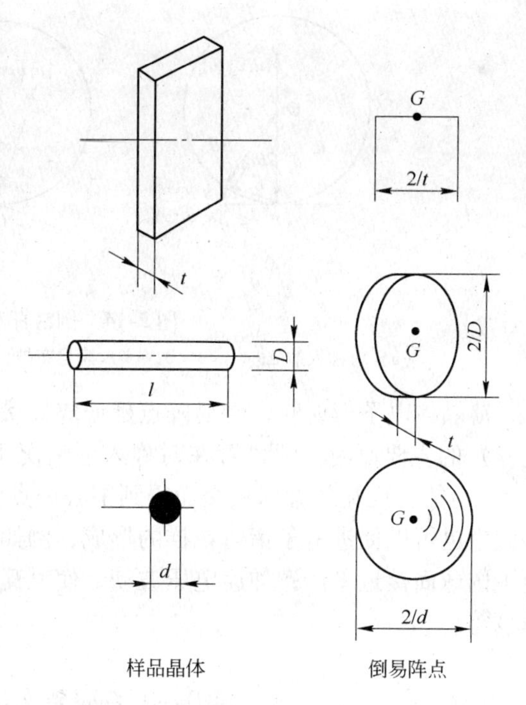

图 2-12　倒易阵点因样品晶体的形状和尺寸而扩展（G 为阵点中心）

图 2-13 示出了倒易杆和厄瓦尔德球相交情况，杆子的总长为 $2/t$。由图可知，在偏离布拉格角 $\pm\Delta\theta_{max}$ 范围内，倒易杆都能和球面相接触而产生衍射。偏离 $\Delta\theta$ 时，倒易杆中心至与厄瓦尔德球面交截点的距离可用矢量 $\boldsymbol{s}$ 表示，$\boldsymbol{s}$ 就是偏离矢量。$\Delta\theta$ 为正时，$\boldsymbol{s}$ 矢量为正，反之为负；精确符合布拉格条件时，$\Delta\theta=0$，$\boldsymbol{s}$ 也等于零。图 2-13 所示为偏离矢量小于零、等于零和大于零的三种情况。如电子束不是对称入射，则中心斑点两侧的各衍射斑点的强度将出现不对称分布。由图 2-14 可知，偏离布拉格条件时，产生衍射的条件可用下式表示：

$$\boldsymbol{k}'-\boldsymbol{k}=\boldsymbol{g}+\boldsymbol{s} \tag{2-30}$$

当 $\Delta\theta=\Delta\theta_{max}$ 时，相应的 $\boldsymbol{s}=\boldsymbol{s}_{max}$，$\boldsymbol{s}_{max}=1/t$。当 $\Delta\theta>\Delta\theta_{max}$ 时，倒易杆不再和厄瓦尔德球相交，此时才无衍射产生。

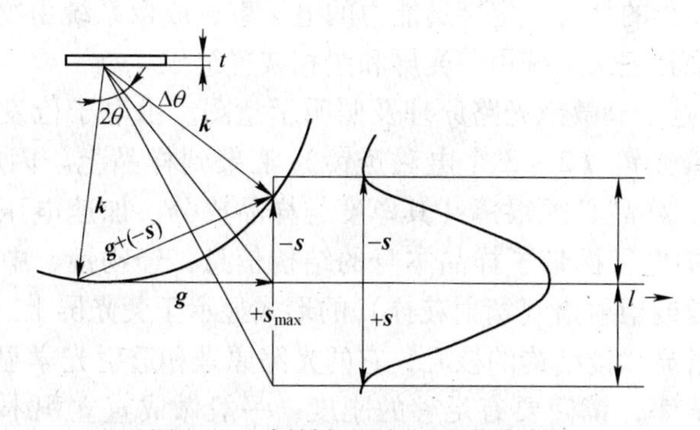

图 2-13　倒易杆和它的强度分布

零层倒易面的法线（即 [u, v, w]）偏离电子束入射方向时，如果偏离范围在 $\pm\Delta\theta_{max}$ 之内，衍射花样中各斑点的位置基本上保持不变（实际上斑点是有少量位移的，但位移量比测量误差小，故可不计），但各斑点的强度变化很大。这可以从图 2-14 中衍射强度随 $\boldsymbol{s}$ 变化的曲线上得到解释。

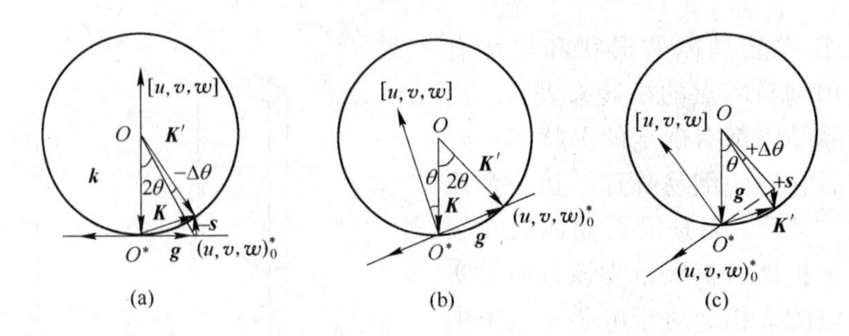

图2-14 倒易杆和它的强度分布

(a) 对称入射 $\Delta\theta<0$，$s<0$；(b) 满足布拉格衍射条件 $\Delta\theta=0$，$s=0$；(c) $\Delta\theta>0$，$s>0$

薄晶体电子衍射时，倒易阵点延伸成杆状是获得零层倒易截面比例图像（即电子衍射花样）的主要原因，即尽管在对称入射情况下，倒易点阵原点附近的扩展了的倒易阵点（杆）也能与厄瓦尔德球相交而得到中心斑点强而周围斑点弱的若干个衍射斑点。其他一些因素也可以促进电子衍射花样的形成，例如：电子束的波长短，使厄瓦尔德球在小角度范围内球面接近平面；加速电压波动，使厄瓦尔德球面有一定的厚度，电子束有一定的发散度等。

2.3 透射电子显微镜的构造及其工作原理

了解电子显微镜的工作原理和基本构造并掌握电子显微镜基本操作，是获得高质量电子图像以及正确分析和解释所获图像的重要基础。

图2-15是JEOL-2010F型透射电子显微镜的外形照片。透射电子显微镜（TEM）使用一个平行的高能电子束穿过一片非常薄的试样而形成图像。不同厂家生产的透射电子显微镜在结构和性能方面有很大的差别。尽管如此，它们基本上都由6个部分组成：照明系统、成像放大系统、显像和记录系统、真空系统、供电系统。

照明系统由电子枪和聚光镜系统组成，其功能是为成像系统提供一束平行的、相干的，并且亮度大尺寸小的具有一定穿透能力的电子束；成像系统由物镜系列、中间镜、投影镜系统组成；显像和记录系统由荧光屏和照相装置组成。

图2-16是透射电子显微镜光路原理及照明示意图。由电子枪发射出来的电子，经阳极加速后，又经过聚光镜（2~3个电磁透镜）汇聚到样品上。因电子的穿透能力很弱（比X射线弱很多），样品必须很薄（其厚度与样品成分、加速电压等有关，一般约小于200nm）。穿透样品的电子携带了样品本身的结构信息，经物镜、中间镜和投影镜的连续聚焦放大最终以图像或衍射谱（衍射花样）的形式显示于荧光屏上。

镜筒是透射电子显微镜结构的核心，它的光路原理和透射光学显微镜十分相似。为了确保显微镜的高分辨率，镜筒要有足够的刚度，一般做成直立积木式结构。顶部是电子枪，接着是聚光镜、样品室、物镜、中间镜和投影镜，最下部是荧光屏和照相装置，这样的结构既便于固定，又利于真空封闭。镜筒的复杂程度主要取决于显微镜的综合性能，简易的透射电子显微镜（分辨率低于5nm）只有两个透镜，即物镜和投影镜，普通性能的透射电子显微镜（分辨率低于2~5nm）有四个透镜，即单聚光镜、物镜、中间镜、投影镜和相应的机械式或电磁式对中装置，而高性能的透射电子显微镜有5~6个透镜，即双聚

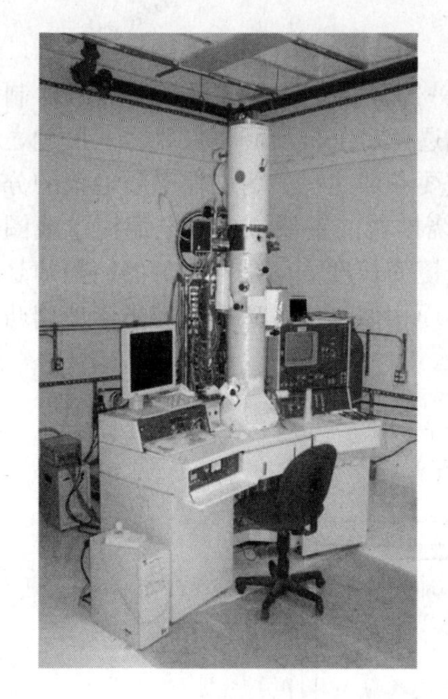

图 2-15 JEOL-2010F 型透射电子显微镜

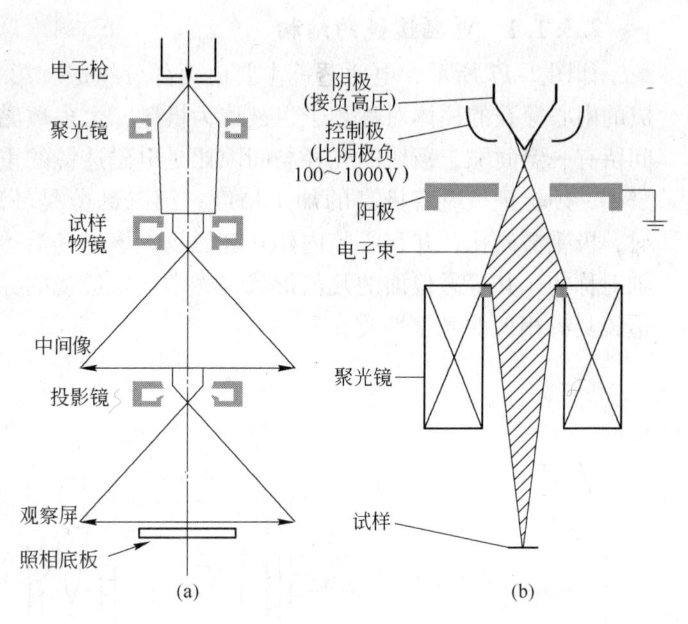

图 2-16 透射电子显微镜光路原理及照明示意图
(a) 光路原理；(b) 照明部分

光镜、物镜、第一和第二中间镜、投影镜以及比较完善的机械式或电磁式对中装置。

目前，绝大多数的透射电子显微镜都是电磁透镜式的，操作十分方便。只要转动旋钮，就可以方便地改变相应透镜的激磁电流，改变照明电子束强度和照片孔径角，改变放大倍数或聚焦。利用装在镜筒外的样品移动杆，控制样品在一个精确的平面上平移，以选择不同的视域供观察、记录。高性能透射电子显微镜还配备了精密的倾斜样品台，在观察过程中调节薄晶体样品相对于电子束倾斜一定的角度以获得最佳的衬度以及在不同位向下的信息。

在透射电子显微镜的结构中，电子光学系统为核心部分，因此，我们将重点介绍电磁透镜、照明系统、成像系统。

2.3.1 电磁透镜

相应于光学玻璃透镜，我们将能使电子束聚焦的装置称为电子透镜（electron lens）。旋转对称的静电场和磁场对电子束都可以起到聚焦的作用，相应地有静电透镜和磁透镜。磁透镜分为恒磁透镜和电磁透镜，磁透镜在许多方面优于静电透镜，尤其是其不易受高电压的影响。利用电磁线圈激磁的电磁透镜，通过调节激磁电流可以很方便地调节磁场强度，从而调节透镜焦距和放大倍数。所以，在电子显微镜中广泛采用电磁透镜。

电磁透镜具有与玻璃透镜相似的光学特征，如焦距、发散角、球差、色差等。实际上电磁透镜相当于一组复杂的凸透镜的组合。

在透射电子显微镜中，仪器的性能和图像质量主要取决于电子透镜的性能和质量。通过调整电子透镜的工作参数和相应的透镜光阑尺寸来控制电子图像和分析信号的质量。因此，了解电磁透镜及其光阑的工作原理和特性对电子显微镜的操作和图像分析很重要。

2.3.1.1 电磁透镜的结构

如图2-17所示，电磁透镜主要由两部分组成。第一部分是由软磁材料（如纯铁）制成的中心穿孔的柱体对称芯子，被称为极靴，大多数磁透镜有上极靴和下极靴，两极靴之间留有一定间隙，极靴的孔径与间隙比是电磁透镜的重要参数之一，为确保电磁透镜的分辨率，须保证极靴有极高的加工精度；第二部分是环绕极靴的铜线圈，当电流流过线圈时，极靴被磁化，并在心腔内建立起磁场，该磁场沿透镜的长度方向是不均匀的，但却是轴对称的，其等磁位面的几何形状与光学玻璃透镜的界面相似，使电磁透镜与光学玻璃凸透镜具有相似的光学性质。

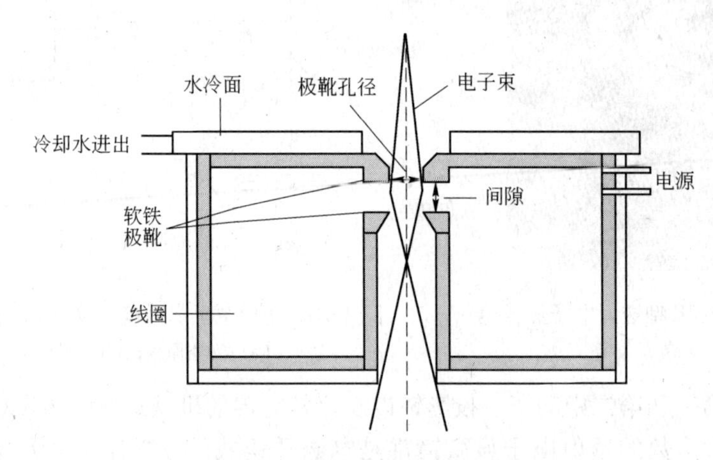

图2-17 电磁透镜结构示意图

2.3.1.2 电磁透镜的聚焦成像原理

当运动速度为 v、正电荷为 q 的粒子进入磁场强度为 B 的磁场中时，将受到磁场的作用力 F，这个力称为洛伦兹力。F 的大小和方向与电子运动速度和磁场强度有关，它们之间的矢量关系表达如下：

$$F = q(v \times B) \tag{2-31}$$

式中 F——洛伦兹力，方向垂直于由 v 和 B 确定的平面，并遵循右手定则。

电子带负电荷 e，它在磁场中运动所受到的洛伦兹力与正电荷所受到的洛伦兹力相反，其矢量表达式为：

$$F = -q(v \times B) \tag{2-32}$$

若 v 和 B 之间的夹角为 θ，F 的大小为：

$$F = evB\sin\theta \tag{2-33}$$

当 v 或 B 为零时，F 为零，这表明：

(1) 磁场对静止电子不产生作用力；

(2) 当电子运动方向与磁场方向相同时，磁场对电子没有作用力。

当 θ 为 90° 时，即当电子运动方向与磁场方向垂直时，磁场对电子的作用力最大。洛伦兹力总是垂直于电子运动方向和磁场方向，意味着该作用力不改变电子运动速度，只改变电子运动方向。

现在，我们感兴趣的是什么样的磁场能够使电子聚焦成像。环形的电磁线圈能够在一个特定的区域发射出精确的轴对称磁场，线圈的中心在系统的对称轴上，线圈的平面垂直于对称轴，这个磁场类似于光学透镜，可以使电子汇聚成像，所以把它称为电磁透镜，对称轴即是透镜光轴。

首先考虑电子在均匀磁场中的运动。通电流的长螺线管可以产生一个均匀轴对称磁场，这个均匀磁场称为长磁透镜。在均匀磁场中，只有轴向磁场 B，当电子运动方向与磁场方向垂直时，即 $\theta=90^\circ$ 时，作用在电子上的力：

$$F = evB\sin\theta = \frac{mv^2}{r} \tag{2-34}$$

式中 r——电子离光轴的径向距离；

m——电子质量。

这个力作用在与 B 垂直的平面上，使电子在与 B 垂直的平面上做半径为 r 的圆周匀速运动，如图 2-18 所示。

如果电子进入磁场时，电子运动方向与磁场方向成一定角度，即 $\theta\neq90^\circ$，这时可将电子运动速度分解为垂直于 B 的分量 v_1 和平行于 B 的分量 v_2：

$$v_1 = v\sin\theta；v_2 = v\cos\theta$$

v_1 使电子做垂直于磁场的圆周运动，v_2 使电子平行于光轴沿 z 方向做匀速直线运动，电子合成的运动轨迹为一螺旋线（如图 2-19 所示）。

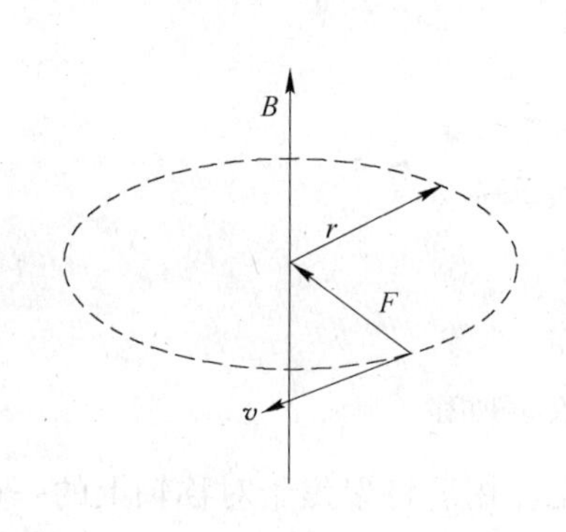

图 2-18 电子在均匀磁场中的运动（$\theta=90^\circ$）

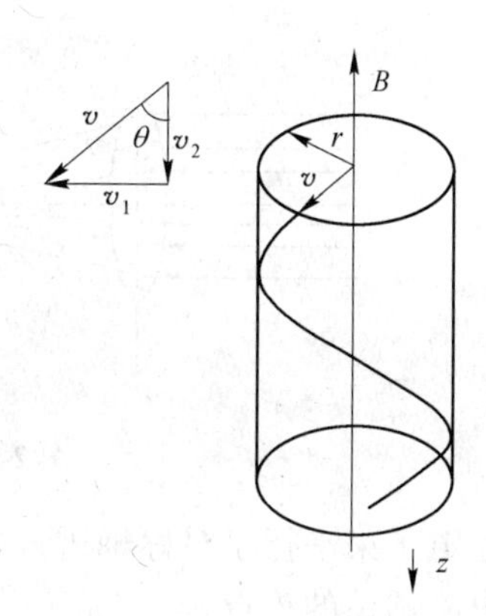

图 2-19 电子在均匀磁场中的运动（$\theta\neq90^\circ$）

透射电子显微镜实际使用的是具有轴对称非均匀的电磁透镜。电磁透镜通常是由圆柱壳子、电线圈和极靴组件三个部分组成，圆柱壳子由软磁材料做成，内有环形间隙；电线圈由铜做成，装在软磁壳子里；极靴组件由具有同轴圆孔的上下极靴和连接筒组成，套在软磁壳内环形间隙两端。当铜线圈通电时，在极靴圆孔内产生一个非均匀的轴对称磁场。图 2-20 为电磁透镜的示意图。

现在考虑电子在非均匀磁场中的运动。磁力线上任意一点的磁感应强度 B 都可以分解成平行于透镜主轴的分量 B_z 和垂直于透镜主轴的分量 B_r。速度为 v 的平行电子束进入透镜的磁场时，位于 M 点的电子将受到分量 B_r 的作用。根据右手法则，电子所受的切向力 F_t 的方向如图 2-20（b）所示，使电子获得一个切向速度 v_t。v_t 随即和分量 B_z 叉乘，形成另一个向主轴靠近的径向力 F_r 使电子向主轴偏转（聚焦）。当电子穿过线圈走到 N 点位置时，B_r 的方向改变了 180°，F_t 随之反向，但是 F_t 的反向只能使 v_t 变小，而不能改变 v_t 的方向，因此穿过线圈的电子仍然趋向于主轴附近，结果使电子做如图2-20（c）所示那样的圆锥螺旋近轴运动。一束平行于主轴的入射电子束通过电磁透镜时将被聚焦在轴线上的一点，如图2-20（d）所示，这与光学玻璃凸透镜对平行于轴线入射的平行光的聚焦作用十分相似，如图2-20（e）所示。

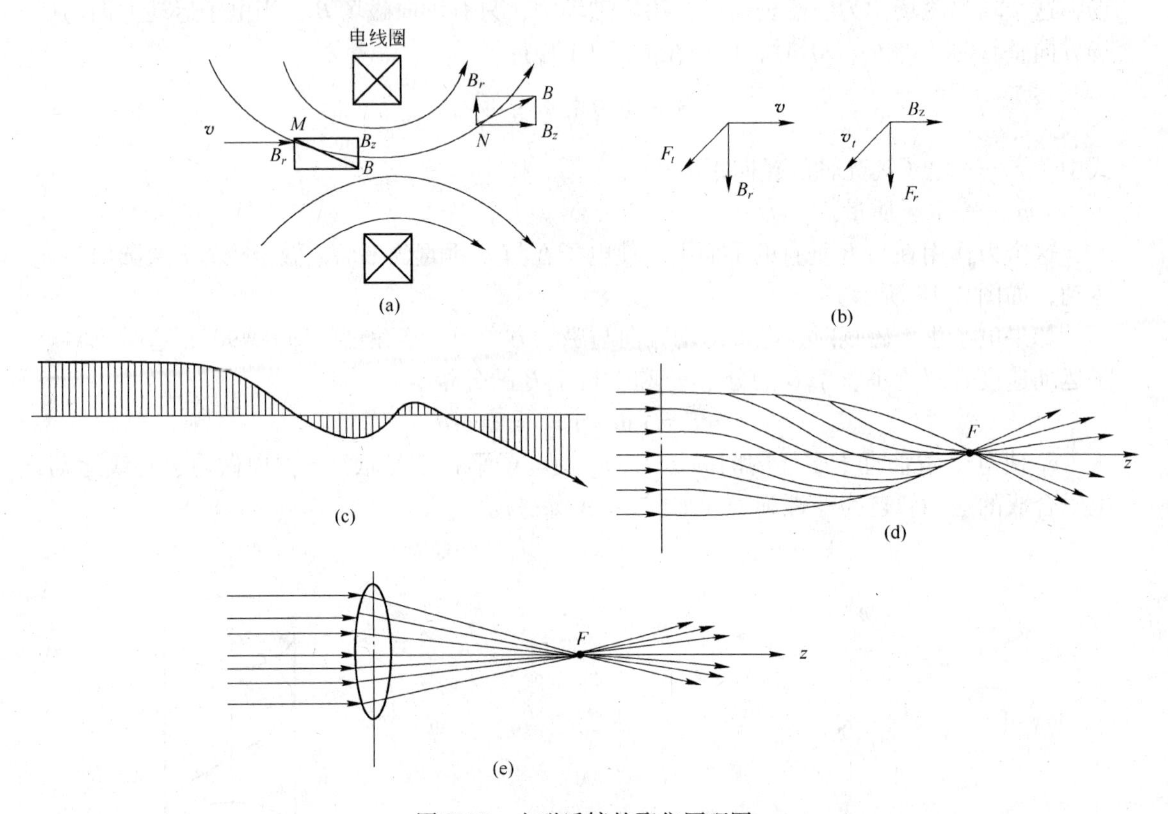

图2-20 电磁透镜的聚焦原理图

如果电子束平行于对称轴进入磁场，在受到磁场作用后将聚焦于对称轴上的一点，该点称为电磁透镜的焦点。

电子在非均匀轴磁场中运动时，同时受到使其旋转的作用力和使其向轴偏转的作用力，结果使电子做圆锥螺旋运动，像与物相对旋转了一个角度 α。α 的大小取决于磁场强度和透射电子显微镜的加速电压。磁场强度越大，α 越大；加速电压越大，电子速度越大，α 越小。α 的符号取决于磁场强度方向，而磁场强度方向取决于线圈电流方向。在不同放大倍数下，像相对于物的旋转角 α 不同。对于一般的图像观察，不需要考虑像的旋转，但在进行晶体学研究时，必须考虑在不同倍数下像相对于衍射花样的相对旋转。物与像之间的相对旋转也可以通过引入另外的透镜来抵消。

2.3.1.3 电磁透镜的光学性质

A 电子光路和光学参量

因为电磁透镜具有与光学薄凸透镜类似的光学性质，因此我们可以借用光学透镜的定义方法和光路图来描述电磁透镜的性质和聚焦成像原理。

因为电子显微镜通常是直立式的，所以一般在垂直方向画电子的光路图。电子在电磁透镜中的运动轨迹是圆锥螺旋曲线，但为了简单起见，在所有的电子光路图中将电子运动的轨迹用折线表示。在透射电子显微镜中，像相对于物的旋转角度取决于放大倍数。因此在作图时，通常只是用直线表示物与像的大小，而忽略它们的相对旋转。

类似于光学透镜，我们将通过电磁透镜中心的对称轴定义为电磁透镜的光轴，通过电磁透镜中心并垂直于对称轴的平面定义为主平面。在电子光路图中，将电磁透镜都画为薄凸透镜或用透镜主平面表示。

在光学透镜中，有三个重要的平面，即物平面、像平面和焦面。它们的定义同样适用于电磁透镜，包含有物点并与光轴垂直的平面为物平面，包含有像点并与光轴垂直的平面为像平面，包含有焦点并与光轴垂直的平面称为焦面，任何透镜都有两个焦点，即前焦点和后焦点，因而焦面也有前焦面和后焦面之分，分别在透镜两侧。前焦面与物平面同侧，后焦面与像平面同侧。在焦点发射的电子经过透镜后形成一束平行电子束，通过透镜磁场中心点的电子不改变其运动方向。

由这三个平面，我们可以得到三个重要的距离，即物距 u 、像距 v 和焦距 f。三者之间的关系由牛顿透镜方程描述：

$$\frac{1}{u} + \frac{1}{v} = \frac{1}{f} \tag{2-35}$$

在透射电子显微镜中，物距总是大于焦距，因此我们不考虑虚像的形成。

凸透镜的放大倍数由像距和物距之比确定，由牛顿透镜方程可以导出如下关系：

$$M = \frac{v}{u} = \frac{f}{u-f} = \frac{v-f}{f} \tag{2-36}$$

由上式可以得到，当物距等于焦距的两倍，即 $u = 2f$ 时，$M = 1$，物与像大小相同；当物距大于焦距的两倍，即 $u > 2f$ 时，$M < 1$，图像相对于物缩小；当 $f < u < 2f$，$M > 1$，图像相对于物放大。

在光学显微镜中，玻璃透镜的焦距是固定的，聚焦和放大要通过移动玻璃透镜来完成，获得不同的放大倍数是通过改变物距和更换不同曲率的透镜来实现的。在透射电子显微镜中，电磁透镜是一个可变焦距的透镜，电磁透镜的位置是固定的，物距也保持不变，物或图像的聚焦和放大是通过改变电磁透镜的焦距来进行。电磁透镜的焦距可以通过改变电场强度或磁场强度来实现，透镜的焦距与透射电子显微镜的工作电压和磁场强度有关。在一定加速电压下，透镜的焦距取决于透镜磁场强度，磁场强度越大，磁场对电子折射越强，透镜焦距越短，放大倍数越小，如图 2-21 所示。

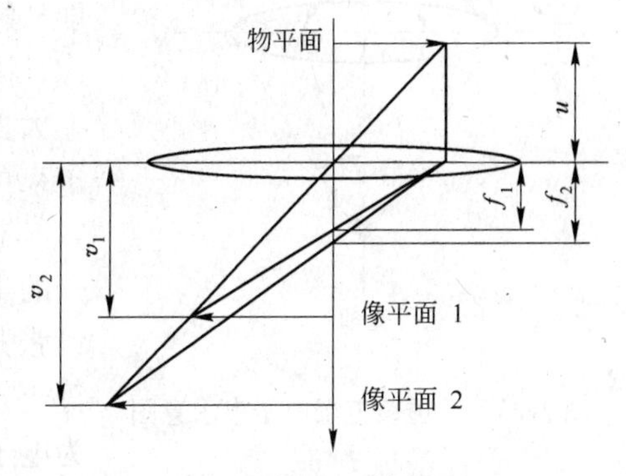

图 2-21 透镜磁场对透镜焦距和放大倍数的影响

透镜磁场强度与透镜设计参数有关，其中极靴内孔、上下极靴之间的间隙和线圈安匝数是重要的参数。但对于一定型号的透射电子显微镜，电磁透镜的类型和规格都已确定，透镜磁场强度的改变是通过调节电磁线圈激磁电流来实现的。而对于使用者来说，只需要调节电磁透镜电流就可以获得不同的放大倍数。通过几个电磁透镜的组合，透射电子显微镜的放大倍数可以足够高并在很宽的范围内变化。在这种情况下，上一个透镜的像平面将作为下一个透镜的物平面，下一个透镜将进一步放大由上一个透镜形成的图像。

在一定放大倍数下，物像的聚焦由物镜电流所控制，物镜电流的大小决定了透镜的聚焦状态。如图2-22所示，如果透镜电流偏大，则所形成的图像在像平面之上，称为过焦；如果透镜电流偏小，则所形成的图像在像平面之下，称为欠焦；只有在合适的电流时，图像才是聚焦的，即所形成的图像在像平面上，称为适焦。

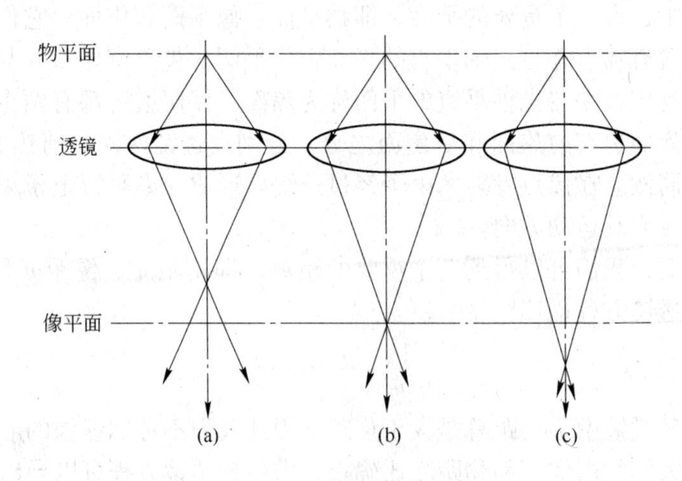

图2-22 透镜的聚焦状态

（a）过焦；（b）聚焦；（c）欠焦

B 孔径半角和透镜光阑

在透射电子显微镜中，用于成像的对象可以是试样本身或它的像，也可以是电子源。假设物是在透镜光轴上的一个点，从该点正在向四周发射出电子，如图2-23所示，电子束的一部分被透镜收集而汇聚于光轴上形成一个像点。显然任何透镜都不可能收集从物点发射的所有电子，即从物点发射的电子不可能全部进入透镜磁场参与成像，因此我们绝不可能得到一个理想的像。然而实际上大多数散射电子是前散射电子，因此很大比例的电子束可以进入电磁透镜磁场参与成像。

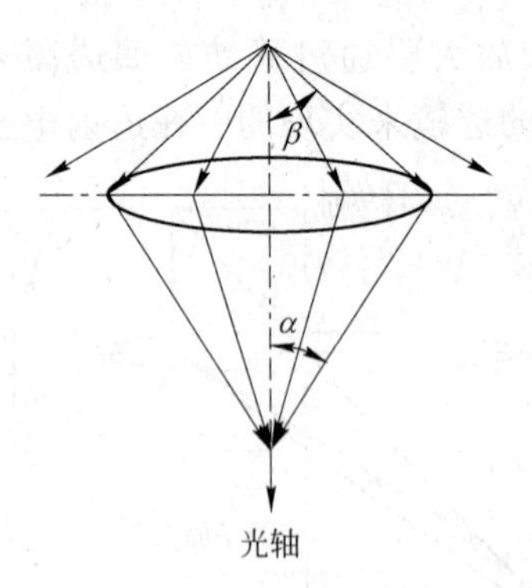

图2-23 凸透镜汇聚电子束示意图

通常将在主轴上物点发射的电子束对电磁透镜张开的半角β定义为收集半角，在像点汇聚电子束对透镜张开的半角α称为汇聚半角。透镜的放大倍数近似等于β/α。有时人们也用α表示收集半角。我们定义θ为电子束与试样作用后的散射角，θ可以是一个特定的角，如两倍的布拉格角，即$\theta = 2\theta_R$，或一般的电子束散射半角。

β称为透镜孔径半角，是一个非常重要的参量，因为它控制着照明电子束的平行相干性和电子图像的分辨率和衬度。小的照明孔径半角，电子束的平行性和相干性都较高。物镜孔径半角大小决定了被物镜收集的电子束部分即参与成像的电子数量，散射角θ小于物镜孔径半角的电子能够进入电磁透镜磁场参与成像，散射角θ大于物镜孔径半角的电子不能被电磁透镜收集。

透镜孔径半角取决于透镜光阑孔径大小。在透射电子显微镜中有三个光阑，即聚光镜光阑、物镜光阑和选区光阑，分别用于控制汇聚在试样表面的电子束大小和选择用于成像的电子束。

电磁透镜光阑是由 Pt 或 Mo 做成的、中心为可变圆孔的金属圆盘，或者是具有一系列不同孔径的金属片。孔径大小的范围为 10 ~ 300μm。光阑可以位于透镜磁场上方、下方或磁场中。

C 衍射现象与 Airy 斑

衍射现象是所有电磁波都具有的物理现象。当从物点发出的光或电子通过玻璃透镜或电磁透镜成像时，由于衍射效应，在像平面上不能形成一个理想的像点，而是由具有一定直径的中心亮斑和其周围明暗相间的衍射环所组成的圆斑，称为 Airy 斑，如图 2-24 所示。

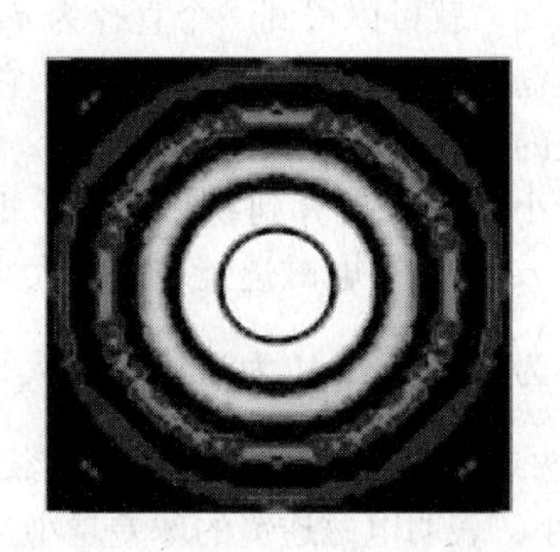
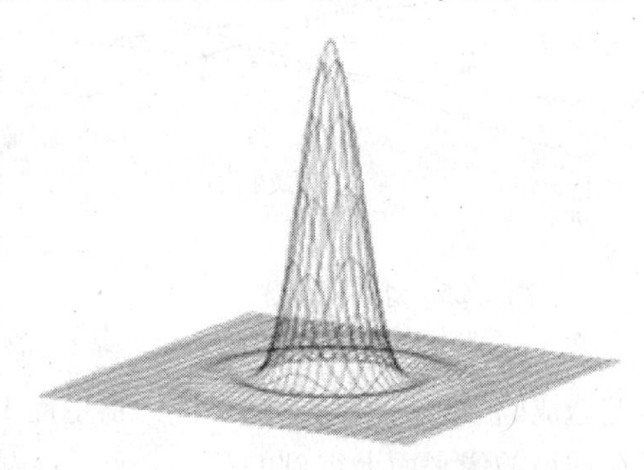

图 2-24 直径为 0.5mm 的光阑产生的可见光衍射强度和 Airy 斑

Airy 斑的强度主要集中在中心亮斑，周围衍射环的强度很低。Airy 斑的大小用第一暗环的半径 R_0 来衡量。

对于光学透镜成像，R_0 的表达式为：

$$R_0 = \frac{0.61\lambda}{n\sin\beta}M \tag{2-37}$$

式中 λ——照明源的波长；

β——孔径半角；

n——物方介质折射率；

M——透镜放大倍数；

$n\sin\beta$——数值孔径。

对于电磁透镜，数值孔径近似等于孔径半角。由下式可得到 Airy 斑的半径：

$$R_0 = \frac{0.61\lambda}{\beta}M \tag{2-38}$$

孔径半角 β 越大，波长 λ 越小，电磁透镜的 Airy 斑的半径 R_0 越小。

D 像差与最小散焦斑

光学透镜的分辨率是波长的一半。对于电磁透镜来说，目前还远远没有达到分辨率是波长的一半。以日立 H-800 透射电子显微镜为例，其加速电压达到 200kV，若分辨率是波长的一半，那么它的分辨率应是 0.00125nm；实际上 H-800 透射电子显微镜的点分辨率是

0.45nm，与理论分辨率相差约360倍。即使忽略了电子的衍射效应对成像的影响，电磁透镜也不能把一个理想的物点聚焦为一个理想的像点。和光学显微镜一样，电磁透镜具有各种像差，如球差、色差、像散和像畸变，而且有些像差甚至理论上也不可能加以补偿或矫正。电磁透镜的像差分为两类，即几何像差和色差；球差、像散和像畸变是由电磁透镜磁场的几何因素产生的，称为几何像差；色差由电子波能量（波长）非单一引起的。

球差即球面像差，是由电磁透镜中近轴区域和远轴区域对电子束的折射不同引起的。通常透镜磁场远轴区域的折射比近轴区域强。在物点（P点）发射的电子经过具有球差的透镜后，没有机汇聚成为一个像点，而是汇聚在一定范围的轴向距离上，从而形成一个散焦斑。如果像平面在远轴电子的焦点和近轴电子的焦点之间做水平运动，就可以得到一个直径为d_S的最小模糊斑，也称为最小散焦斑。它在光轴上的位置是最佳聚焦点，如图2-25所示。最小散焦斑折算到物平面后，相应的半径r_S代表了电磁透镜球差的大小，其大小为$r_S=\frac{d_S}{2M}$，M为透镜的放大倍数。r_S为由于球差造成的散焦斑半径，就是说，物平面上两点的距离小于$2r_S$时，则该透镜不能分辨，即在透镜的像平面上得到的是一个点。r_S越小，表明电磁透镜的球差越小。r_S与球差系数C_S和收集孔径半角β具有以下关系：

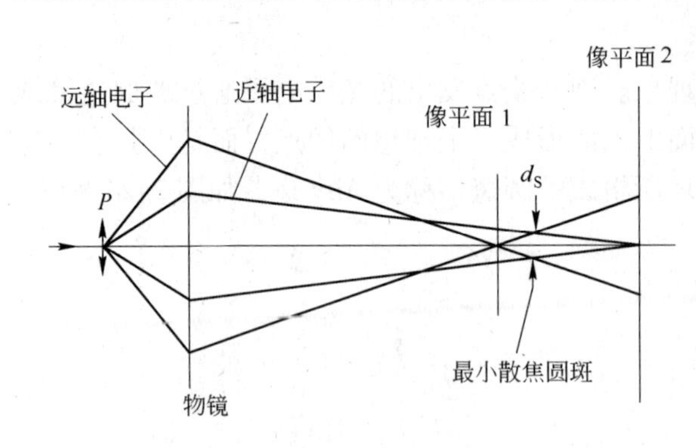

图2-25 球差示意图

$$r_S=\frac{1}{4}C_S\beta^3 \tag{2-39}$$

C_S与电磁透镜的焦距有关，磁场强度越高，透镜的焦距越短，C_S越小。可以看出，r_S随β的三次方变化，因此，减小孔径半角β，能够显著降低球差。在光学显微镜中，玻璃透镜的球差可以通过不同透镜的组合来消除。但在透射电子显微镜中，电磁透镜的球差不能通过电磁透镜的组合来消除。目前，唯一的办法是采用小孔径的光阑获得尽可能小的孔径半角β，挡去高散射角电子，使参与成像的电子主要是通过磁场近轴区域的电子。

色差是由于入射电子能量（波长）的非单一性所造成的。能量不同的电子运动速度不同，电子速度不同，经电磁透镜后聚焦的距离也不同。波长短的高能电子经过磁场时向光轴偏转较少，聚焦在后；长波长的低能电子向光轴偏转较多，聚焦在前。由此造成了一个焦距差，即具有不同能量的电子在物点（P点）发射经过透镜后不能汇聚为一个像点，而是汇聚在一定范围的轴向距离上，如图2-26所示。使像平面在长焦点和短焦点之间移动，也可以得到一个直径为d_C的最小散焦斑。最小散焦斑折算到物平面后相应的半径r_C代表了透镜色差的大小。r_C越小，表明电磁透镜的色差越小。r_C由下式确定：

$$r_C=C_C\beta\left|\frac{\Delta E}{E}\right| \tag{2-40}$$

式中 C_C——透镜色差系数，随磁场强度增加而减小；

β——孔径半角；

ΔE——电子束能量分布；

$\Delta E/E$——电子束相对能量变化率。

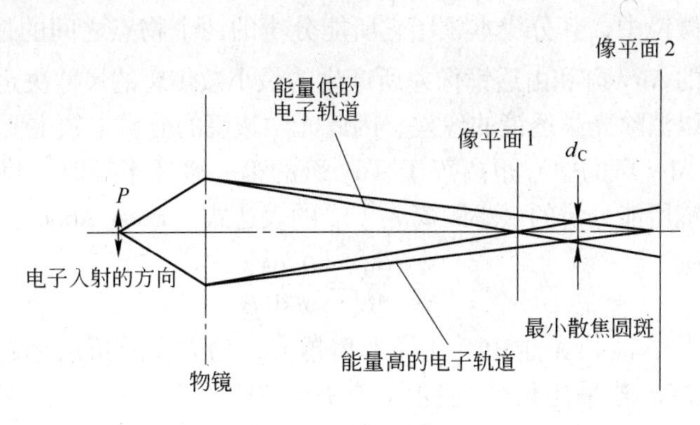

图2-26　色差示意图

透镜色差与电子束能量相对能量变化率成正比。对于物镜来说，进入透镜磁场的电子束能量的分布取决于两个方面：一是由加速电压不稳定引起的照明电子束的能量波动；二是电子束与试样的非弹性作用导致一部分能量的损失。电子能量损失的程度与电子散射次数有关，一般试样越厚，电子非弹性散射的几率越大，由电子能量损失导致的能量波动越大，色散也越严重。因此，提高电子源稳定性和减小试样的厚度有利于色差的降低。减小孔径半角也能减轻色差。

像散是由电磁透镜磁场的轴不对称产生的，这种非对称性使透镜在不同方向上的聚焦能力出现差别。因而，从同一物点散射的电子经过透镜后聚焦在一定范围的轴向距离上，因此在光轴上存在一个具有最小直径 d_A 的散焦斑，如图2-27所示。最小散焦斑折算到物平面后的半径 r_A 代表了透镜像散的大小，其大小由下式确定：

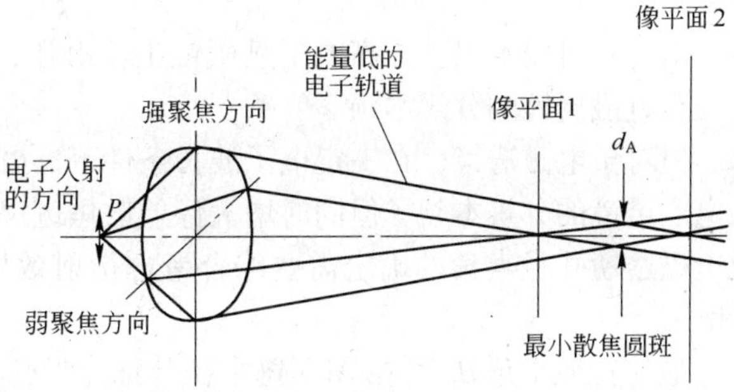

图2-27　像差示意图

$$r_A = \Delta f_A \beta \qquad (2\text{-}41)$$

式中　β——孔径半角；

Δf_A——透镜的焦距差。

Δf_A 是由磁场轴不对称所产生的焦距差，磁场轴不对称越严重，焦距差越大，透镜像散也越大。导致透镜磁场轴不对称的因素很多，如透镜中极靴圆孔不完全轴对称，上下极靴孔不同轴，极靴表面和透镜光阑被污染，导致透镜内磁场强度和方向分布的变化等。

像散可以通过在透镜系统中引入一个可调整磁场强度和方向的矫正装置来消除，该装置称为消像散器。早期透射电子显微镜用的是机械消像散器，目前主要用电磁消像散器，由均匀分布在极靴间隙周围的八个小电磁体组成。四个小电磁体形成一个椭圆度矫正磁场，两组小电磁体形成的椭圆度矫正磁场相互垂直。通过改变两组小电磁体的激磁强度和方向，形成一个与透镜非轴对称磁场方向相反、强度相同的磁场，从而消除透镜磁场非轴对称性。

E 分辨本领

在透射电子显微镜中，其分辨本领用它所能分辨的两个物点之间的最小距离 r_0 来表示，由衍射效应所产生的 Airy 斑和由透镜像差所产生的最小散焦斑的尺寸决定了 r_0 的大小。通过一组透镜的组合可以消除光学透镜的像差，因此光学透镜的分辨本领主要取决于 Airy 斑的尺寸。通常，当两个 Airy 斑的中心距离等于 Airy 斑的第一暗环半径时，将试样上两个物点之间的距离定义为透镜所能分辨的最小距离 r_0，r_0 的表达式（Ernst Abbe 公式）为：

$$r_0 = \frac{R_0}{M} = \frac{0.61\lambda}{n\sin\beta} \tag{2-42}$$

由上式可以看出，波长 λ 越短，孔径半角越大，物方介质折射率越大，r_0 越小，玻璃透镜的分辨本领越高。若采用最大孔径角（$\beta = 70° \sim 75°$）和油作为物方介质（$n = 5$），r_0 近似表达为：

$$r_0 \approx \frac{1}{2}\lambda$$

光学透镜的分辨本领在最佳条件下，由可见光波长所决定，光学透镜的分辨本领大约是照明光源波长的1/2，其理论极限值可高达200nm。

对于电磁透镜，数值孔径常数近似等于孔径角，由式（2-38）可得到由衍射效应确定的电磁透镜的分辨本领：

$$r = \frac{0.61\lambda}{\beta} \tag{2-43}$$

由上式可以看出，提高电子显微镜工作电压，降低电子波长，增加电磁透镜孔径角，将提高电磁透镜的分辨本领。

但对于电磁透镜，在一定电子波长条件下，虽然增大孔径角可以减小 Airy 斑尺寸，提高电磁透镜的分辨本领，但同时增大像差散焦斑尺寸，这将降低电磁透镜的分辨本领。因此电磁透镜孔径半角的确定需要综合考虑衍射效应和像差（主要是球差）对分辨本领的影响。

最佳孔径半角 β_0 可在 Airy 斑半径与球差散焦斑半径相等，即 $R_0 = r_S$ 的条件下导出，由式（2-38）和式（2-39）得到：

$$\frac{1}{4}C_S\beta_0^3 = 0.61\frac{\lambda}{\beta_0} \tag{2-44}$$

整理得到最佳孔径半角：

$$\beta_0 = 1.25\left(\frac{\lambda}{C_S}\right)^{\frac{1}{4}} \tag{2-45}$$

最佳孔径半角 β_0 随着电子波长增加和球差系数降低而增大，将式（2-45）代入式（2-43）得到在最佳孔径角的条件下的电磁透镜的分辨本领：

$$r_0 = 0.49C_S^{\frac{1}{4}}\lambda^{\frac{3}{4}} \tag{2-46}$$

实际电磁透镜的分辨本领远远低于电子波长所赋予电磁透镜的理论极限本领，主要原因就是受球差所限制。目前只能采用小孔径角成像，来获得较高的分辨本领。一般电磁透镜的孔径角在 $\beta_0 = 10^{-2} \sim 10^3$rad 范围。

对于一定型号的透射电子显微镜，电子枪和透镜的设计参数和质量已确定。在透射电子显微镜操作过程，仪器的工作电压和透镜孔径光阑可以由操作者在一定范围调整。工作电压越高，孔径光阑越小，透镜的分辨率越高。在这两个参数确定的情况，透射电子显微镜的实际分辨率主要取决工作电源的稳定性和操作者对像散消除的程度。

F 透镜的景深和焦深

电磁透镜的另一特点是景深（场深）大，焦深很长，这是由于小孔径角成像的结果。任何样品都有一定的厚度，理论上只有在物平面的物点通过理想透镜，即无缺陷透镜时，才能聚焦在像平面上。在一定距离沿轴向偏离物平面的物点在像平面上产生一个具有一定尺寸的失焦斑。失焦斑的大小取决于物点偏离物平面的距离大小，若偏离物平面的物点在像平面上所形成的失焦斑的尺寸等于或小于 r_0 ，那么将不影响图像的分辨率。将由衍射和像差产生的散焦斑尺寸 r_0 所允许的物平面轴向偏差定义为透镜的景深 D_f ，如图2-28所示。

在一定分辨率下，具有透镜景深范围的试样的各部分的图像都具有相同的清晰度。D_f 与透镜的分辨率和孔径半角的关系表达如下：

$$D_f = \frac{2r_0}{\tan\beta} \approx \frac{2r_0}{\beta} \tag{2-47}$$

这表明，电磁透镜孔径半角越小，景深越大。通常透射电子显微镜的孔径半角 $\beta = 10^{-2} \sim 10^{-3}$，$D_f = (200 \sim 2000) r_0$。若 $r_0 = 1\text{nm}$，$D_f = 200 \sim 2000\text{nm}$。对于加速电压100kV的电子显微镜来说，样品厚度一般控制在200nm，在透镜景深范围之内，因此，样品各部分的细节都能得到清晰的像。如果允许较差的像分辨率（取决于样品），那么透镜的景深就更大了。

当透镜焦距和物距一定时，像平面在沿轴向距离内移动时，也会产生失焦。如果所形成的失焦斑的尺寸等于或小于 r_0 ，那么也不影响图像的分辨率。通常把由衍射和像差产生的散焦斑尺寸 r_0 所允许的像平面轴向偏差定义为透镜的焦深 D_L（图2-29）。当电磁透

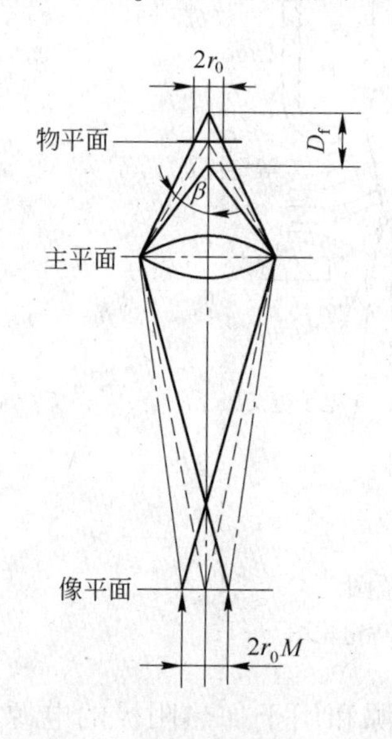

图2-28 电磁透镜的景深

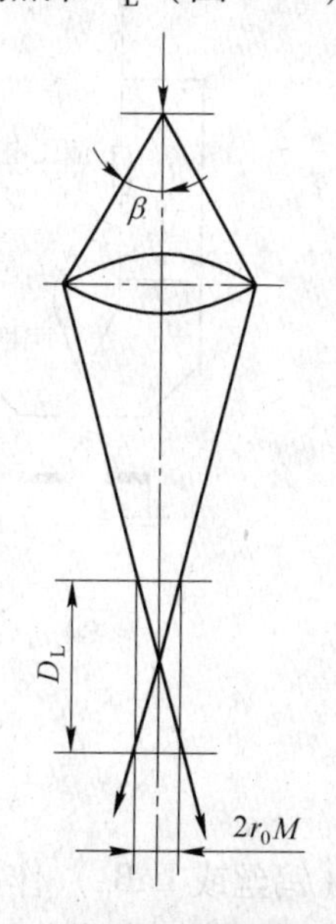

图2-29 电磁透镜的焦深

镜的放大倍数和分辨本领一定时，透镜焦深随孔径半角的减小而增加。对于由多级电磁透镜组成的电子显微镜来说，其终像的放大倍数等于各级透镜放大倍数之积。因此，终像的焦深更长了，一般来说超过10~20cm是不成问题的，电磁透镜的这一特点给电子显微镜图像的照相记录带来了极大的方便，只要在荧光屏上图像是聚焦清晰的，那么在荧光屏上或下十几厘米放置照相底片，所拍摄的图像也将是清晰的。

2.3.2　照明系统

透射电子显微镜照明系统的作用是提供亮度高、相干性好、束流稳定的照明电子束，其主要的组成部分为发射电子的电子枪和汇聚电子束的聚光镜。在照明系统中还安装有束倾斜装置，可以很方便地使电子束在2°~3°的范围内倾斜，以便以某些特定的倾斜角度照明样品。

2.3.2.1　电子源和电子枪

电子源是所有的电子显微镜必需的元件，由它获得一束近乎单色的电子束来照明试样。然而，仅仅有电子源是不够的，这是由于从电子源发射出的电子是发散的，因此需要一个包含有电子源的装置来控制由电子源发射的电子束，这个装置就是电子枪。高性能的电子枪要保证电子束的亮度、相干性和稳定性。

电子显微镜中使用的电子源有两种：一类为热离子源（用钨丝或硼化镧（LaB_6）晶体作发热体），即在加热时产生电子；另一类为场发射源（采用细的钨针尖），即在强电场作用下产生电子。热离子源只能给出近乎单色（白色）的电子束，而场发射源可以产生一个单色的电子束。

图2-30中给出了热离子电子枪的示意图，它由阴极、栅极和阳极组成，因此也称为三极电子枪。

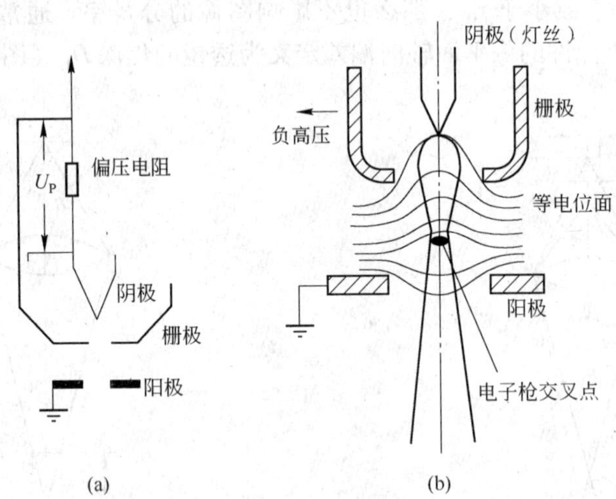

图2-30　热离子电子枪示意图
（a）自偏压回路；（b）电子枪内的等电位图

电子源（钨丝或LaB_6）作为阴极，并连接高压电源和用于加热阴极的电源。栅极是控制级，用于控制电子束形状和发射强度，栅极呈杯状，杯底中心有一个小孔，电子从此孔射出。栅极也称为栅极帽或韦氏圆筒或负偏压栅极，为改善阴极发射电子的稳定性，通常采用自偏压方法，即在栅极上施加比阴极负几百至近千伏的偏压，限制极尖端发射电子的区域。阳极用于加速由电子源发射的电子，使电子具有较高的动能并向镜筒下方做定向运动，阳极板的中心有一小孔，电子束通过该孔离开电子枪。灯丝（阴极）被加热直到产生一束电子流。在阳极上施加一个正的电位，电子在正电位作用下，向镜筒下方做加速运动。在栅极上施加一个负的电位，当电子向阳极运动时，从灯丝发射的电子被栅极排斥向光轴。电子在栅极和阳极之间汇聚形成一个小的电子束截面，称为电子枪交叉点，也称为第一交叉点。汇聚的电子进一步发散，聚到试样上。并穿过在阳极板的小孔离开电子枪区域向镜筒下方运动，经聚光镜系统汇聚到试样上。

目前大多数电子显微镜采用钨丝作为热离子源，虽然 LaB_6 和场发射源的亮度比钨丝高，但价格都要比钨丝热离子发射源装置贵。

在透射电子显微镜中，电子束需要某些特性，如亮度、相干性和稳定性等。通常用这些特性来描述电子源的功能，而这些特性可以通过电子源本身来控制。

电子源的固体半角为 $\pi\alpha_0^2$，电流密度为 $i_e/\pi(d_0/2)^2$（单位面积的发射电流），电子源的亮度 β 定义为单位固体角的电流密度，表达式为：

$$\beta = \frac{i_e}{\pi(d_0/2)^2\pi(\alpha_0)^2} = \frac{4i_e}{\pi d_0 \alpha_0}(Am^{-2}sr^{-1}) \quad (2\text{-}48)$$

式中 d_0——电子枪交叉截面直径；

i_e——阴极发射电流；

α_0——电子源发射半角。

实际上，d_0、i_e、α_0 是以电子枪中的交叉点来定义的，即电子离开电子源后被聚焦的点，通常把这个交叉点当做电子源。亮度对于分析电子显微镜是特别重要的，因为需要用电子束与试样相互作用后的许多信号来进行定量分析。在高分辨率的电子显微镜中需要高的亮度，使得高放大倍数下可以用较短的曝光时间记录图谱。阴极束流 i_e 在亮度方程中具有重要的作用，i_e 值越高，给定尺寸的电子束越多，从试样中获得的信息越多，但对试样的损伤也越大。阴极束流随灯丝温度（加热电流）升高，但阴极束流达到某一值后，继续升高温度（增高加热电流），阴极束流不再增加，此值称为束流的饱和值。束流刚刚饱和时为最佳工作状态，此时电子束具有较亮的亮度，而又可以延长灯丝寿命。

电子束的相干性是指电子波相互之间具有相同的频率和恒定的相位差。为了得到一束相干的电子束，必须使所有电子具有相同的波长，类似于单色光。这种相干性称为时间相干性，虽然电子元件的稳定性已有相当大的改进，但实际上不可能产生一束完全单色的电子束，电子能量，亦即波长仍在一个范围内变化。

空间相干性与电子源的尺寸有关。理想的空间相干性是所有电子从电子源的一个点出发，因此电子源尺寸越小，电子束的相干性越好，亮度也越高，但稳定性降低。场发射源的尺寸较热离子源小，因此具有较高的空间相干性，通过减小照明孔径角也能改善空间相干性。空间相干性比时间相干性更重要，空间相干性越高，图像的像衬度和衍射度越好，衍射斑点越尖锐。

总之，电子枪要保证用于成像的电子从近乎点源发射出，有类似的能量，以保证电子束的空间相干性和时间相干性，同时具有足够的亮度和稳定性。

2.3.2.2 聚光镜系统

聚光镜系统将电子枪发出的电子束汇聚到试样上，即将第一交叉点的电子束成像在试样上，并且控制该处的照明孔径角和束斑尺寸。

目前高性能的透射电子显微镜均采用双聚光镜系统。第一个聚光镜为短焦距的强磁透镜，它将电子枪发射的电子束（第一交叉点像）缩小为1~5μm，并成像在第二个聚光镜的物平面上；第二个聚光镜为长焦距的弱磁透镜，它将第一个聚光镜汇聚的电子束放大1~2倍。在双聚光镜系统中，第一个聚光镜决定了最后束斑尺寸范围，即最小交叉截面；第二个聚光镜改变在试样上的实际束斑尺寸，即照明面积，可以将一个分散的光斑（欠焦）变为一个小光斑（聚焦）。

第二聚光镜光阑减小照明孔径角，可以挡掉高角度散射即远离光轴的电子，提高电子束的平行性和空间相干性。聚光镜光阑的大小和位置通过安装在镜筒外的旋钮来调整。

双聚光镜系统的优点是：既能保证在聚光镜和物镜之间有足够的空间来安放样品和其他装置，又可以调整束斑尺寸，满足满屏的要求和获得足够的亮度，而且电子束的平行性和相干性都比较好。

2.3.3 成像系统与成像方法

对透射电子显微镜所进行的任何操作都涉及放大和聚焦。使用透射电子显微镜的最主要目的就是获得高质量的放大图像和衍射花样，因此成像系统是电子光学系统中最核心的部分。

现代透射电子显微镜的成像系统基本是由三组电磁透镜（物镜、中间镜和投影镜）和两个金属光阑（物镜光阑和选区光阑）以及消像散器组成。电磁透镜用于成像和放大，其数目取决于所需的最大放大倍数；物镜光阑和选区光阑可以限制电子束，从而调整图像的衬度和选择产生衍射图案的图像范围；消像散器可以用于消除由透镜产生的像散。

物镜系统在成像系统中最重要，它决定了仪器的分辨本领、图像的分辨率和衬度，而所有其他透镜系统只是产生最终图像所需要的放大倍数，所以任何由物镜带来的缺陷都会被进一步放大。

物镜系统包括物镜、物镜光阑和消像散器。在透射电子显微镜中，采用的物镜是强磁透镜，物镜的分辨率主要取决于极靴的形状和加工精度。一般来说，极靴的内孔和上下极靴之间的距离越小，物镜的分辨率越高。为了减少物镜的球差，往往在物镜后焦平面上安放一个物镜光阑。物镜光阑不仅具有减少球差、像散和色差的作用，而且还可以限制孔径角，从而提高图像衬度和分辨率。

中间镜和投影镜系统用来进一步放大由物镜产生的电子显微图像和电子衍射谱。中间镜所要放大的物像是由物镜产生的中间图像，中间镜利用来自于面积相对较大且具有相对较小散射角的电子束（即由物镜放大的电子图像）来产生图像。投影镜的像差不影响最终分辨率，但可能使最后形成的图像产生畸变。高性能透射电子显微镜通常有两个中间镜加衍射镜和1~2个投影镜，可以使电子显微镜的放大倍数能够在较大范围变化，而同时使镜筒的总长度比较短（约2m）。

如果把中间镜的物平面和物镜的像平面重合，则在荧光屏上得到一幅放大像，这就是电子显微镜中的成像操作，如图2-31（b）所示。如果把中间镜的物平面与物镜的后焦面重合，则在荧光屏上得到一幅电子衍射花样，这就是透射电子显微镜的电子衍射操作，如图2-31

（a）所示。通过两个中间镜的配合，可实现在较大范围内调整相机长度和放大倍数。

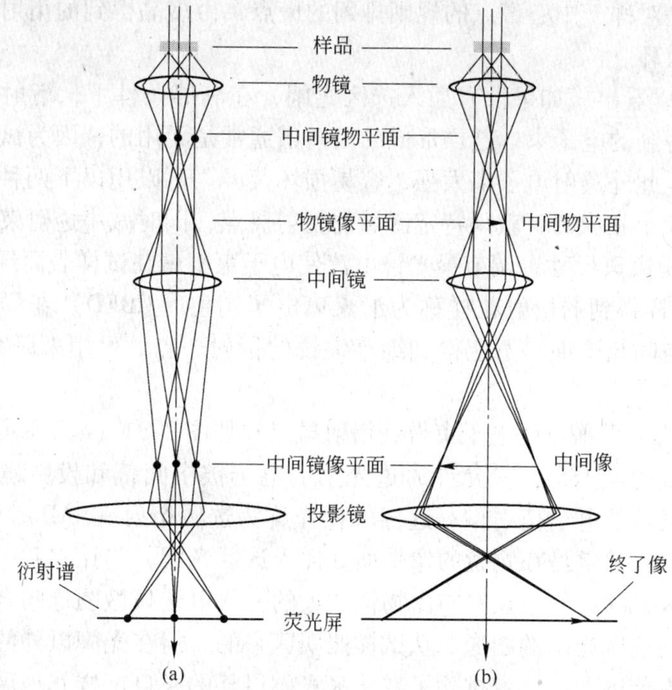

图 2-31　在透射电子显微镜成像系统中两种电子图像

（a）电子衍射谱；（b）电子显微图像

由图 2-31 可见，由衍射状态变换到成像状态，是通过改变中间镜的激磁强度（即改变中间镜的物平面焦距）实现的。在这个过程中，物镜和投影镜的焦距不变，中间镜以上的光路保持恒定。通常为了便于图像聚焦，物镜的焦距只需在很小的范围内变化。

从上述成像原理可以看出，物镜提供了第一幅衍射花样和第一幅显微像，物镜所产生的任何缺陷都将被随后的中间镜和投影镜接力放大。可见，透射电子显微镜分辨率的高低主要取决于物镜，它在透射电子显微镜成像系统中占有头等重要的位置。为获得高分辨本领，通常采用强激磁、短焦距物镜。中间镜属于长焦距弱激磁透镜。投影镜与物镜一样属强激磁透镜，它的特点是具有很大的景深和焦长。这使得在改变中间镜电流以改变放大倍数时，无须调整投影镜电流仍能得到清晰的图像，同时容易保证在离开荧光屏平面（投影镜像平面）一定距离处放置的感光片上所成的图像与荧光屏上的相同。

A　选区电子衍射（SAD）

当由透射电子显微镜的照明系统提供的电子衍射所需要的近乎单色的平面电子波照射到晶体样品时，晶体内近乎满足布拉格条件的晶面组（h，k，l）将在与入射束成 2θ 角的方向上产生衍射束。根据透镜的基本性质，平行光束将被透镜汇聚于其焦面上的一点。因此试样上不同部位朝同一方向散射的同位相电子波（即同一晶体面的衍射波）将在物镜背焦面上被汇聚而得到相应的衍射斑点，其中散射角为零的透射波则被汇聚于物镜的焦点处，得到衍射谱的中心斑点，这样在物镜的背焦面上形成了试样晶体的电子衍射谱。如果把中间镜激磁电流调节到使其物平面与物镜后焦面重合，这一幅电子衍射谱经中间镜和投影镜进一步放大，投影在观察荧光屏或照相底版上。如图2-31（a）所示，由单晶试样衍射得到的衍射谱是对称于中心斑点的规则排列的斑点，由多晶得到的衍射花样则是以中心斑点为中心的衍射环。

从图2-31可以看出，如果没有插入选区光阑，在满屏条件下，衍射谱包含有从试样整个照明区域所得到的电子束。这样形成的衍射谱通常是无用的，因为试样通常在电子束照射下发生翘曲。此外透射电子束太强，容易损坏荧屏。可以用以下两种方法来选择所要观察的试样区域大小和位置，获得特定区域的衍射斑点，同时减小透射束强度：

（1）减小照明束斑尺寸，调节聚光镜电流使电子束汇聚在试样表面局部区域，如图2-31（a）所示。这样得到的衍射花样称为汇聚束电子衍射（CBED）花样，但汇聚电子束会破坏电子束的空间相干性，不能得到细小尖锐的衍射斑点。可用来研究晶体的对称性，如点群、空间群等。

（2）如果要用近乎平行的电子束得到衍射斑点，如图2-31（a）所示，则用一个光阑选择特定试样区域的电子束，只允许通过光阑的电子被中间镜和投影镜放大投影在荧屏上，形成该试样区域的电子衍射谱，这样的操作称为选区衍射（SAD）。这是获得电子衍射谱最常用的方法，通常是在物镜的像平面处插入选区光阑，并让它对中。通过调整中间镜电流来聚焦选区光阑，使它正好与由物镜放大的一次电子显微图像吻合，这样我们可以在荧屏上同时看到选区光阑的图像。从试样照明区来的，但在光阑以外的电子将被光阑所挡，不能到达观察荧屏。这样就排除了在选区光阑以外的来自试样其他区域的电子对投影在观察荧屏上衍射花样的贡献。通过调整选区光阑的位置和大小可以选择由物镜放大的一次图像范围，从而选择我们感兴趣的试样局部区域。

由此可见，利用透射电子显微镜进行电子衍射分析时，它所记录到的电子衍射谱，实际上是物镜后焦面上产生的第一幅衍射谱的放大图像。试样产生的衍射束在到达荧光屏或照相底版的过程中，将受到成像系统中透镜的多次折射。由于通过透镜中心的光线可以看成不受折射，对于物镜背焦面上形成的第一幅衍射谱，物镜的焦距f_0，相当于它的相机长度，如果这幅衍射谱中衍射斑点（h，k，l）与中心斑点之间的距离为r，则：

$$r = f_0 \tan 2\theta \tag{2-49}$$

对于高能电子衍射2θ很小，一般仅为1°～2°，$\tan 2\theta \approx 2\sin\theta$，代入布拉格公式可得：

$$rd = \lambda f_0 \tag{2-50}$$

底版上记录到的电子衍射谱是物镜背焦面上的第一幅衍射谱经中间镜和投影镜的进一步放大后形成的，若中间镜和投影镜的放大倍数分别为M_i和M_p，则底版上记录到的衍射谱中相应衍射斑点与中心斑点的即离为：

$$R = rM_iM_p \tag{2-51}$$

代入式（2-50）得到：

$$\frac{R}{M_iM_p}d = \lambda f_0 \text{ 或 } Rd = \lambda f_0 M_i M_p$$

$$Rd = \lambda L = K \tag{2-52}$$

在式（2-52）中，$L = f_0M_iM_p$定义为有效相机长度，$K = \lambda L$为有效相机常数。由式（2-52）可见，有效相机常数K取决于电子束的波长及物镜的焦距、中间镜和投影镜的放大倍数。因为电子束的波长、物镜的焦距、中间镜和投影镜的放大倍数分别取决于透射电子显微镜的工作电压以及物镜、中间镜和投影镜的激磁电流，因此在操作过程，必须在透射电子显微镜的工作电压及物镜、中间镜和投影镜的电流都固定的条件下，标定相机常数，以便得到衍射斑点与中心斑点的距离 R 与晶面距 d 之间的比例关系。

B 明场与暗场成像

要在透射电子显微镜中获得电子图像，可以用未散射的透射电子束产生图像，也可以用所有的电子衍射束或者某些电子衍射束来成像。由于只有通过光阑的电子束才可以参与成像，因此选择不同电子束用于成像的方法是在背焦面处插入一个光阑，这个光阑就是物镜光阑。用另外的装置来移动物镜光阑，使得只有未散射的透射电子束通过它，其他衍射的电子束被光阑挡掉，由此所得到的图像被称为明场像（BF）。或是只让一支衍射电子束通过物镜光阑，透射电子束被光阑挡掉，称由此所得到的图像为暗场像（DF）。通过调节中间镜的电流就可以得到不同放大倍数的明场像和暗场像。

当选区电子衍射谱被投影到观察荧屏上时，可以利用衍射谱进行这两个最基本的成像操作。不管观察的是什么试样，衍射谱中一定包含有一个中心斑点。这个中心斑点是未发生散射的透射电子束聚焦形成的，其他斑点是近乎布拉格条件产生的衍射电子束所形成的衍射斑点，即电子衍射谱是由一个透射斑和多个衍射斑组成。

如果将物镜光阑套在中心斑点，如图 2-32（a）所示，我们将得到明场像。如果将物镜光阑套在衍射斑点，如图 2-32（b）和（c）所示，我们将得到暗场像，其图像衬度正好与明场像相反。在图 2-32（b）中，我们通过移动物镜光阑来选择用于成像的衍射束，但此时用于成像的是远轴电子，球差和像散比较严重，图像很难聚焦，成像质量较差。为了获得高质量的暗场像，通常我们用图 2-32（c）中的方法来获得暗场像。物镜光阑仍在对中位置，将用于成像的衍射斑点移到中心斑点的位置（物镜光轴位置）。在荧屏上移动衍射斑点的操作，实际上是使入射电子束偏转 2θ，使得衍射束平行于物镜光轴通过物镜光阑。用该方法得到的图像分辨率较图 2-32（b）中的方法高，这种方法称为中心暗场成

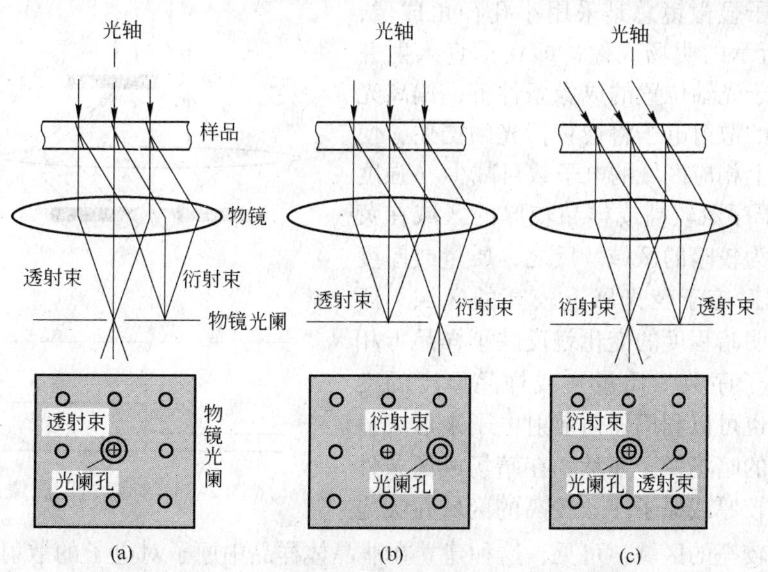

图 2-32 明暗场成像方法

（a）透射束成像（明场像）；（b）衍射束成像（暗场像）；（c）衍射束成像（中心暗场像）

像（CDF）。在暗场像中，只有对用于成像的衍射束有贡献的那些区域具有较高的亮度，其他区域的亮度则很低，因此暗场像的衬度要高于明场像。

2.4 透射电子显微镜的像衬度分析

像衬度是图像上不同区域间明暗程度的差别。正是由于图像上不同区域间存在明暗程度的差别即衬度的存在，才使得我们能观察到各种具体的图像。透射电子显微镜的像衬度与所研究的样品材料自身的组织结构、所采用的成像操作方式和成像条件有关。只有了解像衬度的形成机理，才能对各种具体的图像给予正确解释，这是进行材料电子显微分析的前提。

透射电子显微镜的像衬度来源于样品的不同区域对入射电子束的散射。当电子波穿越样品时，其振幅和相位都将发生变化，强度均匀的入射电子束变成强度不均匀的电子束，这些强度不均匀的电子束透射到荧光屏上或照相底片上，转换为图像衬度。透射电子显微镜的像衬度从根本上可分为振幅衬度和相位衬度，在多数情况下，这两种衬度对同一幅图像的形成都有贡献，只不过其中之一占主导而已。本书仅限于介绍振幅衬度，它分为两个基本类型：质厚衬度和衍射衬度。它们分别是非晶体样品衬度和晶体样品衬度的主要来源。

2.4.1 非晶体样品

非晶体样品透射电子显微图像衬度是由于样品不同微区间存在原子序数或厚度的差异而形成的，即质量厚度衬度，简称质厚衬度。

质厚衬度来源于电子的非相干弹性散射（卢瑟福散射），当电子穿过样品时，通过与原子核的弹性作用被散射而偏离光轴。此外，随样品厚度增加，将发生更多的弹性散射。所以，样品上原子序数较高或样品较厚的区域（较黑）比原子序数较低或样品较薄的区域（较亮）将使更多的电子散射而偏离光轴，如图2-33所示。

透射电子显微镜总是采用小孔径角成像，在图2-33所示的明场成像，即在垂直入射并使光阑孔置于光轴位置的成像条件下，偏离光轴一定程度的散射电子将被物镜光阑挡住，使落在像平面上相应区域的电子数目减少（强度较小），原子序数较高或样品较厚的区域在荧光屏上显示为较暗的区域。反之，质量或厚度较低的区域对应于荧光屏上较亮的区域。所以，图像上明暗程度的变化就反映了样品上相应区域的原子序数（质量）或样品厚度的变化。此外，也可以利用任何散射电子来形成显示质厚衬度的暗场像。显然，在暗场成像条件下，样品上较厚或原子序数较高的区域在荧光屏上显示为较亮的区域。可见，这种建立在非晶体样品中原子对电子的散射和透射电子显微镜小孔径角成像基础之上的质厚衬度是解释非晶体样品电子显微图像衬度的理论依据。

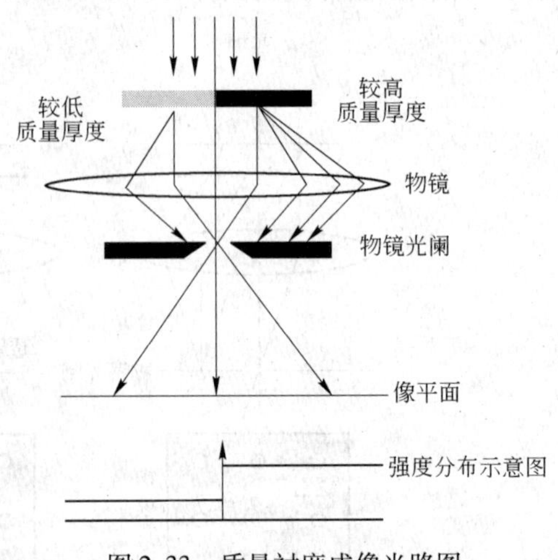

图2-33 质量衬度成像光路图

质厚衬度受到透射电子显微镜物镜光阑孔径和加速电压的影响。如选择的光阑孔径较大，将有较多的散射电子参与成像，图像在总体上的亮度增加，但却使得散射和非散射区域（相对而言）间的衬度降低。如选择较低的加速电压，散射角和散射截面将增大，较多的电子被散射到光阑孔以外。此时，衬度提高，但亮度降低。

2.4.2 晶体样品

对于晶体样品，电子将发生弹性相干散射即布拉格衍射，所以，在晶体样品的成像过程中，起决定作用的是晶体对电子的衍射。由样品各处衍射束强度的差异形成的衬度称为衍射衬度，简称衍衬。

影响衍射强度的主要因素是晶体取向和结构振幅。对没有成分差异的单相材料，衍射衬度是由样品各处满足布拉格条件程度的差异造成的。

衍衬成像和质厚衬度成像有一个重要的差别，在形成显示质厚衬度的暗场像时，可以利用任意的散射电子。而形成显示衍射衬度的明场像或暗场像时，为获得高衬度高质量的图像，总是通过倾斜样品台获得所谓“双束条件（two-beam conditions）”，即在选区衍射谱上除了强的透射束外，只有一个强衍射束。图 2-34 是晶体样品中具有不同取向的两个相邻晶粒在明场成像条件下获得衍射衬度的光路原理图。图中，在强度为 I_0 的入射束照射下，A 晶粒的（h，k，l）晶面与入射束间的夹角正好等于布拉格角 θ，形成强度为 I_{hkl} 的衍射束，其余晶面均与衍射条件存在较大的偏差；而 B 晶粒的所有晶面均与衍射条件存在较大的偏差。这样，在明场成像条件下，像平面上与 A 晶粒对应的区域的电子束强度为 $I_A \approx I_0 - I_{hkl}$，而与 B 晶粒对应的区域的电子束强度为 $I_B \approx 0$。反之，在暗场成像的条件下，即通过调节物镜光阑孔的位置，只让衍射束 I_{hkl} 通过光阑孔参与成像，$I_A \approx I_{hkl}$，$I_B \approx 0$。由于荧光屏上像的亮度取决于相应区域的电子束的强度，因此，若样品上不同区域的衍射条件不同，图像上相应区域的亮度将有所不同，这样在图像上便形成了衍射衬度。

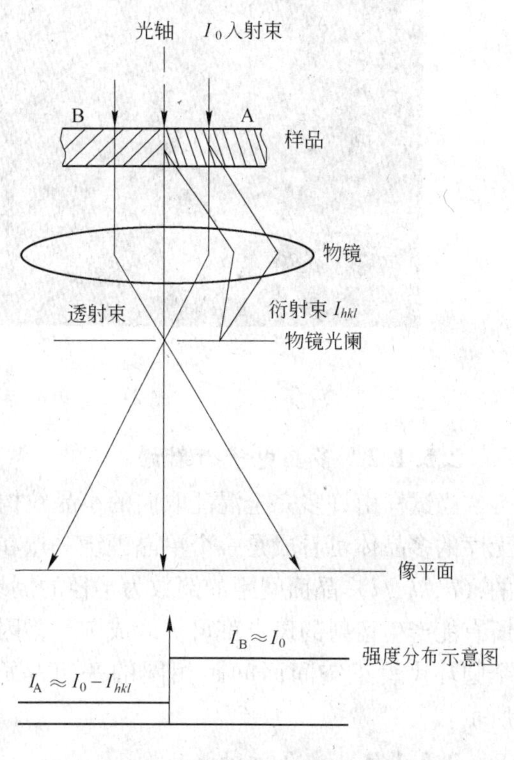

图 2-34 衍射衬度成像光路图

2.5 电子衍射谱的特征与分析

2.5.1 常见电子衍射谱

2.5.1.1 单晶电子衍射谱

单晶电子衍射谱的特征是由一个透射斑和多个衍射斑组成，每个衍射斑代表正空间的一组晶面，由于正空间晶面是按一定点阵排列，故衍射斑与透射斑组成的是由平行四边形平移组成的花样。同时，由于：

（1）晶体在电子束入射方向很薄，所有倒易阵点都在这个方向拉长成倒易杆；

（2）电子束有一定的发散度，这相当于倒易点阵不动而入射电子束在一定角度内摆动；

（3）薄膜试样弯曲，这相当于入射电子束不动而倒易点阵在一定角度内摆动。

所有这些都增大了与反射球面相截的可能性，因此只要被衍射的单晶试样足够薄时，就可以得到具有大量衍射斑点的单晶电子衍射谱。单晶电子的衍射花样实例如图2-35（a）所示。

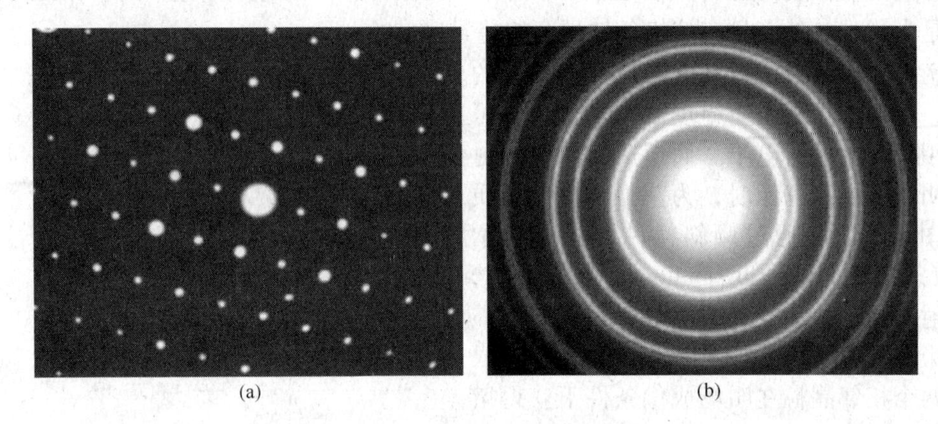

(a) (b)

图2-35 单晶与多晶的电子衍射花样

2.5.1.2 多晶电子衍射谱

当试样由许多完全混乱取向的小晶粒构成时，根据反射球构图和倒易点阵概念，完全无序的多晶体可看成是一个单晶围绕一点在三维空间内作4π球面度的旋转，因此多晶体的（h，k，l）晶面间距的倒数为半径的倒易球面。此倒易球面与反射球面相截于一个圆，所有能产生衍射的斑点都可扩展成圆环，因此多晶体的衍射花样是一系列同心的圆环，每个圆环代表正空间面间距相同的一组晶面。多晶电子的衍射花样实例如图2-35（b）所示。

2.5.1.3 多次衍射谱

晶体对电子的散射能力很强，衍射束的强度往往与透射束强度相当。因此，衍射束又可以看成是晶体内新的入射束，继续在晶体中产生二次布拉格衍射或多次布拉格衍射，这种现象称为二次衍射或多次衍射效应。其电子衍射谱是在一般的单晶衍射谱上出现一些附加斑点，这些二次衍射斑点有的可能与一次衍射斑点重合而使一次衍射斑点的强度出现反常，有的不重合，这就导致出现了一些通常结构因子为零的禁止反射的衍射斑点。

图2-36是二次衍射中出现多余衍射斑点的两种不同，其中图2-36（a）是在镁钙合金中得到的电子衍射花样，图中本来只存在两套花样，分别是镁的［$\bar{1}100$］晶带轴电子衍射花样和Mg_2Ca相的［$3\bar{3}02$］晶带轴花样，而花样中出现的很多卫星斑是由于二次衍射，通过Mg_2Ca相的（$1\bar{1}03$）斑点与Mg的（$000\bar{2}$）斑点之间存在的差矢平移造成的。图2-36（b）和图2-36（c）是一种有序钙钛矿相中沿［010］方向得到的电子衍射花样，其中图

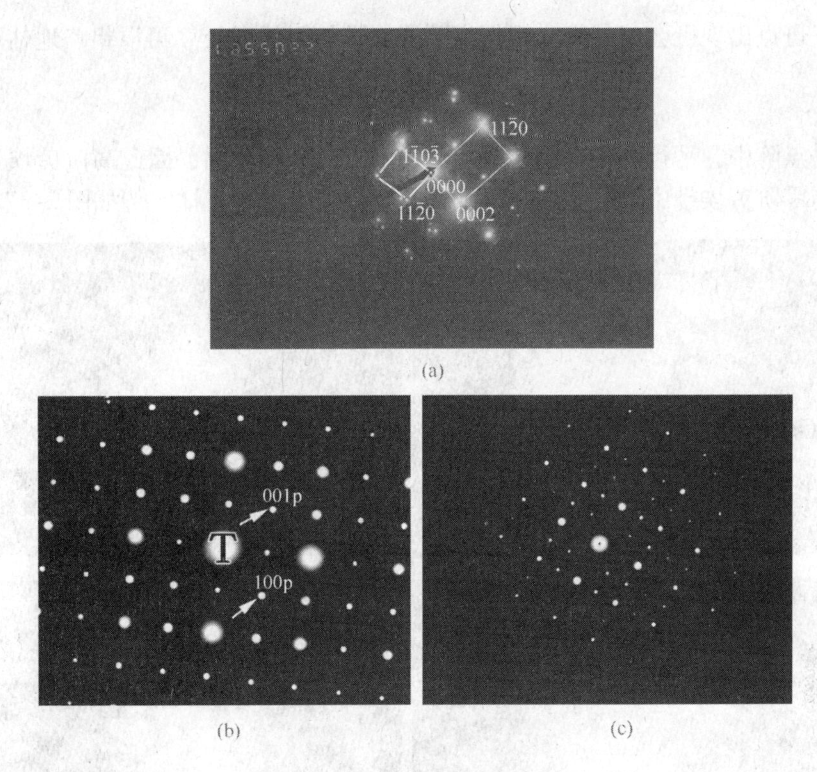

(a)

(b)　　(c)

图 2-36　二次衍射花样实例

2-36（b）是在较厚的地方得到，而图 2-36（c）则是在很薄的地方得到。在较薄的地方，由于不存在动力学效应，可以清楚地看到花样中存在相当多消光的斑点，但在较厚的地方，由于动力学效应，出现二次衍射的矢量平移，使得本来应该消光的斑点变得看起来不消光了。

2.5.1.4　高阶劳埃斑点

高阶劳埃斑点是电子衍射常见的现象。当晶体点阵常数较大（即倒易面间距较小），晶体试样较薄（即倒易点呈杆状），或入射束不严格平行于低指数晶带轴时，厄瓦尔德球就有可能同时与几层相互平行的倒易面上的倒易杆相截，产生与之相应的几套衍射重叠的衍射花样。此时，应该用广义的晶带定律：

$$hu + kv + lw = N \tag{2-53}$$

来标定这些电子衍射斑点的指数，其中 $N = 0, \pm 1, \pm 2, \cdots$。当 $N = 0$ 时，称为零阶劳埃带，即一般常见的简单电子衍射谱类型；当 $N \neq 0$ 时，称为 N 阶劳埃带（高阶劳埃带）。常见的高阶劳埃带有三种形式：对称劳埃带、不对称劳埃带、重叠劳埃带。

电子波长越长，厄瓦尔德球的半径越小，出现高阶劳埃斑点的机会就越大。晶体越厚，零阶劳埃斑点分布的范围越小，而高阶劳埃带之间的距离也越大。可以根据零阶劳埃斑点分布的范围 R_0 和相机长度 L，估算晶体在电子入射束方向的厚度

$$t = L^2 \frac{2\lambda}{R_0^2} \tag{2-54}$$

正点阵的点阵参数越大，倒易空间中相邻的倒易面的面间距越小，高阶劳埃带出现的

阶数越多，斑点出现机会就越大。根据高阶劳埃带的圆弧半径 R 可以粗略地估算点阵常数

$$c = L^2 \frac{2N\lambda}{R^2} \tag{2-55}$$

在倒易点阵中，平行的各个倒易层上倒易阵点的分布相同，因此高阶劳埃带中衍射斑点的分布与零阶劳埃带中的分布是相同的。高阶劳埃带衍射花样实例如图2-37所示。

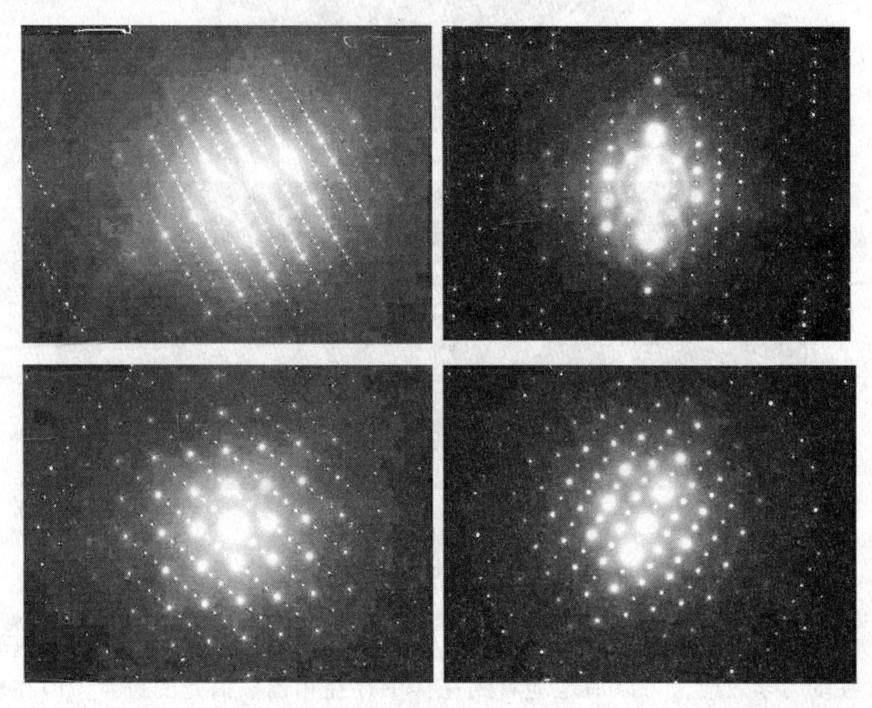

图2-37 高阶劳埃带衍射花样实例

2.5.1.5 菊池线

当电子束入射到薄的单晶试样上时，一般得到规则排列的点状花样。但若试样厚度较大(10~100nm)，而且此单晶又较完整时，则在衍射照片上除了有点状花样外还会有一系列平行的亮暗线通过透射斑点或在其附近。当试样厚度再稍增加时，点状花样完全消失，而只剩下大量的亮、暗的平行线对。透射斑周围是暗线；衍射斑周围是亮线。由于这些线对是由菊池（Kikuchi）首先发现并给出定性的解释，故一般称之为菊池线。

菊池线是非弹性散射电子（前进方向改变且损失一部分能量）的布拉格衍射造成的，菊池衍射与斑点衍射都满足同一布拉格公式，其几何关系有许多类似处。不同的只是产生斑点衍射谱的入射电子束有固定的方向，而菊池衍射是由发散的电子束（犹如发射源）产生的衍射。

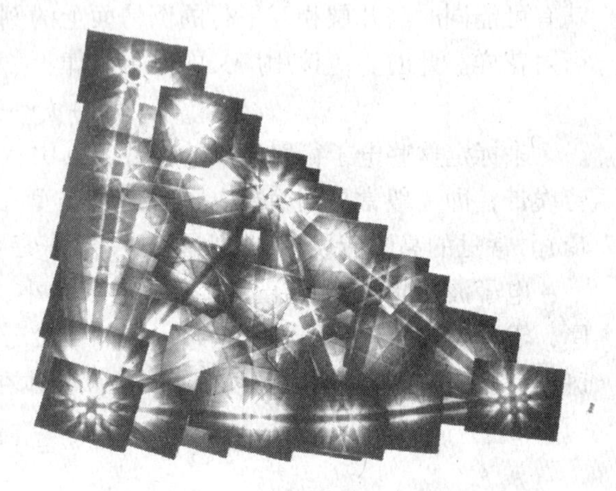

图2-38 面心立方晶体的菊池图

如图2-38所示，菊池衍射花样的特点

是菊池线对是与产生衍射的晶面（h，k，l）密切联系在一起的。随着晶体的转动，菊池线对也随之很敏感的变化；而单晶斑点花样中的斑点只发生强度的明显改变，但斑点却基本保持不动。由此可见，在测定晶体取向关系时，菊池衍射花样的灵敏度更高，特别是以小角度晶界分开的两个晶块，斑点花样无法显示其极小的位向差。因此在薄膜研究中，菊池花样常被用来精确确定晶体取向，校正电子显微镜试样倾动台的倾转角度，以及测定倒易阵点偏离布拉格位置的矢量等。

2.5.2 电子衍射花样的标定

在电子衍射工作中，特别是选区电子衍射中，不外乎有两个目的：一是当物质的结构是已知时，通过衍射花样分析确定其取向；另一是当被鉴定物质的结构为未知时，通过衍射花样的分析来确定其结构和点阵常数，即所谓物相分析。

由于单晶电子衍射谱等同于零层倒易点阵平面，因此确定电子衍射谱中各衍射斑点的指数就相当于确定零层倒易平面上各倒易阵点的指数。显然我们不能从一个二维倒易点阵来确定三维倒易点阵，一个电子衍射谱只能提供一个二维倒易点阵平面的信息，因此在晶体结构未知的情况下，这个电子衍射谱中各衍射斑点的指数不能唯一确定。在晶体结构已知的情况下，由于晶体点阵具有对称性以及电子衍射谱本身即倒易点阵平面显示二次旋转对称，衍射斑点指数的标定也存在不唯一性，往往有多种标定结果。如果不考虑晶体取向关系，仅仅是为了确认其晶体结构，则各种标定结果是等效的。此外，对于立方晶系，还存在另一种不唯一性，由于有些晶带的倒易平面上阵点的几何配置完全相同，一个衍射谱可以标定为两种完全不同的晶带。因此在晶体未知或需要确定晶体取向时，通常需要通过转动试样获得两个或更多的不同晶带的电子衍射谱，或者利用双晶带衍射和高阶劳埃带斑点来获得晶体三维结构信息，消除指数标定的不唯一性。

电子衍射谱的标定方法有计算法、查表法和标准图谱对照法（仅限于立方晶体和具有标准轴比的密排六方晶体），还有微机程序计算法。尽管微机标定衍射图有速度快、劳动强度低等优点，但计算法、查表法和标准图谱对照法仍然是最常用的方法。标准电子衍射谱非常直观地显示了倒易平面阵点的分布规律和指数关系，而基本数据表给出倒易矢量的长度和夹角关系以及其他晶体学数据，这些都是标定电子衍射谱的重要依据。因此在标定过程中，通常是几种方法同时使用，互相参照和比较，以提高标定的准确性。

立方晶系的对称性最高，只有一个点阵参数 a，如果不考虑晶体取向，则电子衍射谱的标定相对比较简单，通常可以从一个电子衍射谱得出晶体点阵类型、衍射斑点指数和点阵参数。下面以立方晶体为例，介绍利用查表法标定单晶立方电子衍射谱的一般步骤。

（1）对于不同的立方点阵类型，两个衍射斑点到中心斑点的距离之比具有不同的规律性，选择中心斑点附近的不共线的几个衍射斑点，它们是组成衍射谱最基本的平行四边形，测量它们的 R 值和它们之间的夹角，找出最短边为 R_1，次短 R_2，R_3，…，根据 R 比值的递增规律（R_2/R_1，R_3/R_1，…）确定点阵类型和它们可能属于的晶面族 $\{h, k, l\}$。如果知道相机常数，则可以计算出相应的晶面距，查相应的晶体的表格，与标准晶面间距进行比较。

（2）根据它们之间的夹角以进一步确定这些衍射斑点的晶面指数。由晶面夹角公式

($\cos\varphi = \dfrac{h_1h_2 + k_1k_2 + l_1l_2}{\sqrt{h_1^2 + k_1^2 + l_1^2}\sqrt{h_2^2 + k_2^2 + l_2^2}}$) 验证晶面指数是否正确，并选择两个不共线的晶面指数确定晶带轴指数 $[u, v, w]$。

(3) 其余各衍射斑点的指数，可按照矢量合成的方法求出。

(4) 利用电子衍射基本公式 $Rd = L\lambda$ 计算晶面组的面间距，再根据 a/d 值求出衍射晶体的晶格常数 a，与已知的晶格常数比较，进行核实。

2.6 透射电子显微镜样品的制备方法

由于透射电子显微镜的出现，材料显微分析技术得到了进一步的发展。然而这种使用电子束作为照明源的仪器受电子束穿透能力较低的影响，样品必须非常薄才能被电子束穿透，这就要求样品多为厚度在10~200nm之间的薄膜。TEM样品制备是研究中至关重要的一环，制备出好的薄膜样品才能得到好的TEM结果。传统的常规透射电子显微镜样品制备方法有很多，例如电解双喷、化学减薄、解理、粉碎研磨、超薄切片、聚焦离子束、机械减薄和离子减薄，以上方法制备的样品为材料本体，称为直接样品。表面复型技术的发展使得透射电子显微镜可用于观察非薄膜金属及其他材料的显微组织，由于这种方法是将材料表面的浮凸进行复制，将复制出的薄膜作为观察对象，故这种样品称为间接样品。样品的制备方法有很多，应该根据材料的类型和所要获取的信息进行有效的选择。本节将分两类着重介绍应用较广的表面复型、电解双喷和离子减薄等样品制备方法。

首先，无论哪种样品制备方法，对于在透射电子显微镜中研究的样品具体提出以下几点要求：

(1) 在进行观察时，样品被置于载样铜网上，铜网的直径约为2~3mm，所观察的样品最大尺度不得超过载物铜网的直径，而且样品的厚度必须薄到电子束可以穿透的程度，具体视加速电压和样品材料而异，一般在加速电压为100kV的情况下，样品厚度不能超过1000~2000Å；

(2) 由于镜筒中为真空状态，样品中如含有水分、易挥发及腐蚀性等物质，在制备后需要加以处理，另外样品需要一定的强度和稳定性，不至于在电子束作用下发生变化；

(3) 样品需要非常洁净，以保证图片质量和研究效果，样品不能带荷电。

下面来具体介绍透射电子显微镜样品的制备方法。

2.6.1 直接样品的制备

2.6.1.1 一般样品的制备

目前直接样品的制备方法有很多，但是在一般情况下，总体来说制备过程分以下几步：

(1) 初减薄——制备厚度约为100~200μm的薄片；

(2) 从薄片上切取 ϕ3mm 的薄片；

(3) 从圆片的一侧或者两侧将圆片中心区域剪薄至数微米；

(4) 终减薄。

A 初减薄——由块状样品制备薄片

对金属等延性材料，在研究材料中的缺陷时，为避免对材料的机械损伤，通常采用电火花切割法从块状样品上获得厚度约为200μm的薄片。此外，也可以将材料用轧制的方法加工成薄片，然后通过退火来消除轧制后的缺陷。而对于某些脆性材料，需要用刀具将其沿解理面解理，这样反复解理直到样品的厚度达到对电子束透明的程度。如果研究要求薄片不与解理面平行，则可采用金刚锯。此外还有一些特殊的方法，如用水作溶剂通过线锯切割，用超薄切片机直接切取可直接供透射电子显微镜观察的样品等。

B 圆片切取

如果样品材料的塑性较好且对机械损伤的要求不严格，可以使用特制的小型冲床从薄片上直接冲取圆片。但对于脆性材料，则需要采取其他方法，如电火花切割、超声波钻和研磨钻，电火花切割用于导体材料，后两种则常用于半导体和陶瓷材料。

C 预减薄

预减薄的目的在于使圆片的中心区域进一步减薄，以确保在圆片的中心区域穿孔（其边缘附近区域可供观察）。通常用专业的机械研磨机进行预减薄，使中心区域剪薄至约为10μm厚，借助于微处理器控制的精密研磨有时可以获得电子束透明的厚度（小于1μm），有时也可以用化学方法进行预减薄。

D 终减薄

通常采用的终剪薄方法有两种，即电解抛光和离子减薄，不过电解减薄只能适用于导电产品，其特点是快捷和不产生机械损伤，所以被广泛用于金属和合金样品的制备。离子剪薄适用于难熔金属、硬质合金和不导电材料的样品制备，这种方法采用的设备相对复杂，减薄时间也较长，且减薄后期不易掌握。

2.6.1.2 离子减薄

离子减薄包括了用高能离子或中性原子轰击薄片试样，使试样中原子或分子被溅出试样表面，直到试样有足够大的、对电子束“透明”的薄区。

离子减薄装置包括试样室、真空系统、电器系统和离子枪等部分。氩气在离子枪中被离子化产生等离子体，在加速电压作用下等离子体通过阴极孔，等离子束以与试样表面一定的入射角轰击正在旋转的试样。这个过程在真空下进行，在氩气未进入之前，仪器的真空度保持在1.33×10^{-3}Pa以下，在氩气进入离子枪后，真空度保持在$1.33\sim1.33\times10^{-3}$Pa。

在离子减薄过程，除了电压、试样的温度和旋转速度、离子的类型（如Ar、He或反应性离子）和离子束入射角等需要控制和变化外，其他参量都是固定的。

通常情况下，加速电压采用4~6kV。入射离子束与试样表面的夹角（入射角）是一个重要的控制参量，在其他参量不变的条件下，它决定了等离子体穿透的深度和试样薄化速率。由于离子束总是会渗透到试样内部，离子穿透深度随离子入射角增大而增加。因此降低入射离子束与试样表面的夹角（入射角）可以减少这种渗透。此外，离子入射角越小，试样薄区面积越大，但相应减薄时间增加。通常选择15°~25°的入射角，但在这个角度减薄可能会导致成分减薄。采用小于等于5°可以避免择优减薄，但会引起靠近表面区域化学性质的变化和试样损伤。如果入射角小于5°，离子束的能量会积聚在试样表面区域。

实践中通常采用两个阶段减薄，在开始阶段，采用较高的入射角（大于10°），快速减薄；在第二阶段，即接近穿孔时，采用较低的入射角（小于10°），以增加薄区面积。

重离子的穿透性相对较低些，但增加试样损伤程度。较低的离子束能量或较低原子序数的离子引起试样的损伤较小，但减薄时间增加。目前绝大多数情况采用的是氩气，这是因为氩气是惰性气体，原子序数较高，且在大多数试样中不含有氩元素。在某些特殊情况下，如半导体材料，采用反应性碘或加入氧减薄，但反应性离子会污染和腐蚀减薄装置和扩散泵等。

离子束轰击试样会导致试样温度升高到200℃或更高，所以在减薄过程需要对试样进行冷却（多用液氮）。在这样温度下，即使是导热性好的金属由离子轰击产生的空位会引起试样扩散性组织变化。离子减薄会导致材料从试样的一个地方很容易地重新沉积到另一个地方，类似于SEM试样表面喷涂的离子喷除装置。

离子减薄除了可用于各种块状材料薄膜的减薄外，还可以用于纤维和粉末材料的减薄，但需要事先将纤维和粉末镶嵌在环氧树脂中制成薄片。在制备过程中，先将纤维或粉末粒子和环氧树脂混合，然后将混合物倒入铜管中，待环氧树脂完全固化，将装有环氧树脂混合物的铜管锯成3mm的薄片，然后研磨薄片并进行离子减薄至“电子透明”。

2.6.1.3 电解双喷抛光

电解抛光仅适用于导电材料的制备。与离子减薄相比，所用时间要短得多，而且试样不会产生机械损伤，但可能会引起试样表面化学性质的改变。此外，由于电解液都是腐蚀性很强的酸性溶液，在操作过程中要非常小心，需要采取一定的措施。

双喷电解抛光装置如图2-39所示，该装置由电解液容器、试样架、喷嘴、泵和计测仪表组成。电解抛光时会引起电解液温度升高，因此通常电解液容器放在一个水冷槽中。试样固定在一侧有铂丝环的塑料圆片卡具里，作为阳极，喷嘴内装有铂丝，作为阴极。两个喷嘴对准圆片中心，电解液通过泵加压循环流动，从喷嘴直射试样的两面。一旦试样穿孔，光敏元件输出的电讯号发出鸣叫同时自动切断电源，以防止薄区被破坏。然后迅速将试样取出，并用丙酮清洗干净，将穿孔的试样放在光学显微镜下检查。好的减薄效果是试样孔洞附近有较大的薄区，并且薄区表面十分光亮。

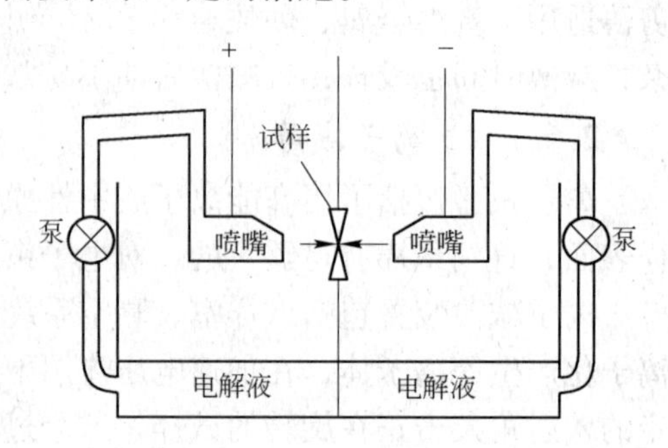

图2-39 电解双喷装置示意图

电解抛光所要控制的参量有外加电压、电解液类型、电解液温度、电解液喷射速度、抛光电流等。不同的材料需选择合适的电解液，这可以通过查询有关手册来确定，电压值选择的前提是由试样的阳极溶解形成的电流能够产生一个抛光表面，而不是腐蚀或产生蚀坑。图2-40（a）是电解抛光曲线，可见阳极和阴极之间的电流随外加电压增加而增大。在较低电压时，只有腐蚀而没有抛光，在较高电压下，试样产生蚀坑，最佳的电压是在c点处。图2-40（b）表明要获得一个理想的抛光表面，需要在电解液和试样表面之间形成一个黏滞性膜。由于电解双喷抛光法工艺规范，操作比较简单且稳定可靠，因此成为了现今应用最广的终减薄法。

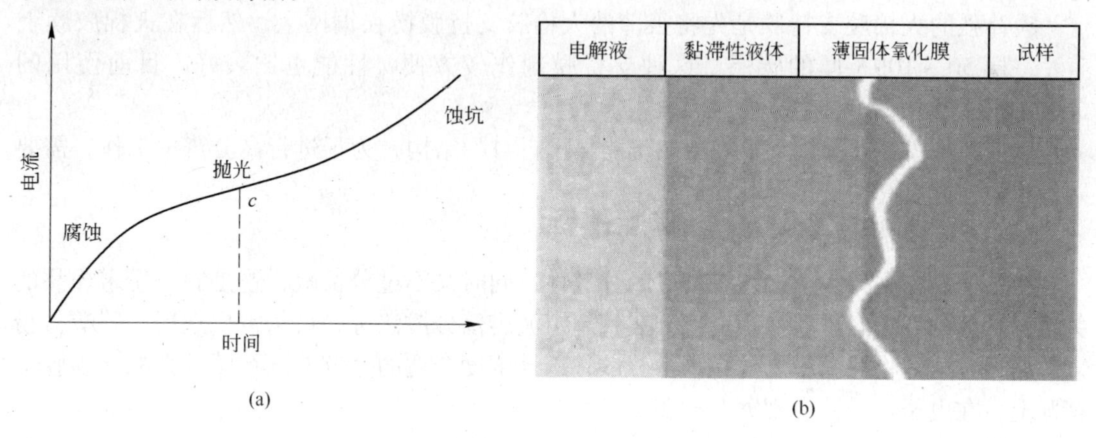

图 2-40 电解抛光曲线和理想抛光条件

（a）电解抛光曲线；（b）理想抛光条件

表 2-2 列出了最常用的电解减薄液的配方。

表 2-2 常用的电解减薄液的配方

材 料	电解抛光液成分	备 注
铝及其他合金	（1）1% ~20% $HClO_4$ + C_2H_5OH 其余 （2）8% $HClO_4$ +11% $(C_4H_9O)CH_2CH_2OH$ +79% C_2H_5OH +2% H_2O （3）40% CH_3COOH +30% H_3PO_4 +20% HNO_3 +10% H_2O	喷射抛光 -10 ~30℃ 电解抛光 15℃ 喷射抛光 -10℃
电解抛光铜和铜合金	（1）33% HNO_3 +67% CH_3OH （2）25% H_3PO_4 +25% CH_3OH +50% H_2O	喷射抛光或电解抛光 10℃
钢	（1）2% ~10% $HClO_4$ + C_2H_5OH 其余 （2）96% CH_3COOH +4% H_2O +200g/LCr_rO_3	喷射抛光，室温约 20℃ 电解抛光，65℃搅拌 1h
铁和不锈钢	6% $HClO_4$ +14% H_2O +80% C_2H_5OH	喷射抛光
钛和钛合金	6% $HClO_4$ +35% $(C_4H_9O)CH_2CH_2OH$ +59% C_2H_5OH	喷射抛光 0℃

2.6.1.4 粉末样品的制备技术

这种方法一般用于氧化物陶瓷材料。这种制备方法非常简单，表面污染小，可以看到几纳米非常薄的区域。但是这种方法仅适用于容易解离的样品。

A 支持膜的制备

粉末颗粒样品可以直接放在载样铜网的网格上，但为了避免样品从网孔中落下，可以在铜网上制备一层支持膜。支持膜要有一定的强度，对电子的透明性能好，并且不显示自身结构。支持膜的种类很多，常用的有火棉胶膜、碳膜、碳补强的火棉胶膜等。

火棉胶支持膜的制备方法是将一滴火棉胶的醋酸异戊酯溶液（1% ~2%）滴在蒸馏水表面上，在水面形成厚度为 200 ~300Å 的薄膜，将膜捞出放在载样铜网上即可。这种支持膜透明性好，但在电子轰击下易损坏。

碳支持膜是在真空镀膜机中蒸发碳，形成约 100Å 厚的膜，再设法捞在铜网上。碳膜的使用性能较好，但捞膜却比较困难。

碳补强的火棉胶支持膜是先将很薄的火棉胶支持膜捞在铜网上，然后在火棉胶膜上蒸发一层50～100Å厚的碳层。这种支持膜制作较方便，性能也比较好，目前使用的最多。

以上几种膜在高分辨率下观察时仍能显示自身的结构，为了进行高分辨率工作，需要制备其他性能更好的支持膜。

B　样品的分散

粉末样品在支持膜上必须有良好的分散性，同时又不过分稀疏，这是制备粉末样品的关键，具体的方法有悬浮液法、喷雾法、超声波震荡分散法等，可依需要选用。碳酸盐粉末的制样方法是将样品粉末放在水中分散，选择浓度合适的分散液滴在碳补强的火棉胶支持膜上，在电子显微镜中观察并拍照。

C　重金属的投影

有些样品，尤其是由轻元素组成的有机物、高分子聚合物等样品对电子的散射能力差，在电子图像上形成的衬度很小，不易分辨，可以采用重金属投影来提高衬度。投影工作在真空镀膜机中进行，选用某种重金属材料（如Ag、Cr、Ge、Au或Pt等）作为蒸发源，金属受热后成原子状态蒸发，以一定倾斜角投到样品表面，由于样品表面凹凸不平，形成了与表面起伏状况有关的重金属投影层。由于重金属的散射能力强，投影层与未蒸金属部分形成明显的衬度，增加了立体感。

2.6.2　间接样品的制备（表面复型法）

由于大块样品不能够直接放到电子显微镜中观察，而把样品制备成薄膜的方法又有许多局限性，因此常常选用适当的材料将样品表面的形貌复制下来，再将薄膜复制品在电子显微镜中进行观察研究，这就是表面复型方法，其原理与侦破案件时用石膏复制罪犯鞋底花纹相似。制备复制的样品应具备以下条件：

（1）复型材料本身必须是非晶态材料，这是由于晶体在电子束照射下，某些晶面将发生布拉格衍射，衍射产生的衬度会干扰复型表面形貌的分析；

（2）复型材料的粒子尺寸必须很小，复型材料的粒子越小，分辨率就越高，例如用碳作复型材料时，碳粒子的直径很小，分辨率可达2nm左右，而采用塑料作复型材料时由于塑料分子的直径比碳粒子大很多，因此它只能分辨直径比10～20nm大的组织细节；

（3）复型材料的性能应满足之前所述对样品性能的要求。

2.6.2.1　一级复型

一级复型有两种，即塑料一级复型和碳一级复型。

A　塑料一级复型

图2-41是塑料一级复型的示意图。在已制备好的金相样品或断口样品上滴几滴体积浓度为1%的火棉胶醋酸戊酯溶液或醋酸纤维素丙酮溶液，待溶液在样品表面展平，多余的溶液用滤纸吸掉，待溶剂蒸发后样品表面即留下一层100nm左右的塑料薄膜。把这层塑料薄膜小心地从样品表面上揭下来，剪成对角线小于

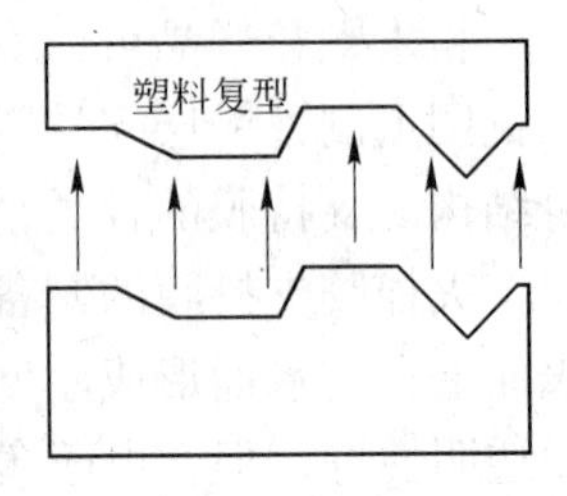

图2-41　塑料一级复型

3mm 的小方块后，就可以放在直径为 3mm 的专用铜网上，进行透射电子显微分析。从图 2-41 中可以看出，这种复型是负复型，也就是说样品上凸出部分在复型上是凹下去的。在电子束垂直照射下，负复型的不同部分厚度是不一样的，根据质厚衬度的原理，厚的部分透过的电子束弱，而薄的部分透过的电子束强，从而在荧光屏上造成了一个具有衬度的图像。在分析金相组织时，这个图像和光学金相显微镜组织之间有着极好的对应性。

B　碳一级复型

为了克服塑料一级复型的缺点，在电子显微镜分析时常采用碳一级复型，图 2-42 为碳一级复型的示意图。制备这种复型的过程是直接把表面清洁的金相样品放入真空镀膜装置中，在垂直方向上向样品表面蒸镀一层厚度为数十纳米的碳膜。蒸发沉积层的厚度可用放在金相样品旁边的乳白瓷片的颜色变化来估计。在瓷片上事先滴一滴油，喷碳时油滴部分的瓷片不沉积碳而基本保持本色，其他部分随着碳膜变厚渐渐变成浅棕色和深棕色。一般情况下，瓷片呈浅棕色时，碳膜的厚度正好符合要求。把喷有碳膜的样品用小刀划成对角线小于 3mm 的小方块，然后把此样品放入配好的分离液内进行电解或化学分离。电解分离时，样品通正电做阳极，用不锈钢平板做阴极。不同材料的样品选用不同的电解液、抛光电压和电流密度。分离开的碳膜在丙酮或酒精中清洗后便可置于铜网上放入电子显微镜观察。化学分离时，最常用的溶液是氢氟酸双氧水溶液。碳膜剥离后也必须清洗，然后才能进行观察分析。

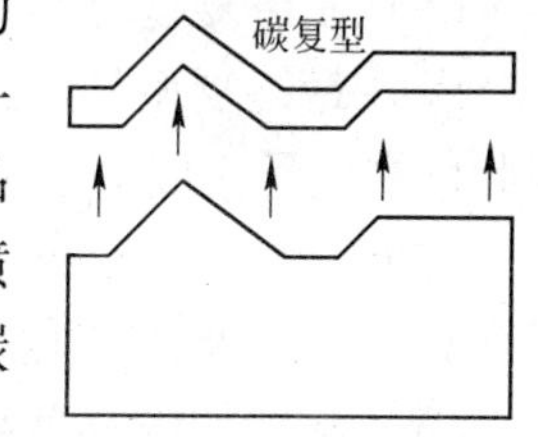

图 2-42　碳一级复型

比较塑料一级复型和碳一级复型的特点，可发现二者存在如下不同之处：首先，碳膜的厚度基本上是相同的，而塑料膜上有一个面是平面，膜的厚度随试样的位置而异；其次，制备塑料一级复型不破坏样品，而制备碳复型时，样品将遭到破坏；第三，塑料一级复型因其塑料分子较大，分辨率较低，而碳粒子直径较小，故碳复型的分辨率可比塑料复型高一个数量级。

氧化膜复型和碳一级复型相类似，这种方法是在样品表面人为地造成一层均匀的氧化膜，把这层氧化膜剥离下来，也能真实地反映样品表面的浮凸情况。氧化膜复型的分辨率介于碳一级复型和塑料一级复型之间。因氧化膜复型只能对某些金属和合金适用，对于产生疏松氧化膜的金属和合金就无法得到完整的复型，因此这种方法目前已不大采用。

2.6.2.2　二级复型(塑料-碳二级复型)

二级复型是目前应用最广的一种复型方法。它是先制成中间复型（一次复型），然后在中间复型上进行第二次碳复型，再把中间复型溶去，最后得到的是第二次复型。醋酸纤维素（AC 纸）和火棉胶都可以作中间复型。

图 2-43 为二级复型制备过程的示意图，图 2-43（a）为塑料中间复型，图 2-43（b）为在揭下的中间复型上进行碳复型。为了增加衬度可在倾斜 15°~45°的方向上喷镀一层重金属，如 Cr、Au 等（称为投影）。一般情况下，是在一复型上先投影重金属再喷镀碳膜，但有时也可喷投次序相反，图 2-43（c）为溶去中间复型后的最终复型。

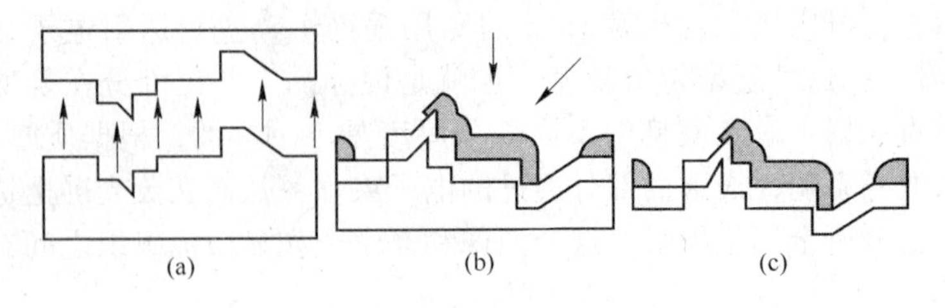

图2-43 塑料-碳二级复型

塑料-碳二级复型的特点是：

（1）制备复型时不破坏样品的原始表面；

（2）最终复型是带有重金属投影的碳膜，这种复合膜的稳定性和导电导热性都很好，因此，在电子束照射下不易发生分解和破裂；

（3）虽然最终复型主要是碳膜，但因中间复型是塑料，所以，塑料－碳二级复型的分辨率和塑料一级复型相当；

（4）最终的碳复型是通过溶解中间复型得到的，不必从样品上直接剥离，而碳复型是一层厚度约为10nm的薄层，可以被电子束透过。

由于二级复型制作简便，因此它是目前使用最多的一种复型技术。

2.6.2.3 萃取复型

在需要对第二相粒子形状、大小和分布进行分析的同时对第二相粒子进行物相及晶体结构分析时，常采用萃取复型的方法，图2-44是萃取复型的示意图。这种复型的方法和碳一级复型类似，只是金相样品在腐蚀时应进行深腐蚀，使第二相粒子容易从基体上剥离。此外，进行喷镀碳膜时，厚度应稍厚，约20nm左右，以便把第二相粒子包络起来。蒸镀过碳膜的样品用电解法或化学法溶化基体（电解液和化学试剂对第二相不起溶解作用），因此带有第二相粒子的萃取膜和样品脱开后，膜上第二相粒子的形状、大小和分布仍保持原来的状态。萃取膜比较脆，通常在蒸镀的碳膜上先浇铸一层塑料背膜，待萃取膜从样品表面剥离后，再用溶剂把背膜溶去，由此可以防止膜的破碎。在萃取复型的样品上可以在观察样品基体组织形态的同时，观察第二相颗粒的大小、形状及分布，对第二相粒子进行电子衍射分析，还可以直接测定第二相的晶体结构。

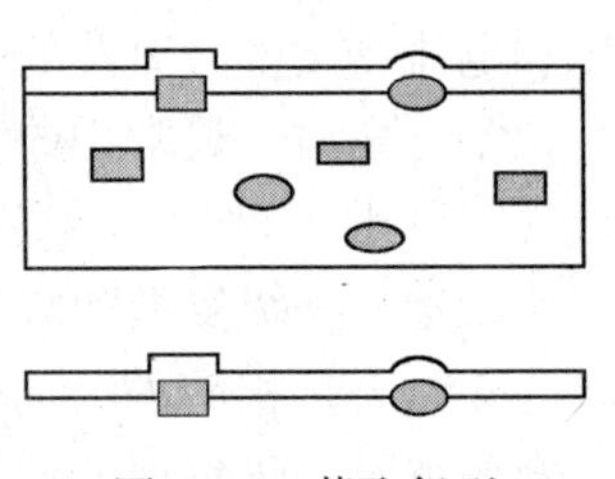
图2-44 萃取复型

2.7 透射电子显微镜分析实例

2.7.1 碳钢的透射电子显微镜分析

图2-45为耐候钢（0.1C-0.95Mn-0.35Si-0.1P-0.02Ti-0.02V-0.30Cu-0.9Cr）控轧控冷后的TEM照片，热加工工艺参数为：开轧温度为970℃；终轧温度为845℃；卷取温度为725℃。可以看出，在马氏体板条之间存在黑色条状形貌，如图2-45（a）所示。对黑色条状形貌进行电子衍射分析（图2-45（b）），标定后可以证实该组织是残余奥氏体。

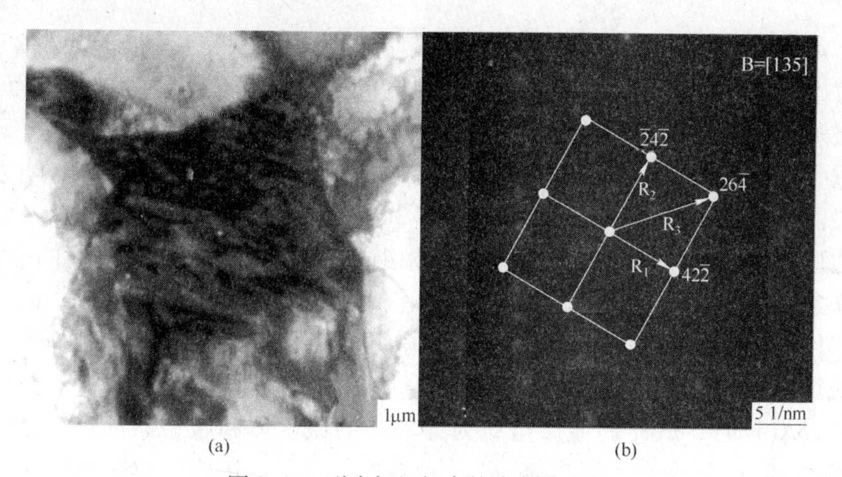

(a) (b)

图 2-45 耐火钢组织中的残余奥氏体

从图 2-46 中可见，在铁素体基体内存在大量位错，并且位错线上有纳米尺寸的析出物，这些析出物可对位错的移动起到钉扎的作用。通过能谱结果分析可以进一步确定析出物的组成，如图 2-47 所示。

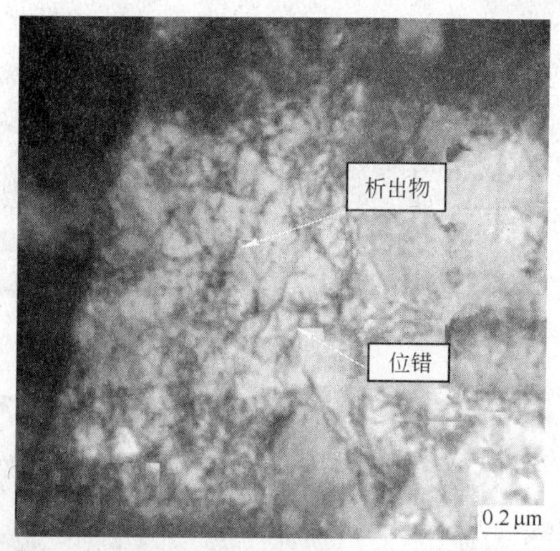

图 2-46 耐候钢的铁素体基体上的位错和析出物

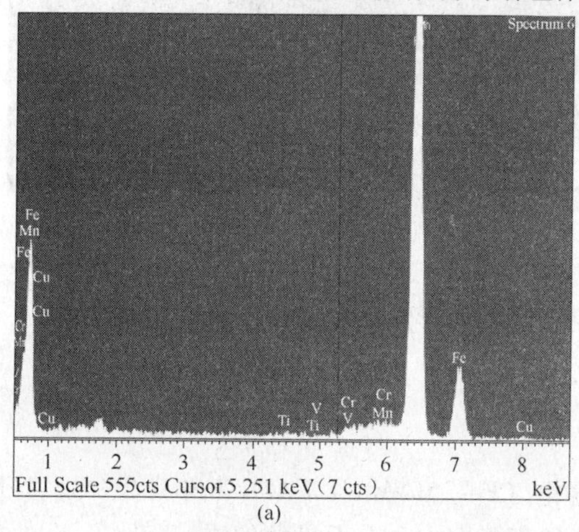

(a)

成分	质量分数/%	原子分数/%
TiK	0.42	0.49
VK	−0.01	−0.01
CrK	1.02	1.10
MnK	−0.09	−0.09
FeK	98.29	98.19
CuK	0.36	0.32
总计	100.00	

(b)

图 2-47 基体上 A 点的能谱分析结果及合金元素的含量

图2-47（a）和图2-47（b）分别给出了铁素体基体上析出物的能谱和各合金元素的含量。可以发现析出物中有Ti元素的富集，可以认为析出物是Ti的碳氮化物，这些弥散的纳米级颗粒的析出可提高实验钢的强度。

文献［18］的研究中发现，低碳硅锰钢（0.077C-0.56Si-1.43Mn）通过控制轧制以及两阶段的控制冷却工艺（第Ⅰ阶段为15～30℃/s；第Ⅱ阶段为40～60℃/s），可获得具有准多边形/等轴铁素体和贝氏体组织的双相钢。热轧过程中，终轧温度的变化使实验钢组织中铁素体的形貌发生了明显的变化。当终轧温度FRT（Finish rolling temperature）为860℃（计算的A_{e_3}为848℃）时，试样的显微组织为不规则形状的准多边形铁素体和板条状的贝氏体，如图2-48（a）和图2-48（b）所示。当终轧温度为770℃（在2℃/s下测量的A_{r_3}为735℃）时，试样的显微组织为等轴状的铁素体和板条状的贝氏体，如图2-48（c）和图2-48（d）所示。图2-48（b）和图2-48（d）中贝氏体铁素体的板条宽度约为0.5～1μm，这种微细化的板条组织可以有效地提高实验钢的强度和韧性。

(a) (b) (c) (d)

图2-48 碳钢的TEM组织

2.7.2 高锰钢的透射电子显微镜分析

图2-49、图2-50和图2-51是高锰钢（Fe-25%Mn-1%Al-1%Si-0.2%C）经固溶处理后的TEM照片。从图2-49中可以观察到高锰钢中含有大量的位错。

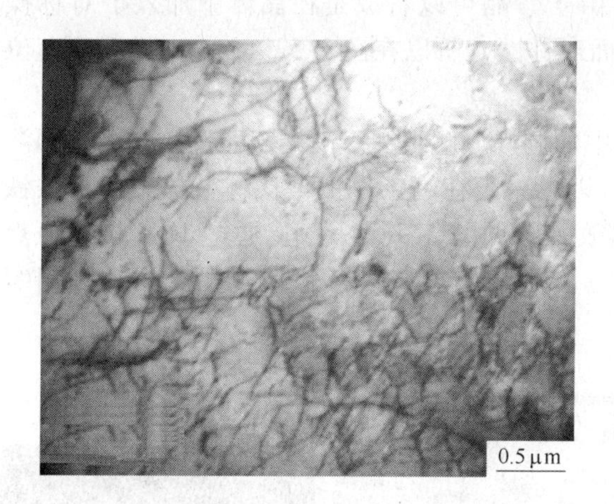

图 2-49 高锰钢中的位错

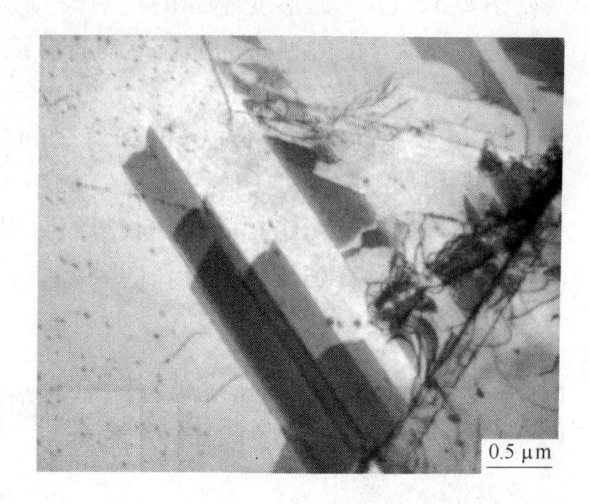

图 2-50 高锰钢中的层错

层错是一种常见的平面型缺陷，它通常出现在密排结构晶体中，当密排面堆垛顺序遭到了破坏便形成层错。在面心立方晶体中，经常可以观察到层错。从图 2-50 中可以看出，层错的基本特征为平行于层错面与膜面交线的明暗相间的条纹。

退火孪晶是在晶粒长大的过程中形成的。当晶粒通过晶界迁移而长大时，原子层在角隅处形成了退火孪晶，退火孪晶通过大角度的迁移而长大。如图 2-51 所示为高锰钢中的退火孪晶。

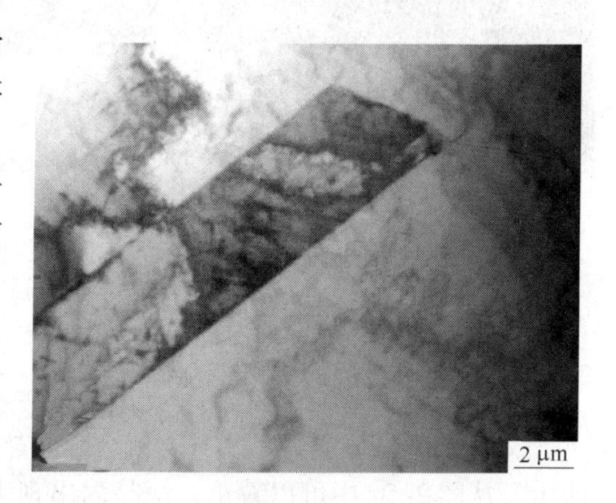

图 2-51 高锰钢中的退火孪晶

图 2-52（a）为高锰钢经过拉伸变形后的微观组织的透射照片。从图中可以看出，高锰钢试样经过拉伸变形后，基体内产生了大量的形变孪晶。

(a)

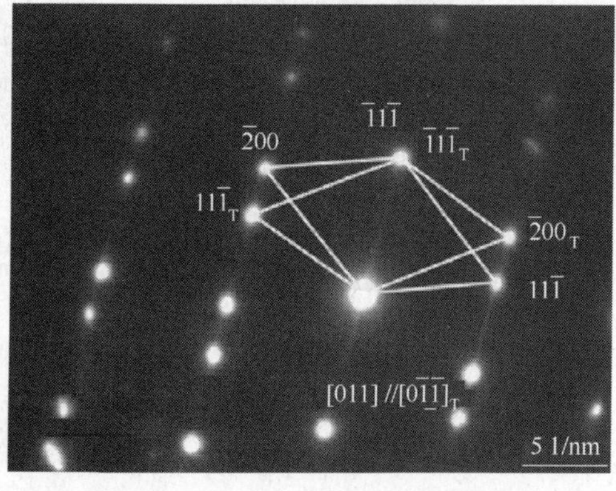

(b)

图 2-52 高锰钢中的形变孪晶

图2-52（b）为形变孪晶的衍射斑点，由于孪晶可以看成是在晶体中加入了对称操作，进而导致孪晶界两边的晶体结构具有镜面对称性，所以在图2-52（b）中呈现两套位向不同的衍射斑点。

图2-53是高锰钢（Fe-18Mn-3Al-3Si）中的调幅分解组织。高锰钢经过热轧后，固溶处理时采用炉冷的冷却方式。从图2-53中可以看出，在高锰钢的奥氏体基体上，板条铁素体中出现周期性明暗相间的块状组织（其放大图见图2-53（b））。通过TEM衍射斑点分析，发现其存在超点阵斑点（图2-53（c）），说明炉冷时实验钢中体心立方铁素体组织发生了调幅分解。

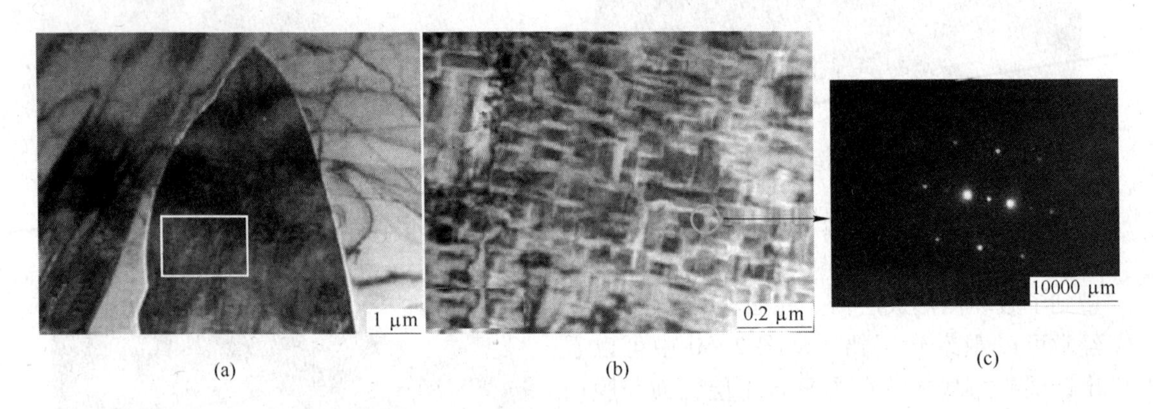

图2-53 高锰钢的调幅分解现象

2.7.3 有色合金的透射电子显微镜分析

文献［19］研究显示，TC4钛合金经超塑拉伸变形后，α相的变形组织形貌如图2-54所示。从图2-54中可以看出，α晶内出现大量位错（图2-54（a）），而且α晶内也出现了亚晶界（图2-54（b））。

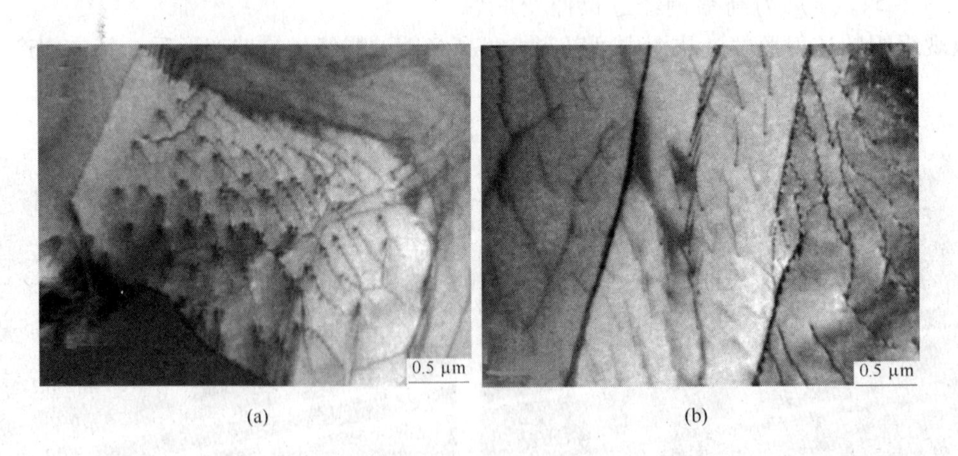

图2-54 TC4合金拉伸后的TEM显微组织照片

（a）位错；（b）亚晶

文献［20］报道的AZ80镁合金经等通道挤压（ECAP，Equal Channel Angular Pressing）后的组织形貌如图2-55所示。从图中可以看出，在室温下ECAP挤压一道次后材料内形成孪晶和等轴晶，孪晶内积累了大量的位错，位错之间相互缠结形成更小的位错胞。从图2-55（a）中还可以看出：孪晶内与基体内的位错密度相差较大，在孪晶内易形成位错胞。同时，在室温挤压一道次后晶粒也出现超细等轴晶，如图2-55（b）所示。在细化后的等轴晶粒中，同样存在位错密度不均匀的现象。

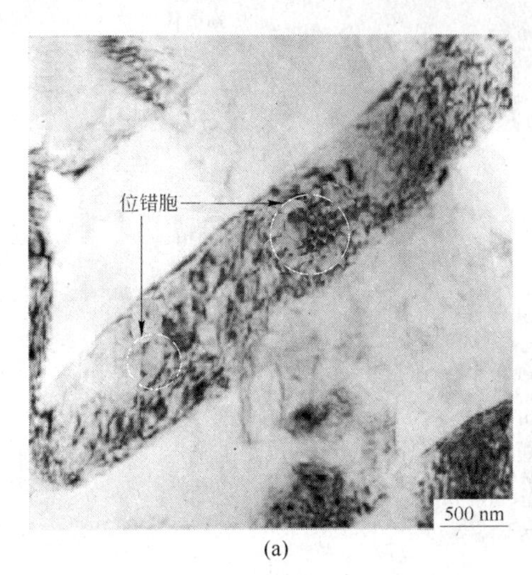

(a)

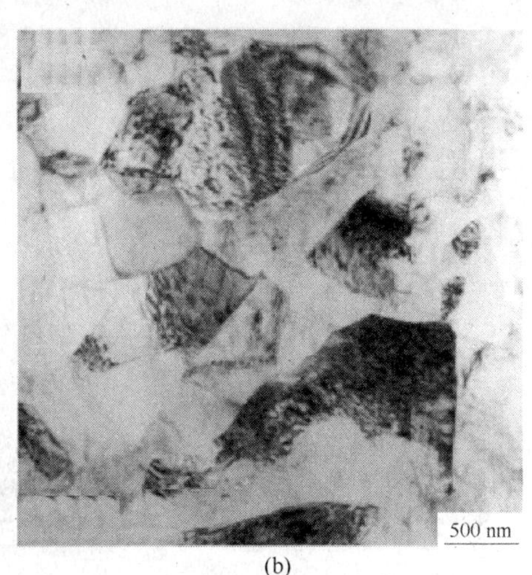

(b)

图2-55 AZ80镁合金挤压一道次后材料内形成的孪晶及等轴晶
（a）孪晶；（b）等轴晶

图2-56为文献［22］研究铝合金（成分为Al-0.9Mg-1.0Si-0.7Cu-0.6Mn）的3种状态和试样拉伸变形后TEM照片。由图可见，3种试样基体中均存在大量合金相粒子。图2-56（a）和（b）所示为固溶态与T4态（固溶处理后再充分自然时效处理）试样基体中合金相粒子的尺寸及分布大致相似，均为几十或几百纳米的点状合金相粒子。它们应该是在合金铸锭均匀化处理过程中析出的含Al和Mn的弥散相（dispersoid）。而退火态（图2-56（c）和（d））合金薄板中除了存在大量尺寸为几十或几百纳米的点状弥散相粒子外，还存在大量尺寸为微米级的主要含Al、Mg、Si、Cu的短棒状合金相，它们是退火过程中平衡析出的析出相（precipitate）。图2-56（d）显示了在经$\varepsilon=1\%$拉伸变形后的退火态试样中观察到位错绕过析出相粒子后并留下位错环。3种试样显微组织的差别明显。

2.7.4 复合材料的透射电子显微镜分析

图2-57是通过透射电子显微镜分析了退火热处理对冷轧Cu/Al/Cu复合板界面组织与结构的影响。图2-57（a）为复合板Cu层的亮场TEM显微组织（插入图为变形后Cu的选区电子衍射斑）；图2-57（b）为图2-57（a）中孪晶带的放大图（插入部分为孪晶带的选区电子衍射斑）；图2-57（c）为图2-57（b）中沿着［011］轴的HREM图（在孪晶界位置用斜线标出了位错，在孪晶层之间用黑箭头标出了位错）；图2-57（d）为Al层纳米晶粒的亮场TEM显微组织（插入图为Al纳米晶粒的选区电子衍射斑）。

以上内容针对不同的材料，扼要地介绍了透射电子显微镜的功能以及相应的样品分析

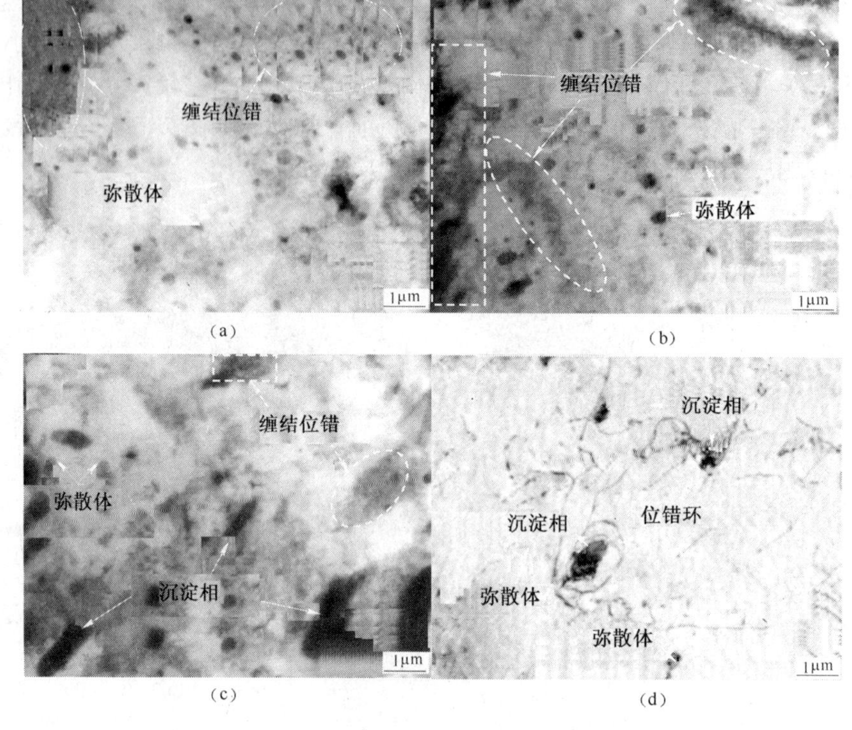

图2-56 不同状态铝合金的TEM显微组织

(a) 固溶态；(b) T4态；(c) 退火态；(d) 退火态拉伸变形1%后

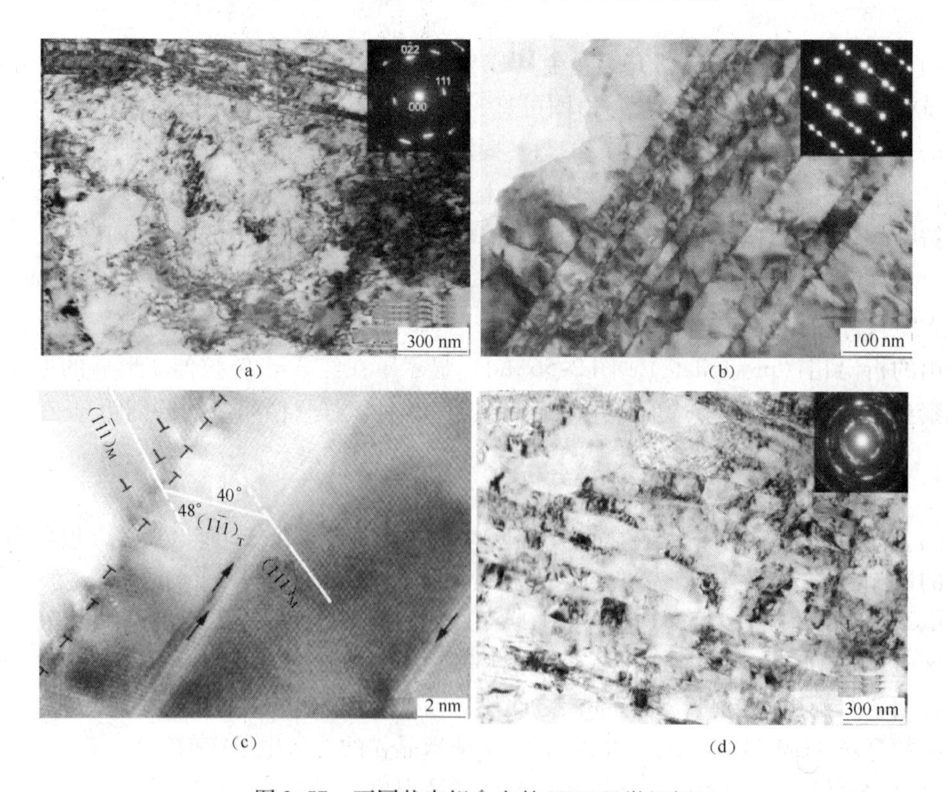

图2-57 不同状态铝合金的TEM显微组织

与图像解读。图 2-58 ~ 图 2-77 为作者收集到的一些具有典型形貌特征的金属材料组织和缺陷衍射照片，供读者参考。

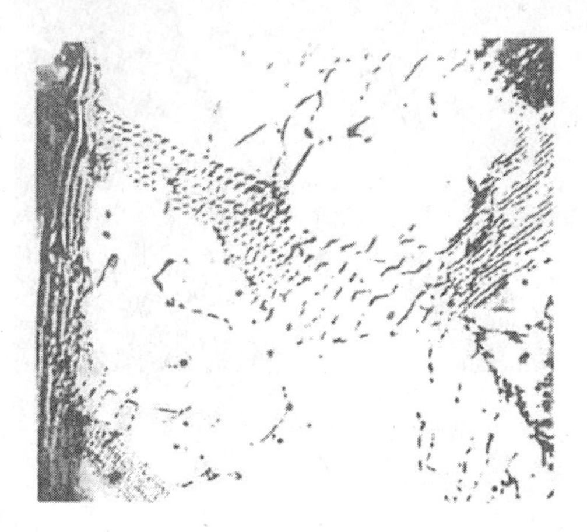

图 2-58 位错明场像

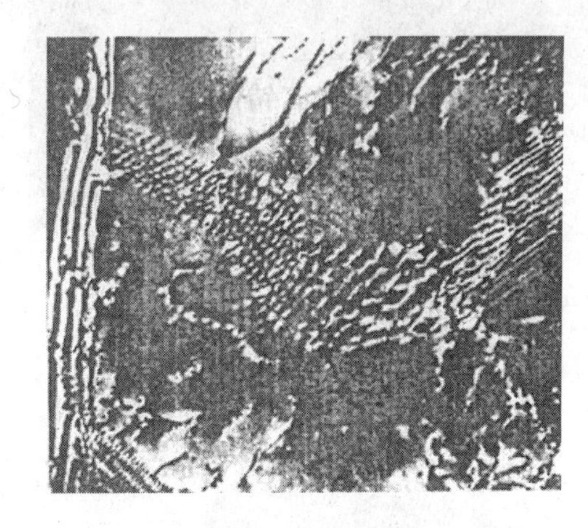

图 2-59 位错暗场像

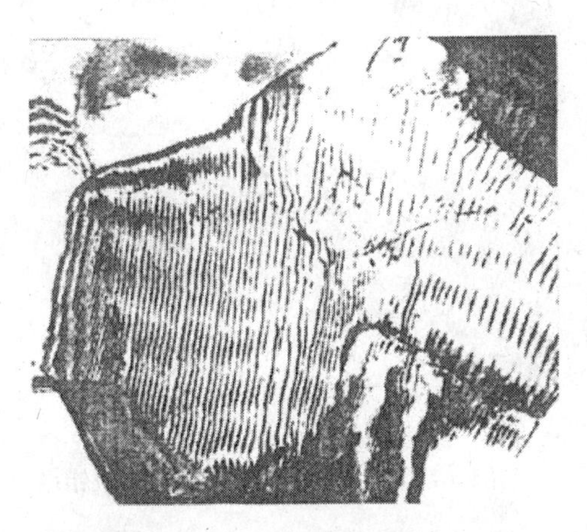

图 2-60 Al 合金中晶内列状分布的位错

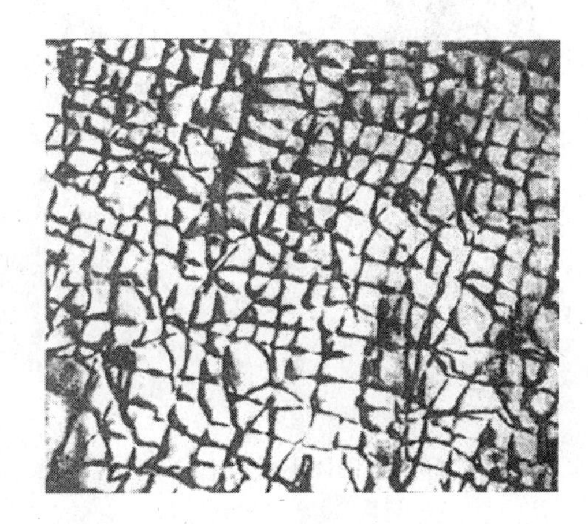

图 2-61 α-Fe 中网格状分布的位错

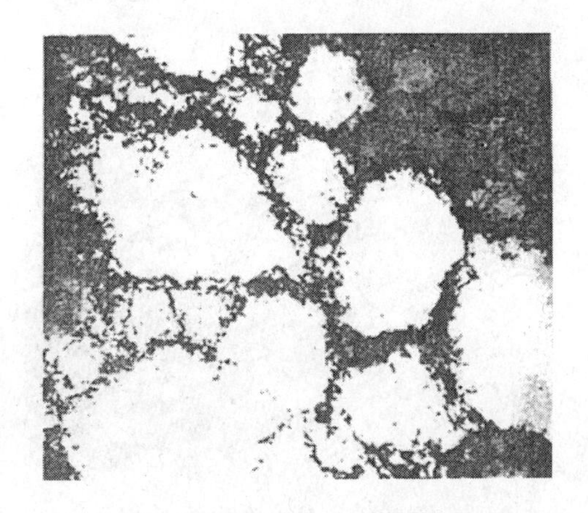

图 2-62 Ni 合金中胞状位错

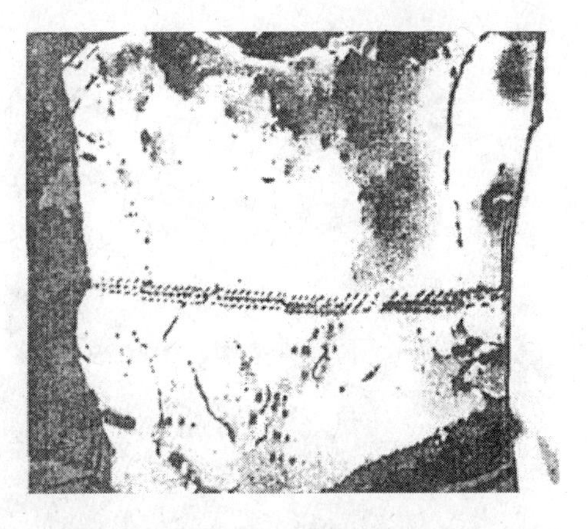

图 2-63 亚晶界位错

图2-64 晶界处的位错塞积

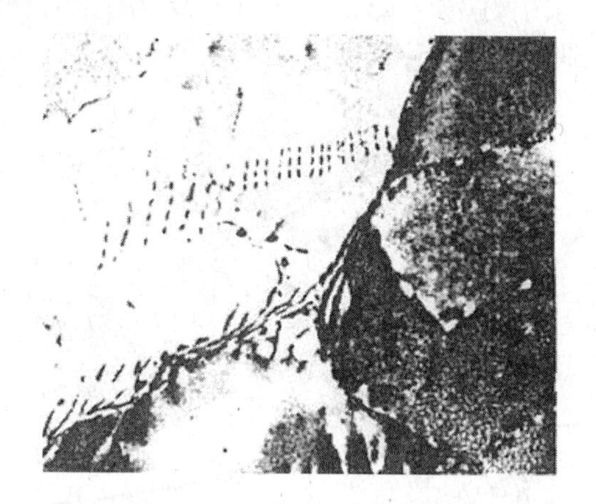

图2-65 亚晶界处的位错塞积

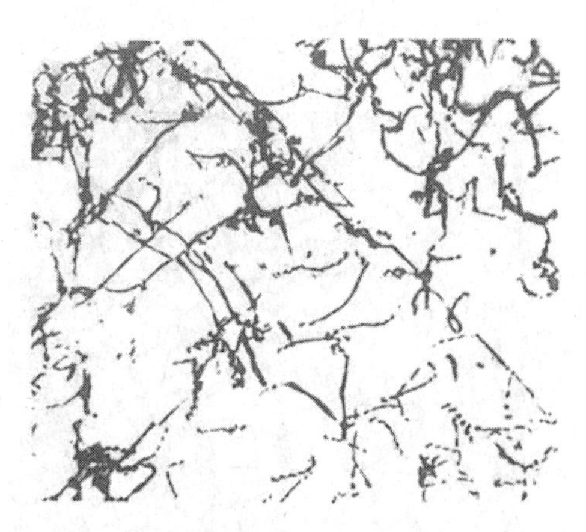

图2-66 奥氏体不锈钢中的不全位错

图2-67 奥氏体不锈钢中的扩展位错结

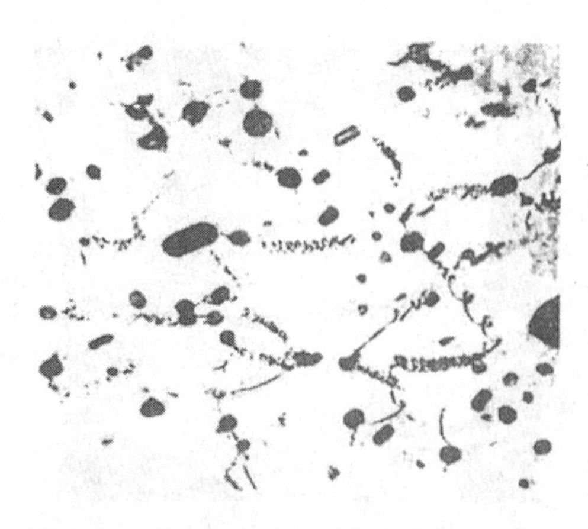

图2-68 第二相粒子与蜷线位错的交互作用

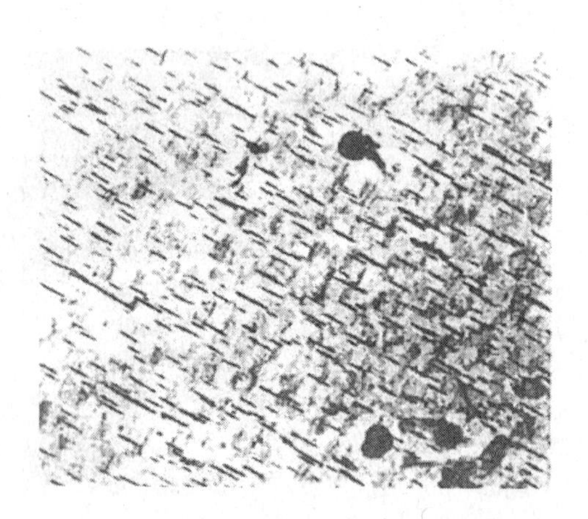

图2-69 Al合金中的θ'相

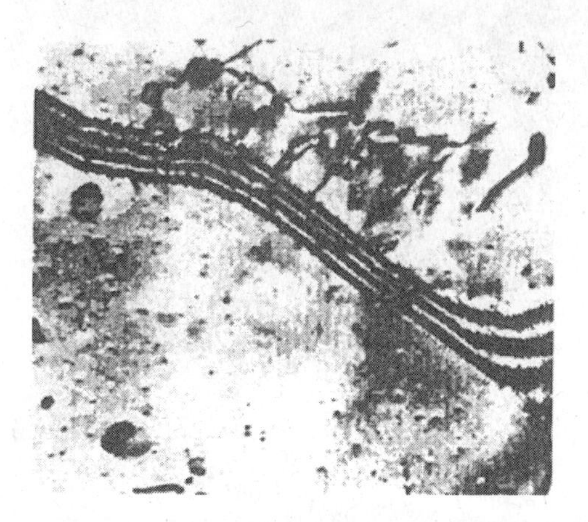

图 2-70 Al 合金中的 δ 边界（明场像）

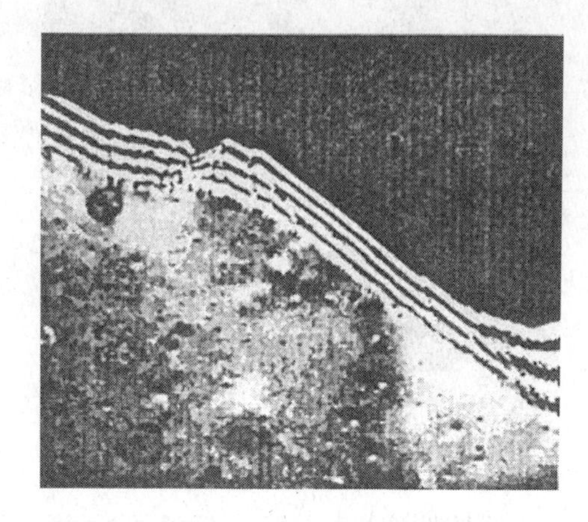

图 2-71 Al 合金中的 δ 边界（暗场像）

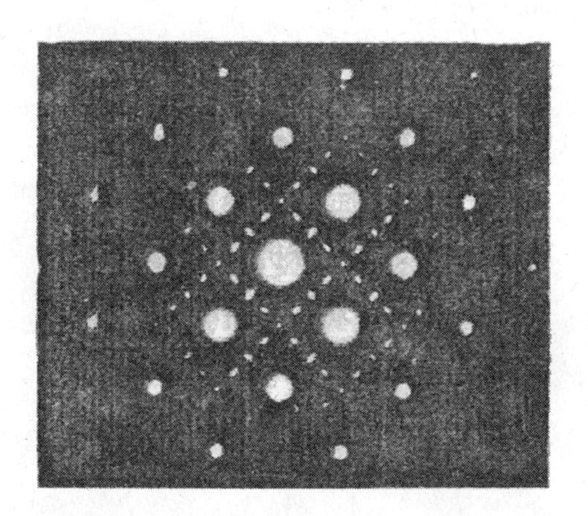

图 2-72 Ni 高温合金中基体和 r'' 相的衍射图

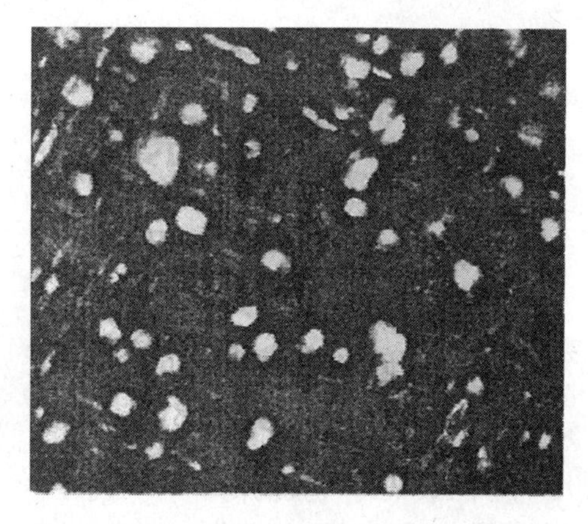

图 2-73 r'' 相的暗场像

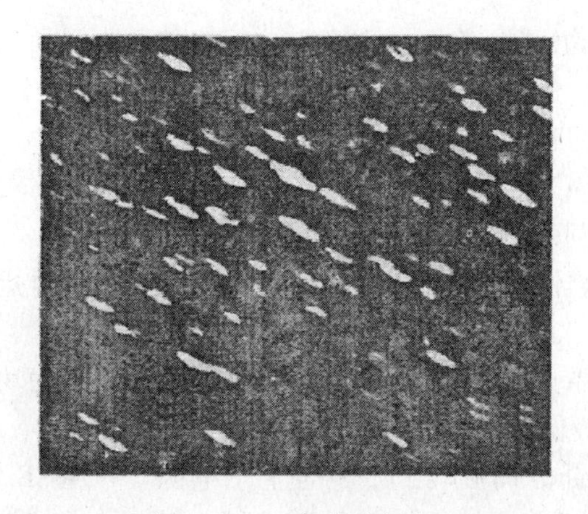

图 2-74 r'' 相的暗场像

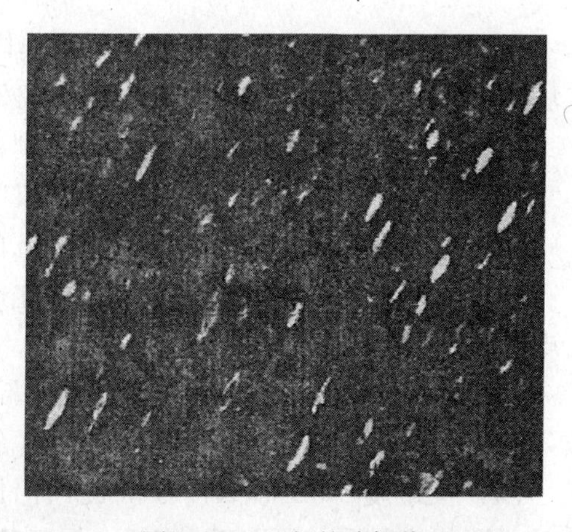

图 2-75 r'' 相的暗场像

图2-76 Ni基高温合金中的片状δ相

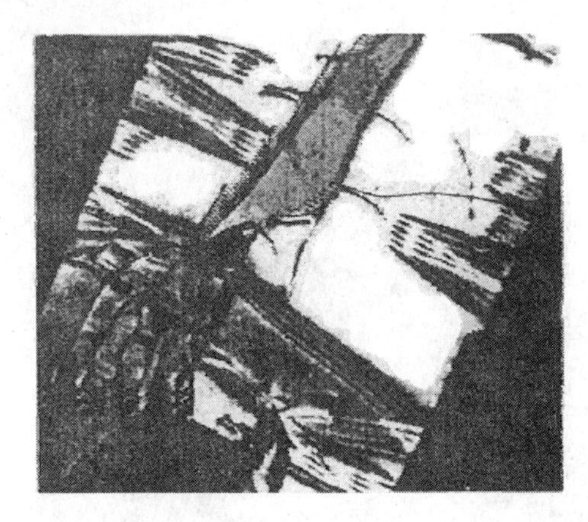

图2-77 Ni-Ti合金中的析出相及界面结构位错

实验2 透射电子显微镜实验样品制备

实验目的及要求

1. 掌握金属薄膜样品的制备方法。
2. 掌握电解抛光的操作技巧及注意事项。

实验条件

仪器设备：

MTP-1A型磁力驱动双喷射电解减薄器。该仪器结构合理、操作方便，能确保在金属薄片中心区域获得较大的薄片。

实验材料：Al-4%Cu合金。

实验步骤

用于透射电子显微镜观察的金属薄膜样品厚度要求在50~200nm之间，将薄膜样品从大块样品上直接截取下来，然后研磨、减薄。

（1）首先用电火花切割机或低速金刚石锯切割厚度0.3~0.5mm的金属试样；

（2）通过手工研磨将金属试样研磨成厚度约为0.05mm的金属薄片；

（3）用冲片器将金属薄片冲成ϕ3mm的小圆片；

（4）如果有精密凹坑研磨仪，最好先用凹坑仪在小圆片中心研磨一个凹坑，然后再进行电解减薄；

（5）仔细地把需要减薄的金属薄片嵌入样品夹白金电极凹槽中，用镊子夹住双斜面块放入样品夹，推下斜面压杆使小圆片与白金电极保持良好的接触；

（6）灵敏度“SENSITIVITY”旋钮沿顺时针方向旋转到底，合上总电源“POWER”开关，调节喷射泵“PUMP”旋钮，使双喷嘴射出的相向电解液柱相接触，在两个喷嘴之间形成一个直径数毫米的小水盘；

（7）样品夹插到电解槽中，电解抛光电源的阳极（红色夹子）接到样品夹侧面的接线柱上；

（8）灵敏度"SENSITIVITY"旋钮调节到中心位置或逆时针方向旋转到底（0），该位置穿孔报警灵敏度最高；

（9）合上电解抛光电源"POLISH"开关，顺时针方向旋转抛光电源"DC POWER"旋钮，把电解抛光电压和电流调到所需要的数值；

（10）按照表 2-3 最佳的电解液浓度、温度以及抛光电压和电流值确定后，抛光可继续进行至穿孔报警声响。一旦金属薄片抛光减薄出现穿孔，光导控制系统会断续地自动切断电解抛光电源和磁力泵电源，而且会发出报警声。此时应立即关闭总电源"POWER"，迅速取出样品夹，放到无水酒精中浸洗，然后取出双斜面压块，用镊子夹住金属小圆片放到清洁的无水酒精中浸洗。

表 2-3　金属材料 MTP-1 双喷电解减薄仪电解抛光规范

材　　料	溶液配方	使用条件
铝及铝合金	30% 硝酸 +70% 甲醇，(25 ~ 30)℃ 20% 高氯酸 - 醋酸，室温	10 ~ 20V，80 ~ 100mA
铜及铜合金	3% ~ 5% 高氯酸 - 酒精，(30 ~ 40)℃	50 ~ 75V，20 ~ 30mA
碳钢及低合金钢	5% 高氯酸 - 酒精，(20 ~ 30)℃	75 ~ 100V，50 ~ 75mA
不锈钢	5% 高氯酸 - 酒精，(20 ~ 30)℃	75 ~ 100V，50 ~ 75mA

思考题

研磨、双喷减薄过程会对金属材料的微观结构及成分造成何种影响？

实验报告

简述双喷电解法制备金属薄膜样品的工艺过程及注意事项。

实验 3　透射电子显微镜分析实验

实验目的及要求

1. 了解透射电子显微镜的基本结构、工作原理及操作过程。
2. 通过实际样品的形貌观察及选区衍射测试，掌握透射电子显微镜的应用。

实验条件

仪器设备：美国 FEI 公司生产的 TECNA1 G20 透射电子显微镜，配有 CCD 相机，能谱仪 EDS。

设备主要参数如下所示：
点分辨率：0.235nm；
线分辨率：0.144nm；
加速电压：20 ~ 200kV；
放大倍数：20000 ~ 1000000；
附件：CCD 相机、X 射线能谱仪 EDS；
实验样品：Q345R 低合金钢。

实验步骤

1. 样品的一般要求：
(1) 样品需置于直径为 2 ~ 3mm 铜制载网上；
(2) 样品必须很薄，使电子束能够穿透，一般厚度为 100nm 左右；
(3) 样品应是固体，不能含有水分及挥发物；
(4) 样品应有足够的强度和稳定性，在电子线照射下不至于损伤或发生变化；
(5) 样品及其周围应是非常清洁，以免污染而造成对像质的影响。
2. 透射电子显微镜的操作步骤：
(1) 开机顺序：合上总电源闸刀，开启电子交流稳压器，电压指示应为 220V；开启循环水，温度指示应为 15 ~ 20℃→开启主机真空开关→约 20min 后，待高真空指示灯及照相室指示灯亮；
(2) 工作程序：开启主机电源开关，待荧光屏显示操作数据后再进行下一步→逐级加高压至所需电压，每加一级高压，必须等高压表中指示针停止摆动才能加下一级。如指示针移出量程，必须从最低一级加起→根据说明书的操作要求进行观察、换样和拍照，并做好实验记录及仪器使用记录；
(3) 关机顺序：关灯丝电流→关高压→关主机电源开关→关真空开关→20min 后，关循环水和电子交流稳压器开关→关闭总电源。

思考题

1. 试述金属薄膜的衍射成像原理。
2. 物镜光阑和选区光阑分别在电镜的什么位置，它们各具有什么功能？

实验报告

1. 简述高分辨率透射电子显微镜及 EDX 谱线分析仪的构造、工作原理及性能特点。
2. 简单说明所观察试样的组织特征。

参考文献

[1] David Williams B, Barry Carter C. Transmission Electron Microscopy [M]. New York and London: Plenum Press, 1996.
[2] 孟庆昌. 透射电子显微镜 [M]. 哈尔滨：哈尔滨工业大学出版社，1997.

[3] 刘文西，黄孝瑛，陈玉如．材料结构电子显微分析［M］．天津：天津大学出版社，1989.
[4] 吴杏芳，柳得橹．电子显微分析实用方法［M］．北京：冶金工业出版社，1998.
[5] 左演声，陈文哲，梁伟．材料现代分析方法［M］．北京：北京工业大学出版社，2000.
[6] Head A K，Humble P，Clarebrough L M，et al. Computed electron micrographs and defect identification［M］．Amsterdam：North-Holland，1976.
[7] Forwood C T，Clarebrough L M. Electron microscopy of interfaces in metals and alloys［M］．New York：Adam Hilger，1991.
[8] 朱静，叶恒强，王仁卉，等．高空间分辨电子显微学［M］．北京：科学出版社，1987.
[9] 郭可信，叶恒强．高分辨电子显微学在固体科学中的应用［M］．北京：科学出版社，1985.
[10] Spence J C H. Experimental high-resolution electron microscopy［M］．2nd ed. Oxford，United Kingdom：Oxford University Press，1988.
[11] 进藤大辅，平贺贤二．材料评价的高分辨电子显微方法［M］．刘安生，译．北京：冶金工业出版社，1998.
[12] 常铁军，祈欣，刘喜军，等．材料近代分析测试方法［M］．哈尔滨：哈尔滨工业大学出版社，2005.
[13] 黎兵．现代材料分析技术［M］．北京：国防工业出版社，2008.
[14] 谈育煦，胡志忠．材料研究方法［M］．北京：机械工业出版社，2004.
[15] 周玉，武高辉．材料分析测试技术——材料 X 射线衍射与电子显微分析［M］．哈尔滨：哈尔滨工业大学出版社，1998.
[16] 张锐．现代材料分析方法［M］．北京：化学工业出版社，2007.
[17] 托马斯，高林吉．材料的透射电子显微术［M］．北京：机械工业出版社，1985.
[18] 洪班德，崔约贤．材料电子显微分析实验技术［M］．哈尔滨：哈尔滨工业大学出版社，1997.
[19] 赵文娟．TC4 和 TC21 合金超塑变形及本构关系研究［D］．东北大学，2008.
[20] 李继忠．镁及镁合金中低温等通道转角挤压变形及组织性能研究［D］．东北大学，2010.
[21] 蔡明晖．高延伸凸缘型铁素体/贝氏体钢的组织演变及力学行为［D］，东北大学，2009.
[22] 田妮，赵刚，左良，刘春明．汽车车身用 Al-Mg-Si-Cu 合金薄板应变强化行为的研究［J］．金属学报，2010，46（5）：613～617.

第3章 扫描电子显微镜与电子探针分析技术

3.1 扫描电子显微镜分析技术

1873年，德国科学家Abbe和Helmholfz分别提出解像力与照射光的波长成反比，奠定了显微镜的理论基础。1924年，Louis de Broglie（1929年诺贝尔物理奖得主）提出电子本身具有波动的物理特性，进一步提供了电子显微镜的理论基础。1931年，德国物理学家Knoll及Ruska发明了穿透式电子显微镜原型机。1938年，第一部扫描电子显微镜（SEM，Scanning Electron Microscope）由Von Ardenne研制成功。直到1965年，扫描电子显微镜作为商用电子显微镜投入使用，带来了巨大的效益。从此，扫描电子显微镜作为一种新型的电子光学仪器得到迅速发展。

由于SEM具有制样简单、放大倍数可调范围宽、图像分辨率高、景深大等特点，故被广泛地应用于化学、生物、医学、冶金、材料、半导体制造、微电路检查等各个研究领域和工业部门。扫描电子显微镜在追求高分辨率、高图像质量发展的同时，也向复合型发展，逐渐成为把扫描功能、透射功能及微区成分分析、电子背散射衍射等结合为一体的复合型电子显微镜，实现了表面形貌、微区成分和晶体结构等多信息同位分析。近几年随着计算机、信息数字化技术的发展及在扫描电子显微镜上的应用，使得扫描电子显微镜的各种功能发生了新的飞跃，操作更加快捷，使用更加方便，成为科学研究及工业生产等许多领域应用最为广泛的显微分析仪器之一。

3.1.1 扫描电子显微镜的结构

扫描电子显微镜只有在真空环境下才可以利用电子束进行成像，同时通过一些特殊的电子束操控技术来控制电子的运动方向并使其聚焦。扫描电子显微镜最终的图像分辨率在于样品表面上的电流强度和入射电子作用的共同结果。图3-1为扫描电子显微镜的结构示意图以及商用电子显微镜的实物图。

电子室为扫描电子显微镜的照明系统，产生的电子通过电场和磁场作用后按照一定的方向排布，从而获得在样品表面入射的电子束。为了避免电子与气体分子之间发生碰撞，上述过程必须在真空条件下操作。电子室的主要组成部分为电子枪、阳极板、聚焦透镜、物镜、扫描偏转线圈。

3.1.1.1 电子枪

根据电子束密度以及性能不同，有各种不同类型的电子枪，最为常用的有钨灯丝、LaB_6热电子枪和场发射电子枪。典型的钨灯丝热发射电子枪（如三极真空管电子枪）由三部分组成，如图3-2所示，其中包括钨灯丝、栅极和阳极板。施加的电压可以使得灯丝的温度达到2500℃，随后从栅极逃逸的激发电子以发散的形式以半开角α聚焦在直径为d_0

的点上。由于控制电极相对灯丝为负偏压，最终由于电子相对灯丝为正电压而被阳极所吸引，电压范围在 2k～30kV 之间，该电压可以由操作人员来控制。

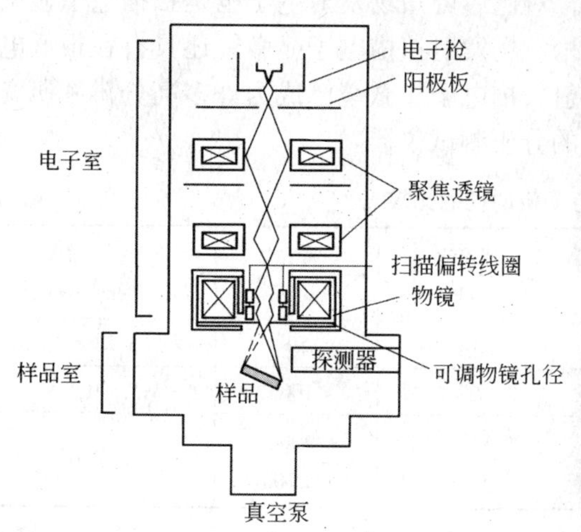

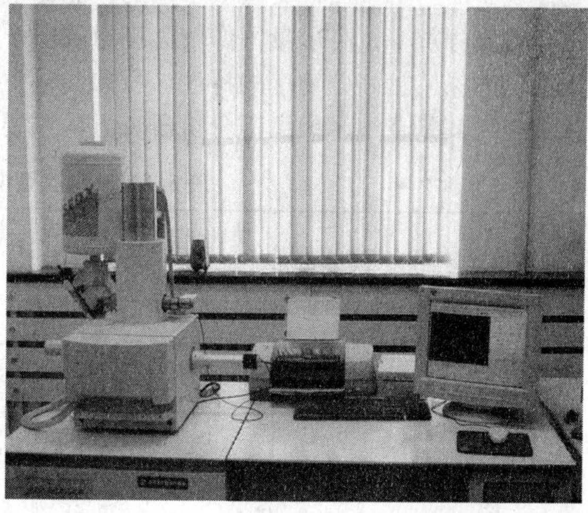

图 3-1　扫描电子显微镜的结构示意图及商用电子显微镜的实物图

电子束的电流密度和亮度是两个主要的性能指标，其中电流密度为：

$$J_b = \frac{电流}{面积} = \frac{i_b}{\pi\left(\frac{d_0}{2}\right)^2} \tag{3-1}$$

式中　i_b——通过阳极的逃逸电流；

d_0——电子束在某处的直径。

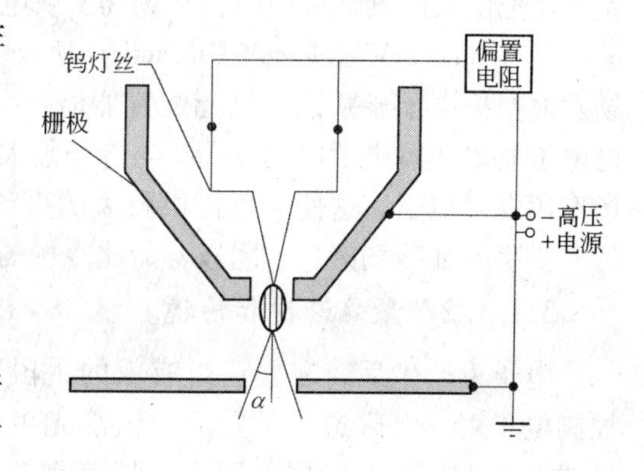

图 3-2　钨热电子枪的截面结构示意图

此外，由于电子束与电子显微镜其他部件的相互作用，会造成部分流量损失。因此，对电子枪来说，评价其性能需要考虑束散角以及电子枪亮度。其中，电子枪的亮度为：

$$\beta = \frac{4I}{(\pi d_0^2)(\pi\alpha_0^2)} \tag{3-2}$$

式中，I 是 $\pi\alpha_0^2$ 内 πd_0^2 面积上进入以及逃逸的电流。β 值的大小主要受灯丝材料、操作温度、电子枪的加速电压影响，β 值较高，电子枪分辨率也相对较高，LaB_6 灯丝的 β 值就比钨灯丝的高很多。

对于钨灯丝热发射电子枪，还需要特别考虑电子束流的稳定性。为了满足显微分析的需要，要求匹配稳定的电子束流。相比之下，LaB_6 灯丝的性能要优于钨灯丝，同时也具有较长的寿命，但是它对真空条件要求较高，原因在于 LaB_6 容易在气相中发生化学反应。

场发射电子枪是利用靠近曲率半径很小的阴极尖端附近的强电场使阴极尖端发射电子，场发射分为热场和冷场，一般扫描电子显微镜多采用冷场。场发射电子枪由阴极、第一阳极和第二阳极构成三极。阴极是由一个选定取向的钨单晶制成。此外，场发射电子枪的亮度非常高，在室温下它所提供的电子束的亮度比相同电压下热钨丝阴极高出三个数量级，比 LaB_6阴极高出两个数量级。场发射电子枪最终得到的电子束斑非常细，亮度非常高，因此场发射扫描电子显微镜分辨率非常高，目前冷场的分辨率最高可达0.5nm。

表3-1给出了几种类型电子枪的性能比较，对比后可知场发射电子枪是扫描电子显微镜获得高分辨率、高质量图像较为理想的电子枪。场发射扫描电子显微镜还具有在很低电压下仍能保持较高分辨率的特性。目前，场发射扫描电子显微镜已成为许多高分辨率研究领域，尤其是在纳米级微观分析研究方面重要的分析测试仪器。

表3-1 几种类型电子枪的性能比较

电子枪类型	电子源直径	能量分散度 /eV	总束流 /μA	真空度 /Pa	寿命 /h	10kV下光度 /A·(cm²·s)⁻¹
发夹形热钨丝	30μm	3	100	1.33×10^{-5}	50	5×10^5
LaB_4	5~10μm	1	50	2.66×10^{-8}	100	7×10^6
场发射枪	5~10nm	0.3	50	1.33×10^{-4} 1.33×10^{-9}	100 >2000	$10^7\sim10^8$

然而，由于场发射电子源尺寸小，尖端输出的总电流有限，在要求电子束斑直径、束流变化范围大的其他应用中，冷场场发射电子枪受到了限制。冷场场发射电子枪无法满足波谱仪（WDS，Wavelength Diffraction Dpectrum）等工作所需要的较大束流，所以在冷场场发射扫描电子显微镜上只能配置能谱仪（EDS，Energy Diffraction Spectrum）。热场场发射电子显微镜解决了以上弊端，与冷场最大的不同是其阴极尖端在800℃左右时开始因热场作用发射电子，这使它可提供较大的束流，故可以加装WDS、EDS、EBSD等。但热场的分辨率不如冷场的高，阴极寿命比冷场的低。

3.1.1.2 聚焦透镜和物镜

电子束产生后，需要通过有效的手段精确调节与控制电子束。电磁透镜是采用一组沿光束配置的金属丝线圈，主要用于聚焦电子束，从而降低其直径；改变通过线圈的电流时，磁场变化引起了镜头的焦距变化。一般来说，电子室有一个到三个镜头，前两个为聚焦透镜镜头，作用为缩小电子束到一个较小的尺寸范围，最后一个为物镜镜头，把电子束在样品表面的直径聚焦为最小。电子束穿过电子室的汇聚过程如图3-3所示。

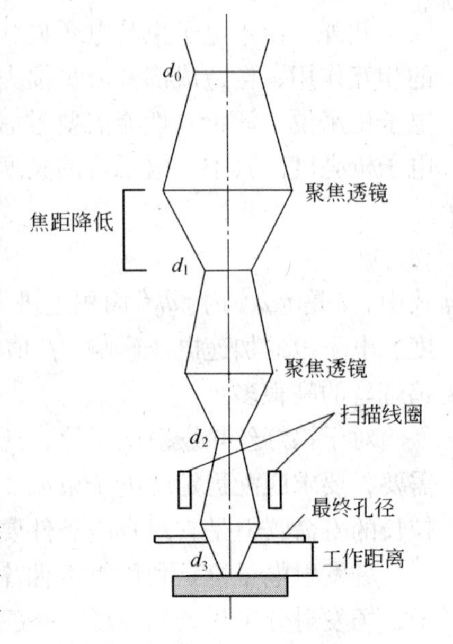

图3-3 扫描电子显微镜电子汇聚方式示意图

样品表面上最终的电子束直径为：

$$d_3 = d_0 M_1 M_2 M_3 \tag{3-3}$$

式中，M_1、M_2、M_3分别为各个镜头的缩微系数，但是d_3的值会因为镜头的偏差而变大。聚焦过程中的另一个重要影响因素是样品表面与物镜，或工作距离（WD）之间的位置。如果样品在真空室上、下移动，则物镜必须调整到能够显示出样品表面最小的光束直径。最后一个过程为聚焦，主要通过显微镜的操作者完成。

可调的物镜位于样品前的位置，通过改变光圈大小来改变光束直径大小。

3.1.1.3 扫描线圈

当电子束入射到试样上某一点时，两对扫描线圈就开始运行扫描。扫描线圈位于两个电磁透镜之间，在它的作用下，电子束在试样表面运动，在操作人员的控制下，在局部区域进行光栅扫描，并构建图像。

当电子束开始进行光栅扫描时，二次电子将到达并通过二次电子探测器。随后二次电子被高压加速进入到镀有闪烁材料的光导纤维上，并放大成电子信号。由于经过扫描线圈上的电流与显像管相应偏转线圈上的电流同步。因此，样品表面任意点发射的电子信号与显像管荧光屏上的亮点一一对应，如图 3-4 所示。最终在显像管上的图像线性分辨率为：

$$M = \frac{L_{CRT}}{r} \tag{3-4}$$

式中，L_{CRT} 表示在同样的光栅区域荧光屏上对应的长度。为增加分辨率，通过减少扫描发生器的电压，使在样品上移动的距离 r 变小来实现。

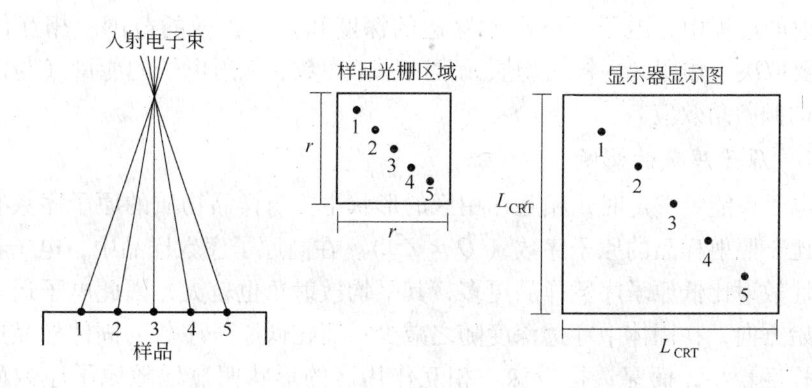

图 3-4 扫描电子显微镜的扫描原理放大示意图

另外一种成像过程是数字成像过程，在这种情况下，一个三位数值数组（F 方向，Y 方向，信号强度）赋予样品表面的每一个点，从而建立点的数字地址，该地址可采用计算机软件进行处理。数字图像因为可以使用软件进行存储和操作，对后续的图像分析非常有利。

3.1.1.4 样品室

扫描电子显微镜样品室中的重要部件是样品台。根据所要求的分析条件和样品类型，能进行三维空间的平移、倾斜和转动。不同电子显微镜制造商所采用的样品台类型不尽相同。

如前所述，为保证电子光学系统正常工作以及获得稳定的电子束流，扫描电子显微镜必须需要高的真空环境，同时样品本身也需要保持干燥且不会蒸发，从而不会对真空系统产生较大影响。

根据扫描电子显微镜类型不同，样品室内真空系统也有所差别。使用特定的专用环境电子显微镜，可以观察各种不同温度、压力、湿度或者气氛状态下的特殊样品。

3.1.2　电子与固体样品的相互作用区

电子是一种带负电的粒子，当一束高能量、细聚焦的电子束沿一定方向入射到固体样品时，在样品物质原子的库仑电场作用下，入射电子和样品物质将发生强烈的相互作用，产生散射。如电子束与样品碰撞后自身能量不发生变化但方向有所改变，称为弹性散射。伴随着散射过程，相互作用的区域中将产生多种与样品性质有关的物理信息。扫描电子显微镜、电子探针及其他许多相关的显微分析仪器就是通过检测这些信号，对样品的微观形貌、微区成分及结构等方面进行分析。下面对电子与固体物质相互作用区的特点、各种信号产生的物理过程及特性加以简介，这对正确解释扫描电子显微镜图像和显微分析结果是很有必要的。

电子与固体样品的相互作用区也称为电子在固体样品中的扩散区。高能电子入射固体样品后，与样品物质的原子核和核外电子相互作用发生弹性散射和非弹性散射，其中弹性散射仅仅使入射电子运动方向发生偏离（偏离初始的运动方向），引起电子在样品中的横向扩散。而非弹性散射不仅使入射电子改变运动方向，同时也使其能量不断衰减，直至被样品吸收，从而限制了入射电子在样品中的扩散范围。所谓电子与固体样品的相互作用区就是指在散射的过程中，电子在样品中穿透的深度和侧向扩散的范围。相互作用区的形状、大小主要取决于作用区内样品物质元素的原子序数、入射电子的能量（与加速电压有关）和样品的倾斜角效应。

3.1.2.1　原子序数的影响

当入射电子束能量一定时，相互作用区的形状主要与样品物质的原子序数有关。弹性散射截面正比于照射样品的原子序数（$Q \propto Z^2$）。在高原子序数样品中，电子在单位距离内经历的弹性散射比低原子序数样品更多，其平均散射角也较大，因此电子运动的轨迹更容易偏离起始方向，在固体中穿透深度随之减少；而在低原子序数的固体样品中，电子偏离原方向的程度较小，而穿透得较深。相互作用区的形状明显地随原子序数而改变，图3-5给出了10keV能量的电子束与C、Fe、Au作用的效果。

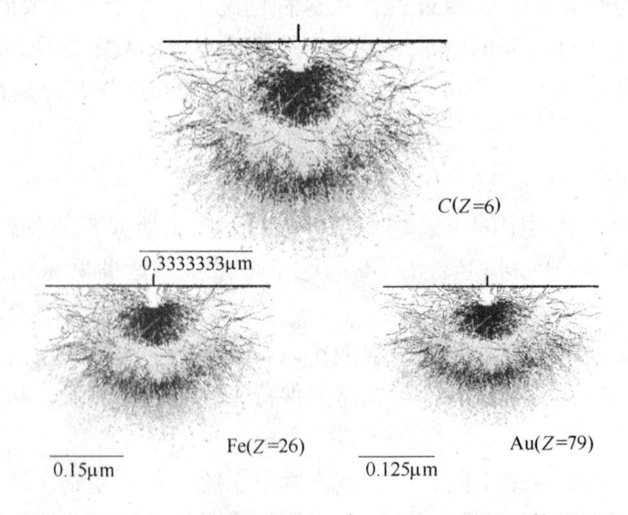

图3-5　蒙特卡洛模拟的10keV的电子在低、中、高原子序数的体块样本中的运动轨迹

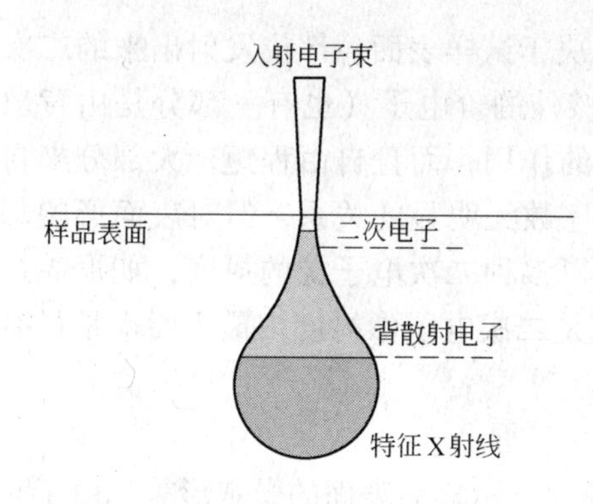

图3-6 扫描电子显微镜中电子与样品相互作用的信号分布示意图

绝大多数的二次电子都来源于距离表面非常浅的区域，而背散射以及特征X射线则来源于相对表面较深的区域，如图3-6所示。同时，在实际应用中，还需要将电子束与样品的作用体积和电子束对样品造成的影响以及样品尺寸考虑在内。

3.1.2.2 入射电子束能量的影响

对于同一物质的样品，作用区的尺寸正比于入射电子束的能量；而入射电子的能量取决于加速电压，当入射电子束能量变化时，相互作用区的横向和纵向尺寸随之成比例地改变，其形状无明显变化。根据Betch关系模型：

$$\frac{\mathrm{d}E}{\mathrm{d}z} \propto \frac{1}{E} \tag{3-5}$$

可知入射电子能量 E 随穿行距离 z 的损失率与其初始能量（E）成反比，即电子束初始能量越高，电子穿过某段特定的长度后保持的能量越大，电子在样品中能够穿透的深度越大。

此外，样品的倾斜角大小对相互作用区也有一定影响。当样品倾斜角增大时，相互作用区减小，这主要是因为电子束在单独散射过程中具有向前散射的趋向，也就是说电子偏离原前进方向的平均角度较小。当垂直入射时（倾斜角为0°），电子束向前散射的趋向使大部分电子传播到样品的较深处。当样品倾斜时，电子向前散射的趋势使其在表面附近传播，从而减小了相互作用区的深度。

3.1.3 电子束与样品相互作用产生的信号

高能电子束入射样品后，经过多次弹性散射和非弹性散射后，在其相互作用区内将有多种电子信号与电磁波信号产生，如图3-7所示。这些信号包括二次电子、背反射电子、吸收电子、透射电子以及俄歇电子、特征X射线等，它们分别从不同侧面反映了样品的形貌、结构及成分等微观特征。现将这些信号产生的机制及特点分别作以简介。

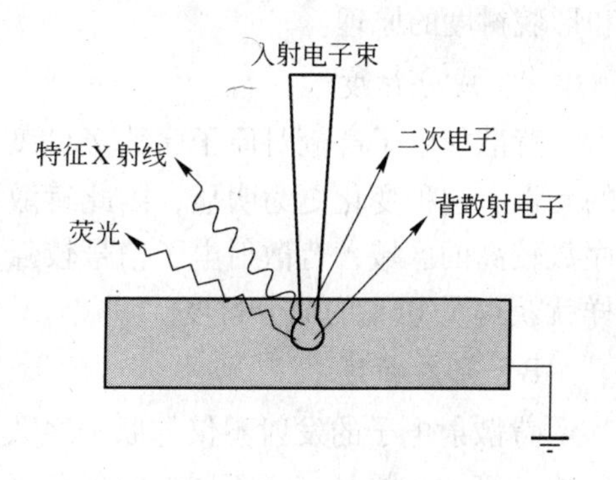

图3-7 扫描电子显微镜中所产生的信号示意图

3.1.3.1 二次电子

二次电子（SE，Secondary Electron）是指被入射电子轰击出来的核外电子。二次电子来自表面5~10nm的区域，能量为0~50eV。由于原子核和外层价电子间的结合能很小，当原子的核外电子从入射电子获得的能量大于其自身的结合能时，可能发生逃逸并成为自由电子。如果这种散射过程发生在样品表层处时，那些能量大于材料逸出功的自由电子可从样品表面逸出，变成真空中的自由电子，即二次电子。所以二次电子的分辨率较高，一般可达到5~10nm。扫描电子显微镜的分辨率一般指的就是二次电子的分辨率。

根据电子图像的衬度原理，二次电子像的衬度取决于试样表面各部位发射出来的二次电子的数量。SE是被入射电子激发出来的样品原子核外的价电子（也有一部分是由背散射电子激发产生的），能量较低，极易受电场、磁场的作用，而且自由程短，大部分来自样品表层5~10nm的深度范围内。SE的产额与原子序数无明显的关系，但对表面形貌却十分敏感。基于SE的发射机制和本身的特性可以获得多种二次电子像的衬度，如形貌衬度、成分衬度、电压衬度和电磁衬度等，而形貌衬度是二次电子像衬度中最主要也是最有用的衬度。

二次电子具有如下一些性质：

（1）二次电子对试样表面状态非常敏感，能有效地显示样品表面的微观形貌；由于它源自样品表层，入射电子还没有被多次反射，因此产生二次电子的面积和入射电子的入射面积没有多大区别；

（2）二次电子产生量受原子序数变化的影响很小，它主要取决于样品表面形貌；

（3）二次电子的产生随样品倾斜角的增加而增大；

（4）由于二次电子的能量低，检测到的信号强度很容易受样品处电场和磁场的影响，因此利用它也可以对磁性材料和半导体材料进行相关的研究。

3.1.3.2　背散射电子

背散射电子（BSE，Back Scattered Electron）是指被固体样品原子反弹回来的一部分入射电子，约占入射电子总数的30%。它来自样品表层几百纳米的深度范围内，能量很高，弹性散射电子能量近似等于入射电子能量。背散射电子除了用于形貌分析，更重要的功能是反映测试样品的原子序数衬度，做定性成分分析。

根据背散射电子（BSE）发射的机制和特点，BSE可形成多种衬度的像，如：成分衬度、形貌衬度、磁衬度、电子背散射衍射衬度、通道花样等。下面主要介绍引起成分衬度和形貌衬度的原理。

A　成分衬度

背散射电子产额对原子序数Z的变化特别敏感，随Z的增加而增大，尤其是当$Z<40$的元素，这种变化更为明显，因此背散射电子像有很好的成分衬度。样品表面上平均原子序数较高的区域，背散射电子信号较强，其图像上相应的部位就较亮；反之，则较暗。这样就获得了BSE的成分衬度。

B　形貌衬度

背散射电子的发射不仅与原子序数有着密切的关系，样品表面的形貌对其也有一定的影响。第一，样品表面不同的倾斜角θ会引起发射BSE数量的不同，尤其当θ大于30°至90°时，这种变化非常明显。此外，即使倾角一定，高度有突变，背散射电子发射的数量也会改变。第二，由于样品表面各个微区相对于探测器的方位不同，使收集到的背散射电子数目不同。因为背散射电子能量高，离开样品后沿直线轨迹运动，检测器只能检测到直接射向检测器的背散射电子，有效收集立体角小，信号强度较低，那些背向检测器的部位所产生的背散射电子就无法到达检测器，在图像上形成了阴影，图像上衬度很大，失去很多细节的层次。无论是分辨率还是立体感以及反映形貌的真实程度，背散射形貌像远不及二次电子像。

背散射电子像同二次电子像一样，其成分衬度与形貌衬度常常同时存在，粗糙表面的成分衬度往往被形貌衬度所掩盖，所以为避免形貌衬度的干扰，用来显示成分衬度的样品，一般只需抛光，不必侵蚀。

背散射电子像衬度应用最广泛的是它的成分衬度像，与二次电子的形貌像（或 BSE 形貌像）相配合，根据 BSE 的原子序数衬度，可以很方便地研究元素在样品中的分布状态。根据实验资料和形貌特点，可以定性分析样品中的物相。

背散射电子的一些性质如下：

（1）背散射电子产生量随样品原子序数（Z）的增加而增加，原子序数较高的物质在扫描电子显微镜作用下呈现出较高的图像亮度；

（2）实验表明，提高加速电压，背散射电子产生量并无明显增加；

（3）根据弹性散射理论，背散射电子产生量随原子束倾斜角增加而增加，其中倾斜角定义为样品表面与原子束的夹角。

3.1.3.3 特征 X 射线

当样品中原子的内层电子受入射电子的激发电离时，原子则处于能量较高的激发态。此时，外层电子将会向内层电子的空位跃迁，并以辐射特征 X 射线光子或发射俄歇电子的方式释放多余能量，使原子趋向稳定状态。发射过程如图 3-8 所示。

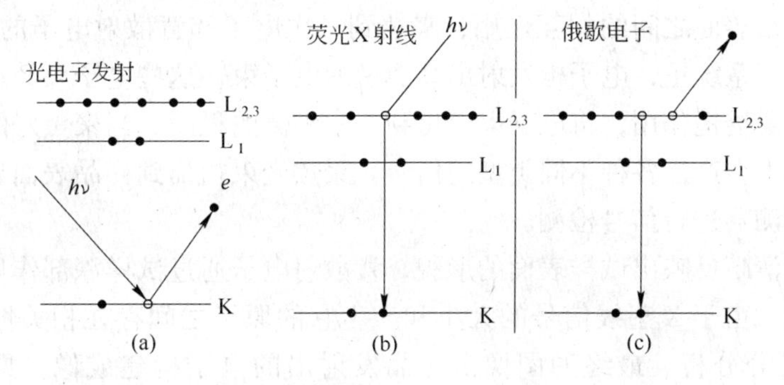

图 3-8 光电子、荧光 X 射线、俄歇电子发射过程示意图

特征 X 射线是在能级跃迁过程中直接释放的具有特征能量和特征波长的一种电磁波，其能量和波长取决于跃迁前后的能级差，而能级差仅与元素（或原子序数）有关。所以特征 X 射线的能量和波长也仅与产生这一辐射的元素有关，故称为该元素的特征 X 射线。

根据跃迁电子原来所在能级及被填补空位所在能级不同，将其辐射产生的 X 射线分别命名，若 K 层产生空位，其外层电子向 K 层跃迁产生的 X 射线统称为 K 系特征 X 射线。其由 L 层（L_1、L_2、L_3）或 M（M_1、M_2、…）层或更外层电子跃迁产生的 K 系特征 X 射线，分别顺序称为 K_α（$K_{\alpha1}$、$K_{\alpha2}$、…）、K_β射线。

由于每一种元素的特征 X 射线都有自己的特征能量和特征波长，所以只要从样品上测得特征 X 射线的能量或波长值，就可确定样品中所含有的元素种类。特征 X 射线是进行微区成分分析非常重要的信息。

3.1.3.4 俄歇电子

发射具有特征能量的俄歇电子是处于激发态的原子体系释放能量的另一种形式。当原子内层电子发生能级跃迁的过程所要释放的能量大于空位层或邻近的较外的电子的临界电离能，就可能引起原子的再一次电离，把空位层或邻近层的另外一个电子激发出去，这个被电离激发出去的二次电子具有特征能量，称为俄歇电子（Auger electron）。

与特征X射线的能量一样，俄歇电子的能量与其发生过程相关的原子壳层能级有关。而各能级的能量仅与元素（原子序数）有关，所以每一个俄歇电子的能量都有固定值，且带有某种元素原子的能量特征。因此，俄歇电子是用作微区成分分析的另一种重要的信号。

当原子序数减少时，俄歇发射会超过X射线发射，因此可以用来对轻元素做化学成分分析。俄歇电子来源于试样表面下深度为0.5～3nm之间的位置，其能量相对较低，因此必须在超高真空环境内进行分析，以避免能量的进一步损失。

一些材料在被电子束轰击时，能在可见光光谱、红外光谱或紫外光谱内发射出可见长波光子，这种现象叫做阴极射线发光。它对材料内部结构研究有着重要作用，特别是在对有关杂质或者晶体缺陷的研究中。

3.1.4 扫描电子显微镜基本原理

扫描电子显微镜的成像原理和透射电子显微镜大不相同。它不是采用电磁透镜来进行放大成像，而是像闭路电视系统那样，逐点逐行扫描成像。扫描电子显微镜的原理主要是利用电子束与样品表面之间的相互作用，来达到二次电子和背散射电子的探测和可视化。在扫描电子显微镜系统里，电子枪发射出高能量的电子束，这些电子束经过电场加速，并通过一系列的电磁透镜作用，将电子束聚焦到一个细微的程度。当聚焦好的电子束轰击样品表面时，样品上会产生各种不同类型的信号。聚焦光束扫描到样品表面后，根据分析的类型采用不同探测器进行信号检测。

二次电子能清晰反映出试样表面的形貌，背散射电子通过试样深部作用能够提供样品的原子序数衬度。由于X射线信号的大小和产生它的原子之间存在相关性，使得X射线能够用于化学成分分析。最终的图像由样品发射出的电子构建成像，具有高清晰分辨能力。

3.1.5 扫描电子显微镜特性

扫描电子显微镜在研究样品表面形貌时最为突出的特性是分辨率和景深。

3.1.5.1 分辨率

分辨率是扫描电子显微镜的主要性能指标。如图3-9所示，对微区成分分析而言，它是指能分析的最小区域；对成像而言，它是指能分辨两点之间的最小距离。较高的分辨率可以更好地分辨出样品的细节和特征。

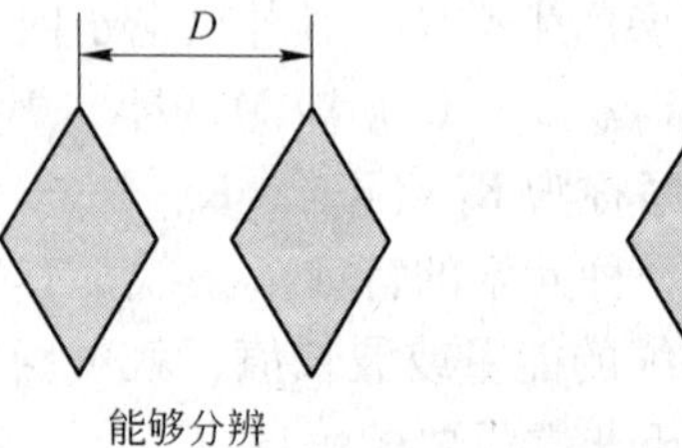

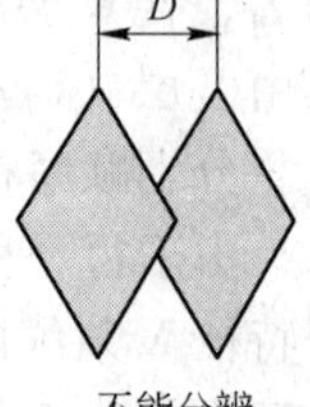

图3-9 扫描电子显微镜分辨率的表示方式

SEM的分辨本领与以下因素有关：

（1）入射电子束束斑直径，入射电子束束斑直径是扫描电子显微镜分辨本领的极限，热阴极电子枪的最小束斑直径6nm，场发射电子枪可使束斑直径小于3nm；

（2）入射束在样品中的扩展效应，电子束打到样品上会发生散射，扩散范围如同梨状或半球状，入射束能量越大，样品原子序数越小，则电子束作用体积越大。研究结果显示，只有在离样品表面深度 0.3μm 区域产生的背散射电子有可能逸出样品表面；二次电子信号在 5 ~ 10nm 深处逸出；吸收电子信号、一次 X 射线来自整个作用体积。这就是说，不同的物理信号来自不同的深度和广度。

入射束有效束斑直径随物理信号不同而异，分别等于或大于入射斑的尺寸。因此，用不同的物理信号调制的扫描像有不同的分辨本领。二次电子扫描像的分辨本领最高，约等于入射电子束直径，一般为 6 ~ 10nm，背散射电子为 50 ~ 200nm，吸收电子和 X 射线为 100 ~ 1000nm。

影响分辨本领的因素还有信噪比、杂散电磁场和机械振动等。

3.1.5.2 景深

同光学显微镜相比，扫描电子显微镜一个非常突出的优势是具有较大的景深。景深（D_f，Depth of Field）是指一个透镜对高低不平的试样各位置能同时聚焦成像的能力范围，如图 3-10 所示。景深的定义为：

$$D_f = \frac{c}{\alpha M} \tag{3-6}$$

式中 c——常数；

M——放大率；

α——电子束的发散角。

且有：

$$\alpha = \frac{d_a/2}{W_d} \tag{3-7}$$

式中 d_a——最终物镜孔径的直径；

W_d——工作距离。

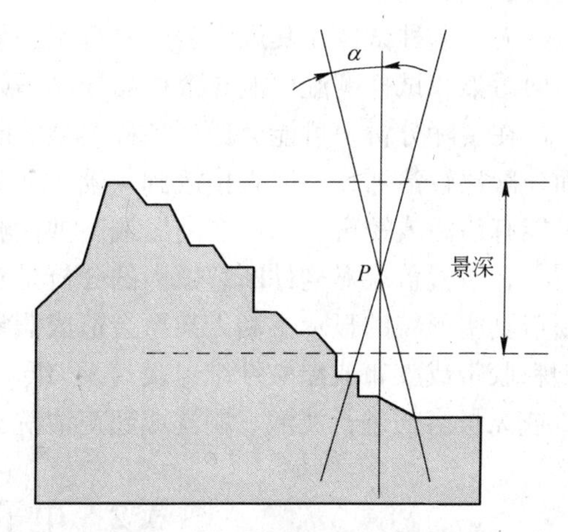

图 3-10 扫描电子显微镜图像观察中的景深示意图

如果电子束在 P 点聚焦，由于电子束的分散，该点的尺寸将远大于或远小于光束斑。一些细节也不能在图像上得以反映。为了提高分辨率，工作距离应该缩短，因此分辨率和景深不能同时兼顾。

3.1.6 扫描电子显微镜的样品制备

扫描电子显微镜观察的试样必须是固体（块体或粉末），在真空条件下能保持长时间稳定。对于含有水分的样品要事先干燥，表面有氧化层或沾污物的要用丙酮等溶剂清洗。有些样品必须用化学试剂浸蚀后才能显露显微组织结构。

3.1.6.1 块状样品的制备

样品直径一般为 10 ~ 15mm，厚度约为 5mm。对于导电性材料只要切取适合于样品台大小的试样块，注意不要损伤所要观察的新鲜断面，用导电胶粘贴在铜或铝质样品座上，即可直接放到扫描电子显微镜中观察。

对于导电性差或绝缘的非金属材料，由于在电子束作用下会产生电荷堆积，阻挡入射电子束进入样品及样品内电子射出样品表面，使图像质量下降。因此，这类样品用导电胶粘贴到样品座上后，要在离子溅射镀膜仪或真空镀膜仪中喷镀一层约10nm厚的金、铝、铜或碳膜导电层。导电层的厚度通常根据颜色来判断，也可以用喷镀金属的质量来控制。导电层太厚，将掩盖样品表面细节，太薄时造成不均匀，会局部放电，影响图像质量。

3.1.6.2 粉末样品的制备

粉末样品的制备包括样品收集、固定和定位等环节，其中粉末的固定是关键，通常用表面吸附法、火棉胶法、银浆法、胶纸（带）法和过滤法。最常用的是胶纸法，先把两面胶纸粘贴在样品座上，然后把粉末撒到胶纸上，吹去未粘贴在胶纸上的多余粉末即可。对于不导电的粉末样品也必须喷镀导电层。

对于观察化学成分衬度（背散射电子像、吸收电子像和特征X射线扫描像）的样品，表面必须抛光。

无论哪种试样，其观察表面要真实、干净、干燥，避免磕碰、擦伤造成的假象，以及表面污染和试样潮湿可能导致样品导电不好而无法观察。

在实际分析中可能会遇到各种类型的断口，如试样断口和故障构件断口。试样断口表面一般比较清洁，可以直接放到仪器中观察；而故障断口表面的状况则取决于服役条件，可能有沾污或锈斑。那些在高温或腐蚀性介质中断裂的断口往往被一层氧化或腐蚀产物所覆盖，该覆盖层对构件断裂原因的分析是有价值的。倘若它们是在断裂之后形成的，则对断口真实形貌的显示不利，甚至会造成假象，必须予以清除。如果沾污情况并不严重，用塑料胶带或胶布或醋酸纤维薄膜（AC纸）干剥几次可以将其除去，否则应该用适当的有机或无机溶剂进行浸泡、刷洗或超声清洗。

3.2 电子探针分析技术

尽管电子探针分析的基本原理早在1913年就由Moseley提出，但电子直接激发初级X射线由于背景高、峰背比要比荧光光谱低一个量级，显著影响成分分析的灵敏度和精确度；其次，待测试样要放在高真空中，当时高真空技术还不是很发达和普及，这就成为一个大的技术障碍。结果造成在电子显微学发展初期，电子与X射线的发展分道扬镳，分别制成透射电子显微镜和X射线荧光光谱仪，两者毫无联系。

到了20世纪40年代，电子显微镜及X射线荧光光谱仪都已发展到较高水平，高真空技术也已普及，因此把这两个仪器结合起来制成电子探针X射线显微分析仪的条件已经成熟了。1951年，Raymond Castaing论述了电子探针（EPMA，Electron probe micro-analyzer）的基本概念，利用一台电子显微镜上加上一个X射线谱仪和一台金相显微镜拼凑成了第一台实验室型电子探针，并展示了首批应用研究工作。1956年，法国的CAMECA公司生产出了世界上第一台商业的电子探针，然而，这种电子探针中的电子束是静止的，没有扫描功能。同年，英国的Duncumb提出了电子束扫描方法，并于1959年安装到电子探针上，制成扫描式电子探针，这就是当前广泛应用的比较成熟的电子探针X射线显微分析仪。

扫描电子显微镜和电子探针是基于不同应用背景下研制出的两种分析仪器，它们应用的重点各不相同。两者的主要区别在于：扫描电子显微镜主要侧重于形貌观察；电子探针侧重于微区成分分析。20世纪70年代起，电子探针和扫描电子显微镜的功能出现了交叉，并有趋同的趋势。尤其随着能谱仪技术的飞速发展，越来越多的扫描电子显微镜上配备了能谱仪甚至简单的波谱仪，使得扫描电子显微镜的微区定性、定量分析的准确性大大提高。但是，由于扫描电子显微镜电子束束流远远小于电子探针定量分析的束流，即使能区别一些重叠峰，在小电流下的定量结果准确度还是低于电子探针。随着电子枪技术的发展，LaB_6电子探针和场发射电子探针的陆续问世，大大提高了电子探针的空间分辨率。例如，目前场发射电子探针的二次电子分辨率已经达到了3nm，LaB_6电子探针的二次电子探针分辨率为5nm，已经适合对一些亚微米颗粒进行形貌观察和成分分析。因此，在需要高分辨率图像时，应该选用扫描电子显微镜进行观察；在需要进行准确的微区成分定量分析时，应选择电子探针。

与传统的化学和物理分析相比，电子探针具有如下优点：

（1）可以分析小于1μm的样品中的元素；

（2）能在微观尺度范围内同时获得样品的形貌、组成分析及其分布形态等资料，为研究样品形态结构、组成元素提供了便利；

（3）分析操作迅速简便，实验结果数据可靠，而且可用计算机进行处理；

（4）可对样品进行非破坏性分析。

3.2.1 电子探针微区成分分析原理

微区成分分析是指在物质的微小区域中进行元素鉴定和组成分析，被分析的体积通常小于$1\mu m^3$，相应被分析物质的质量为10^{-12}g数量级。

在电子探针的各种成分分析技术中，X射线元素分析法的分析精度最高（原子序数大于11的元素分析误差约1%左右），因此这种成分分析技术应用最广。

电子探针除了用电子与试样相互作用产生的二次电子、背散射电子进行形貌观察外，主要是利用波谱仪，测量入射电子与试样相互作用产生的特征X射线的波长与强度，从而对试样中元素进行定性、定量分析。

定性分析的基础是Moseley关系式：

$$\sqrt{\nu} = K(z - \sigma) \tag{3-8}$$

$$\lambda = \frac{c}{\nu} \tag{3-9}$$

式中 ν——元素的特征X射线频率；

z——原子序数；

K，σ——常量；

c——光束。

一般情况下，λ（Å）与z的关系式可写成：

$$\lambda = \frac{1.21 \times 10^3}{(z-1)^2} \tag{3-10}$$

由式（3-8）可知，组成试样的元素（对应的原子序数z）与它产生的特征X射线波长有单值关系，即每一种元素都有一个特定波长的特征X射线与之相对应，它不随入射电子的能量而变化。如果用X射线波谱仪测量电子激发试样所产生的特征X射线波长的种类，即可确定试样中所存在元素的种类，这就是定性分析的基本原理。

试样中 A 元素的相对百分含量 C_A 与该元素产生的特征 X 射线的强度 I_A（X 射线计数）成正比：$C_A \propto I_A$，如果在相同的电子探针分析条件下，同时测量试样和已知成分的标样中 A 元素的同名 X 射线（如 K_α 线）强度，经过修正计算，就可以得出试样中 A 元素的相对百分含量 C_A：

$$C_A = K \frac{I_A}{I_{(A)}} \tag{3-11}$$

式中　C_A——某 A 元素的百分含量；

K——常数，根据不同的修正方法，K 可用不同的表达式表示；

I_A，$I_{(A)}$——试样中和标样中 A 元素的特征 X 射线强度。

同样的方法可求出试样中其他元素的百分含量。

定量分析必须在定性分析的基础上进行，根据定性分析结果确定试样中所含元素的种类，然后对各元素进行定量分析。定量分析已有各种分析程序，每种分析程序都要进行复杂的修正过程，都可获得比较好的分析结果。

目前，绝大部分的波谱分析都采用 ZAF 修正方法或者 XPP 修正方法来对定量结果进行修正，以期获得准确的定量分析结果。

ZAF 修正的内容包括以下三部分：

（1）原子序数效应的修正。由于试样的平均原子序数和标样的原子序数不同，入射电子在受到试样和标样的减速过程中，由卢瑟福散射而重新射出试样和标样的电子数及电子受阻碍的程度均不同，即进入试样中激发 X 射线的电子数与标样的是不同的。对于标样和试样原子序数不同造成的这种影响进行修正，称为原子序数效应修正。一般说来，平均原子序数大，则进行试样的溶度小，而背散射电子的数目多。

（2）吸收效应的修正。从试样内部产生的 X 射线射出表面时，要受到试样本身的吸收，由于标样和试样所组成的元素种类和含量不同，因此对 X 射线的吸收程度也不同，必须加以修正。这项修正称为吸收修正，在定量分析中这是一项主要的修正。

（3）荧光效应的修正。入射电子射入试样后，会产生不同元素的特征 X 射线和连续 X 射线，当这些 X 射线的波长比被分析元素（如 A 元素）的特征 X 射线的波长短时，会激发出 A 元素的二次 X 射线，即荧光 X 射线。由于荧光 X 射线和特征 X 射线波长相同，检测时无法区别，故定量分析时必须扣除荧光 X 射线强度，这种修正称为荧光效应的修正。

上述三种修正总称为 ZAF 修正，修正后的 C_A 与 I_A 之间的关系式：

$$C_A = ZAF \frac{I_A}{I_{(A)}} \tag{3-12}$$

式中　Z——原子序数修正因子；

A——吸收修正因子；

F——荧光修正因子。

XPP 定量修正方法由 Pouchou 与 Pichoir 提出，是一种特殊的 PRZ 方法。溶度分布函数 $\phi(\rho Z)$ 积分表达式包含原子序数和吸收效应，可通过蒙特卡洛模拟计算。该方法对吸收严重的试样，例如重元素与轻元素共存的试样进行定量分析时，定量结果明显好于其他方法。由图 3-11 可知，对 1400 个合金试样和 750 个含轻元素试样进行定量分析比较的结果表明：所有元素的标准偏差均优于 ZAF 及一般 PRZ 方法。XPP 可以对样品在倾斜状态下进行定量分析，即进行 θ 角修正。

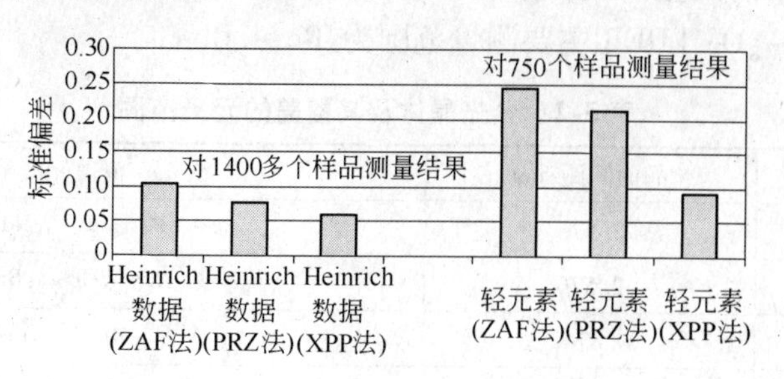

图 3-11 不同定量分析方法的定量误差

电子探针进行定性或定量分析是通过波谱仪系统实现的。X 射线是一种电磁辐射，具有波粒二象性，因此可以用两种方式对它进行描述。如果把它视为连续的电磁波，那么特征 X 射线就能看成具有固定波长的电磁波，不同元素就对应不同的特征 X 射线波长，如果不同 X 射线入射到晶体上，就会产生衍射，根据布拉格公式：

$$2d\sin\theta = n\lambda \tag{3-13}$$

可以选用已知面间距 d 的合适晶体分光，只要测出不同特征 X 射线所产生的衍射角 2θ，就可以求出其波长 λ，再根据式（3-8）就可以知道所分析的元素种类。特征 X 射线的强度可从波谱仪的探测器（正比计数管）测得。根据以上原理制成的谱仪称为波谱仪。

波谱仪的分析原理如图 3-12 所示，图中以 R 为半径的圆称为罗兰圆，也称聚焦圆。电子束入射到 S 表面时，产生反应试样成分的特征 X 射线，特征 X 射线经晶体分光聚焦后，被 X 射线计数管接收。

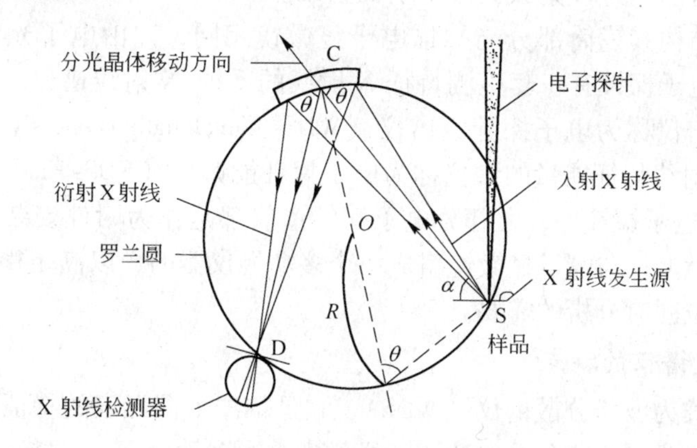

图 3-12 波谱仪的分析原理

如果试样照射点到晶体的距离为 L，则 $L = 2R\sin\theta$，再由布拉格公式，则得

$$L = \frac{R}{d}n\lambda \tag{3-14}$$

不同波长的 X 射线要用不同面间距的晶体进行分光，电子探针常用的三种晶体面间距及波长检测范围见表 3-2。表中，TAP 为邻苯二甲酸氢铊（$C_8H_5O_4Tl$）；PET 为异戊四醇（$C_5H_{12}O_4$）；LiF 为氟化锂晶体；后面加“H”表示该晶体为高计数率晶体。目前新型电子探针均采用衍射强度高、晶面间距大的多层膜衍射晶体 LDE1（晶面间距约为 6nm）、LDE2（晶面间距约为 10nm）和 LDEB（晶面间距约为 14.5nm）来进行超轻元素的测量。

这样就使得超轻元素的测量强度和准确性大大提高，LDE1 主要测量范围为$_6C \sim {_9F}$；LDE2 主要测量范围为$_5B \sim {_8O}$；LDEB 主要测量范围为$_4Be \sim {_5B}$。

表 3-2　分光晶体及其覆盖的元素范围

晶体名称	晶面间距/nm	覆盖元素范围
TAP	2.576	$_8O \sim {_{15}P}$；$_{24}Cr \sim {_{41}Nd}$；$_{46}Pd \sim {_{79}Au}$
TAPH	2.576	$_9F \sim {_{13}Al}$；$_{24}Cr \sim {_{35}Br}$；$_{47}Ag \sim {_{70}Yb}$
PET	0.8742	$_{13}Al \sim {_{25}Mn}$；$_{36}Kr \sim {_{65}Tb}$；$_{70}Yb$
PETH	0.8742	$_{14}Si \sim {_{22}Ti}$；$_{37}Rb \sim {_{56}Ba}$；$_{72}Hf$
LiF	0.4027	$_{19}K \sim {_{37}Rb}$；$_{48}Cd$
LiFH	0.4027	$_{20}Ca \sim {_{31}Ga}$；$_{50}Sn \sim {_{79}Au}$

3.2.2　电子探针的结构

如果应用从物质中所激发出的特征 X 射线来进行材料的元素分析，则这种分析称为 X 射线分析技术。该技术可分为 X 射线波谱分析法、X 射线能谱分析和 X 射线荧光分析法三种，其中前两种适宜进行微区的元素分析，因此这两种分析方法又称为 X 射线显微分析技术。

从电子光学仪器的发展历史来看，最早作为元素分析的专用仪器称为电子探针（EPMA），它以波谱分析法为基础。其后随着扫镜电子显微镜的发展，为了适应其工作的特点，又以能谱分析法作为 X 射线元素分析的基础。

电子探针的结构其镜筒部分与扫描电子显微镜相同，即由电子光学系统和样品室组成，所不同的是电子探针有一套检测特征 X 射线的系统-X 射线谱仪。若配有检测特征 X 射线特征波长的谱仪称为电子探针波谱仪（WDS-Wavelength Dispersive Spectrometer）；若配有检测特征 X 射线特征能量的谱仪称为电子探针能谱仪（EDS-Energy Disperse Spectroscopy）。除专门的电子探针外，大部分电子探针谱仪都是作为附件安装在扫描电子显微镜或透射电子显微镜上，与电子显微镜组成一个多功能仪器的，以满足微区形貌、晶体结构及化学组成的同位同时分析的需要。

3.2.2.1　波谱仪的特点

波谱仪，全称为波长分散谱仪（WDS），它是依据不同元素的特征 X 射线具有不同波长这一特点来对样品进行成分分析的。若样品中含有多种元素，高能电子束入射样品会激发出各种波长的特征 X 射线，为了将待分析元素的谱线检测出来，就必须把它们分散开（展谱）。波谱仪是通过晶体衍射分光的途径实现对不同波长的 X 射线分散展谱、鉴别与测量的，故称波长分散谱仪，其结构主要的部分是分光系统（波长分散系统）和信号的检测系统。

A　波谱仪的主要优点

（1）分辨率（能量分辨率）高。这是波谱仪突出的优点，其分辨率为 5 ~ 20eV，它可将十分接近的谱线清晰地分开。如 $V_{k\beta}$（0.228434nm）、$Cr_{k\alpha1}$（0.228962nm）和 $Cr_{k\alpha2}$（0.229351nm）这三根谱线。

（2）峰背比高。这使 WDS 所能检测的元素的最低浓度是 EDS 的 1/10，大约可检测质量分数为 110×10^{-6}。

B 波谱仪的主要缺点

采集效率低，分析速度慢，这是由波谱仪本身结构特点决定的。要想有足够的色散率（波长分散率），聚焦圆的半径就要足够大，这时弯晶离 X 射线光源距离较远，使之对 X 射线光源张开的立体角变小。因此，对 X 射线光源发射的 X 射线光子的收集率就会下降，导致 X 射线信号的利用率很低。要保证分析的准确性和精度，采集时间必然要加长。另外，由于分光晶体在一种条件下只能对一种元素的 X 射线进行检测，故 WDS 检测速度分析速度都较慢（相对于 EDS）。

此外，由于经晶体衍射后，X 射线强度损失很大，其检测效率低。所以，波谱仪难以在低束流和低激发强度下使用，因此其空间分辨率低且难与高分辨率的电子显微镜（冷场场发射电子显微镜等）配合使用。

3.2.2.2 能谱仪的特点

A 能谱仪的主要优点

（1）分析速度快。能谱仪可以瞬时接收和检测所有不同能量的 X 射线光子信号，故可在几分钟内分析和确定样品中含有的所有元素（Be 窗：$_{11}Na\sim{}_{92}U$，超薄窗：$_{4}Be\sim{}_{92}U$）。

（2）灵敏度高。X 射线收集立体角大，由于能谱仪中 Si（Li）探头不采用聚焦方式，不受聚焦圆的限制，探头可以靠近试样放置。信号无需经过晶体衍射，其强度几乎没有损失，所以灵敏度高，入射电子束单位强度所产生的 X 射线计数率可达 10^4 cps/nA。此外，能谱仪可在低入射电子束流（10^{-11}A）条件下工作，这有利于提高分析的空间分辨率。

（3）谱线重复性好。由于能谱仪没有运动部件，稳定性好，且没有聚焦要求，所以谱线峰值位置的重复性好且不存在失焦问题，适合于比较粗糙表面的分析。

B 能谱仪的主要缺点

（1）能量分辨率低、峰背比低。EDS 的能量分辨率在 130eV 左右，这比 WDS 的能量分辨率（5eV）低得多，谱线的重叠现象严重。因此，EDS 分辨具有相近能量的特征 X 射线的能力差。由于能谱仪的探头直接对着样品，所以由背散射电子或 X 射线所激发产生的荧光 X 射线信号也同时被检测到，从而使得 Si（Li）检测器检测到的特征谱线在强度提高的同时，背底也相应提高，因而峰背比低。EDS 所能检测的元素的最低浓度是 WDS 的 10 倍，最低质量分数大约可检测 1000×10^{-6}。

（2）工作条件要求严格。Si（Li）探头必须保持在液氮冷却的低温状态，即使是在不工作时也不能中断，否则晶体内的锂原子会扩散、迁移，导致探头功能下降甚至失效。

3.2.3 电子探针的分析方法

利用电子探针可对样品进行定性分析和定量分析。定性分析是利用 X 射线谱仪，先将样品发射的 X 射线展成 X 射线谱，记录下样品所发射的特征谱线的波长，然后根据 X 射线波长表，判断这些特征谱线是属于哪种元素的哪根谱线，最后确定样品中含有什么元素。

定量分析时，不仅要记录下样品发射的特征谱线的波长，还要记录下它们的强度，然后将样品发射的特征谱线强度（只需每种元素选一根谱线，一般选最强的谱线）与成分已知的标样（一般为纯元素标样）的同名谱线相比较，确定出该元素的含量。但为获得元素含量的精确值，不仅要根据探测系统的特性对仪器进行修正，扣除连续 X 射线等引起的背景强度，还必须作一些消除影响 X 射线强度与成分之间比例关系的修正工作。

电子探针分析有 3 种基本分析方法：

（1）定点分析，即对样品表面选定微区作定点的全谱扫描，进行定性或半定量分析，并对其所含元素的质量分数进行定量分析；

（2）线扫描分析，即电子束沿样品表面选定的直线轨迹进行所含元素质量分数的定性或半定量分析；

（3）面扫描分析，即电子束在样品表面作光栅式面扫描，以特定元素的 X 射线的信号强度调制阴极射线管荧光屏的亮度，获得该元素质量分数分布的扫描图像。

3.2.3.1　定点分析

用波谱仪分析时可通过改变分光晶体和探测器的位置，得到分析点的 X 射线谱。将样品表面选定的待分析微区或粒子移至电子束轰击之下，驱动谱仪晶体和检测器连续改变 L 值，即改变晶体的衍射角 θ，记录下 X 射线信号强度随波长 λ 的变化曲线。将谱线强度峰值所对应的波长与标准波长相比较，即可获得分析微区内所含元素的定性结果。若用能谱仪分析时，采用多道谱仪并配以电子计算机自动检谱设备，可在很短（15min）时间内定性完成从 Be 到 U 全部元素的特征 X 射线波长范围的全谱扫描。

微区定点成分分析在合金沉淀相和夹杂物的鉴定等方面有着广泛的应用。考虑到空间分辨率，被分析粒子或相区的尺寸一般应大于 1 ~ 2μm。对于用一般方法难于鉴别的各种类型的非化学计量式的金属间化合物（例如 A_xB_y，其中 x、y 不一定是整数，且分别在一定范围内变化），以及元素组成随合金成分及热处理条件不同而变化的合金碳化物、硼化物、碳氮化物等，可通过电子探针分析鉴定。

应该注意的是，利用谱线强度的直接对比判断元素的相对含量，只是一种半定量的分析结果。这是因为：

（1）电子束与样品相互作用，激发出样品表面微区内元素的特征 X 射线信号的过程是一个十分复杂的物理现象，谱线的强度除与各相应元素的存在量有关外，还会受到样品化学成分的影响，这称为“基体效应”；

（2）谱仪在扫描过程中测量各元素谱线时的条件也不完全相同，例如直进式谱仪虽可保持出射角度恒定，但晶体的衍射强度随衍射角的不同有较大变化，此外计数管对不同波长的 X 射线检测的灵敏度也有差异，这就是所谓的“谱仪效应”；

（3）入射电子束与样品相互作用时，会有一定的深度和侧向扩展（均为 μm 数量级），由于谱仪实际接受的 X 射线信号来自电子束轰击点下几个 μm 数量级的范围，它可能已经超越了选定的相区域，因而所得的结果将是该体积内的某种平均成分，这称为“体积效应”。

3.2.3.2　线扫描分析

利用线扫描分析可以获得某一元素分布均匀性的信息。当入射电子束在样品表面沿选定的直线轨迹（穿越粒子和界面）进行扫描时，谱仪检测某一元素的特征 X 射线信号并将其强度（计数率）显示出来，也可直接在二次电子或背散射电子扫描像上叠加显示扫描轨迹和X射线强度的分布曲线，这样可以更直观地表明元素质量分数不均匀性与样品组织之间的关系。

X射线信号强度的线扫描分析，对于测定元素在材料内部相区或界面上的富集和贫化、分析扩散过程中质量分数与扩散距离的关系以及对材料表面化学热处理的表面渗层组织进行分析和测定等都是一种十分有效的手段。但是，C、N、B以及Al、Si等低原子序数的元素，检测的灵敏度不够高，定量精度较差，有关技术尚在进一步完善之中。

3.2.3.3 面扫描分析

面扫描分析实际上是扫描电子显微镜的一种成像方式。入射电子束在样品表面作光栅扫描，谱仪固定接受某一元素的特征X射线信号，并借此调制荧光屏的亮度，即可获得X射线扫描像。在面扫描图像中，元素质量分数较高的区域应该是图像中较亮的部分。若将元素质量分数分布的不均匀性与材料的微观组织联系起来，就可以对材料进行更全面的分析。但在实际的操作条件下，不同区域间的质量分数差至少应该大于2倍，才可能获得衬度较好的图像。此外，应该注意，在面扫描图像中同一视域不同元素特征谱线扫描像之间的亮度对比，不能被认为是各该元素相对含量的标志。

电子探针作微区分析时所激发的体积大小约为10μm^{3}左右，如果分析物的密度为10 g/cm^3，则分析区的质量仅为10^{-10}g。若探针的灵敏度为万分之一的话，则分析区的绝对质量可达10^{-14}g，因此电子探针是一种微区分析仪。

3.2.4 电子探针分析的试样与标样

3.2.4.1 试样要求

一般来说，电子探针分析的对象仅限于在电子束照射下稳定的固体。固体的试样按形状可分为块体、粉末和薄膜。电子探针定量分析对试样的尺寸大小、形状表面、性能等方面均有要求。

A 试样尺寸适宜

试样应为块状或颗粒状，最大尺寸要根据不同仪器的试样架大小而定。例如，JXA-8100电子探针最大试样尺寸为100mm×100mm×55mm；EPMA-8705电子探针仪所允许的最大试样尺寸为φ102mm×20mm。由于电子探针是微区分析，定点分析区域是几个立方微米，电子束扫描范围和图像观察区域与放大倍数有关。试样最小尺寸要大于X射线扩展范围，对大多数试样来说应大于5μm。一般图像扫描范围都不会超过5mm，所以均匀试样没有必要做得很大，有代表性即可。如果试样均匀，在可能的条件下，试样应尽量小，特别是分析不导电试样时，小试样能改善导电性差引起的电荷积累现象。如果要做元素的线扫描或面扫描分析，为了保证扫描区始终保持在聚集圆上，放大倍率一般要1000倍以上。如果放大倍率为1000倍，则电子束在试样上的扫描范围仅为0.1mm，所以，一般情况下试样尺度（包括试样厚度）为几毫米已足够。

B 具有较好的电导和热导性能

金属材料一般都有较好的导电和导热性能，而硅酸盐材料和其他非金属材料一般电导性能和热导性能都较差。后者在入射电子的轰击下将产生电荷，造成电子束不稳定、分析点漂移、有效加速电压降低、吸收电流减小、图像模糊并经常放电，使分析和图像观察无法进行。

试样导热性能差还会造成电子束轰击点的温度显著升高，往往使试样中某些低熔点组分挥发而影响定量分析准确度。

电子束轰击试样时，只有0.5%左右的能量转变成X射线，其余能量大部分转换成热能。热能使试样轰击点温度升高，Castaing 用公式（3-15）表示温升 ΔT（K）：

$$\Delta T = 4.8\frac{V_0 i}{kd} \tag{3-15}$$

式中 V_0——加速电压，kV；

i——探针电流，μA；

d——电子束直径，mm；

k——材料热导率，W/(cm·K)。

C 试样表面光滑平整

试样表面必须抛光。入射电子束应垂直于试样表面，在放大倍率100倍左右反光显微镜下观察时，能比较容易地找到50μm×50μm无凹坑或擦痕的分析区域。因为X射线是以一定的角度从试样表面射出，如果试样表面凸凹不平产生台阶，就可能使出射X射线受到不规则的吸收，降低X射线测量强度，图3-13为试样表面台阶引起的附加吸收。

不同型号的电子探针仪的检出角有两种：40°和52.5°。高检出角不仅可以减小由于试样不平产生的台阶而引起的附加吸收距离，而且同时也缩短了光滑试样X射线的吸收距离。如图3-14所示，φ_1为高检出角，相应的吸收距离为L_1，X射线射出试样后的强度为I_1，同样，φ_2为低检出角，L_2为吸收距离，I_2为X射线强度，μ/ρ为质量吸收系数。显然，大X射线检出角缩短了吸收距离，提高了X射线强度；由于吸收修正量的减小而提高了定量分析的准确度，大X射线检出角还提高了X射线的空间分辨率。

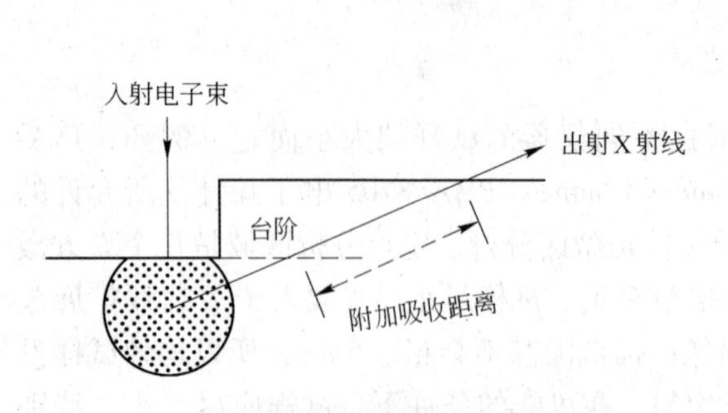

图3-13 试样表面台阶引起的附加吸收

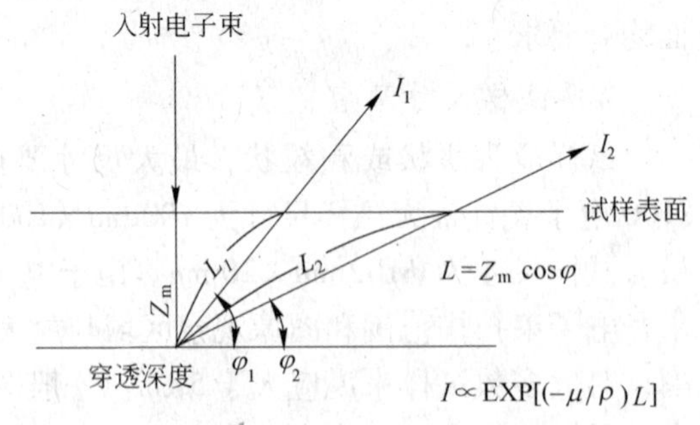

图3-14 不同检出角的吸收距离

D 在真空和电子束轰击下稳定、无污染、无磁性

试样在真空和电子束轰击下应稳定，如不稳定会导致定量分析结果不准确。对不稳定试样如果选择合适的测量条件和测量方法，也会得到好的分析结果。

试样表面应无油性物质或者其他污染，如污染则会造成假象，将干扰定性和定量分析的结果。因此对于表面有污染的试样，在分析前应清洗干净。

有磁性的材料会对电子束形成干扰，往往使得电子探针的电子束漂移，从而影响定性、定量分析结果。因此对磁性材料定量分析时，最好先去磁。

3.2.4.2 标样

标准样品是科学制定和有效实施技术标准，控制和保证分析测试资料的可靠、准确，提高产品质量的一种实物标准。电子探针定量分析标样要求微米量级范围内成分均匀，有准确的成分定值；物理和化学性能稳定；在真空中电子束轰击下稳定；颗粒直径不小于0.2mm；要测定均匀性和稳定性；要满足均匀性判别指数和稳定性判别指数的要求。

对于标样原始材料的选择，通常必须遵循以下一些原则：

（1）选择作为研制标样的材料在化学成分和结构上应尽可能接近于日常分析的试样，材料的主元素含量大于或接近于试样中该元素的含量；

（2）选择作为研制标准的材料应在电子探针分析条件下稳定，能长期保存和使用；

（3）被选择的材料质量通常不少于2g，粒度一般不小于2mm，以供批量制作的需要等，但在一些特殊情况下，如在一些超轻和超硬材料的标样中，被选择材料质量往往不足2g。

针对同一种元素应制备尽可能多的标准试样品种，以满足各种试样的定量分析需要。

由于电子探针分析在通常情况下是全元素分析，每次分析所需标准试样较多，全部都使用国家级标准试样往往有困难，故允许使用研究标准试样，即化学成分已经准确测定的，但其均匀性或稳定性尚未完全测定的试样。

3.2.4.3 试样的制备

电子探针定量分析结果的准确性与试样制备技术密切相关，要根据试样的不同特点，制备满足定量分析要求的试样。对于粉体试样，可以直接撒在试样座的双面碳导电胶上，用表面平的物体压紧，然后用耳球吹去黏结不牢固的颗粒。但对于细颗粒来说（小于5μm），只以采用扫描的方法对一个较大区域进行分析，得到的是粉体的平均成分，而不是单个颗粒的成分。另一方面，对于平均粒径较大的粉体时（20μm以上），也可以将粗颗粒粉体用环氧树脂等镶嵌材料混合后，进行粗磨、细磨及抛光，制备成试样。然后选取表面尽量平的大颗粒进行分析。

对于块状试样，通常都是采用机械抛光的方法。试样研磨、抛光时，要根据试样材料选用不同粒径、材料的抛光粉，例如 Al_2O_3、SiC、MgO、Cr_2O_3、金刚石研磨膏等。抛光粉的粒径从零点几微米到几十微米，抛光以后必须把抛光粉等污染物用超声波清洗机清洗干净。需要腐蚀的试样最好浅腐蚀，腐蚀后必须把腐蚀剂和腐蚀产物冲洗干净，以免产生假象。对于容易氧化或在空气中不稳定的试样，制备后应立即分析。待分析试样应防止油污和锈蚀对试样的污染。

对于难抛光的软材料，如Cu、Al、Au、焊料及聚合物等；难加工的硬材料，如陶瓷、玻璃等；以及软硬组合的多层材料，可采用离子刻蚀法。该方法采用氩离子束轰击试样表面，因此具有无剪切应力、无磨料污染、无划痕、试样损伤小等优点。图3-15（a）和（b）分别为用离子刻蚀法和机械抛光法制备的多层Cu薄膜试样的背散射电子像。图3-15（a）中不但没有机械抛光产生的划痕，而且可以显示Cu的晶粒取向。

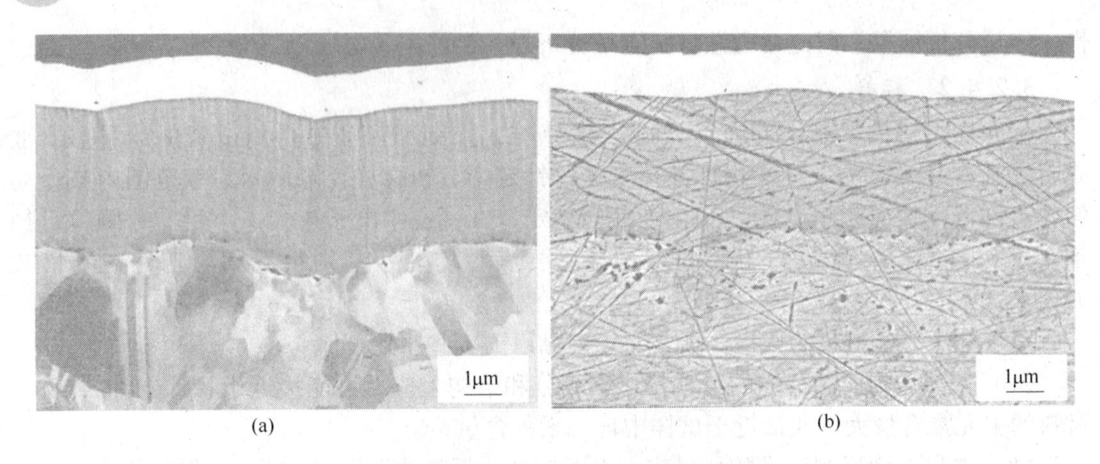

图3-15 多层Cu薄膜截面微观形貌
（a）离子刻蚀抛光；（b）机械抛光

3.3 EBSD分析技术

20世纪90年代以来，装配在SEM上的电子背散射花样（EBSP，Electron Back-scattering Patterns）晶体微区取向和晶体结构的分析技术取得了较大的发展，并已在材料微观组织结构及微织构表征中广泛应用。该技术也被称为电子背散射衍射（EBSD，Electron Backscattered Diffraction）或取向成像显微技术（OIM，Orientation Imaging Microscopy）等。EBSD的主要特点是在保留扫描电子显微镜常规特点的同时进行空间分辨率亚微米级的衍射（给出结晶学的数据）。EBSD改变了以往织构分析的方法，并形成了全新的科学领域，称为"显微织构"——将显微组织和晶体学分析相结合。与显微织构密切联系的是应用EBSD进行相分析、获得界面（晶界）参数和检测塑性应变。目前，EBSD技术已经能够实现全自动采集微区取向信息，样品制备较简单，数据采集速度快（能达到约每小时36万点甚至更快），分辨率高（空间分辨率和角分辨率能分别达到0.1m和0.5m），为快速高效地定量统计研究材料的微观组织结构和织构奠定了基础，因此已成为材料研究中一种有效的分析手段。

目前，EBSD技术的应用领域集中于各种多晶体材料，如工业生产的金属和合金、陶瓷、半导体、超导体、矿石等，用于研究各种现象，如变形热处理过程、塑性变形过程、与取向关系有关的性能（成型性、磁性等）、界面性能（腐蚀、裂纹、热裂等）、相鉴定等。

3.3.1 EBSD系统的组成与工作原理

EBSD系统设备的基本要求是一台扫描电子显微镜和一套EBSD系统。EBSD采集的硬件部分通常包括一台灵敏的CCD摄像仪和一套用来花样平均化和扣除背底的图像处理系统。图3-16是EBSD系统的构成及工作原理。

在扫描电子显微镜中得到一张电子背散射衍射花样的基本操作是较为简单的。相对于入射电子束，样品被高角度倾斜，以便背散射的信号被充分强化到能被荧光屏接收（在显微镜样品室内）。荧光屏与一个CCD相机相连，背散射光束能直接或经放大储存图像后在荧光屏上观察到。只需很少的输入操作，软件程序便可对花样进行标定以获得晶体学信息。目前最快的 EBSD 系统每一秒钟可进行近 100 个点的测量。

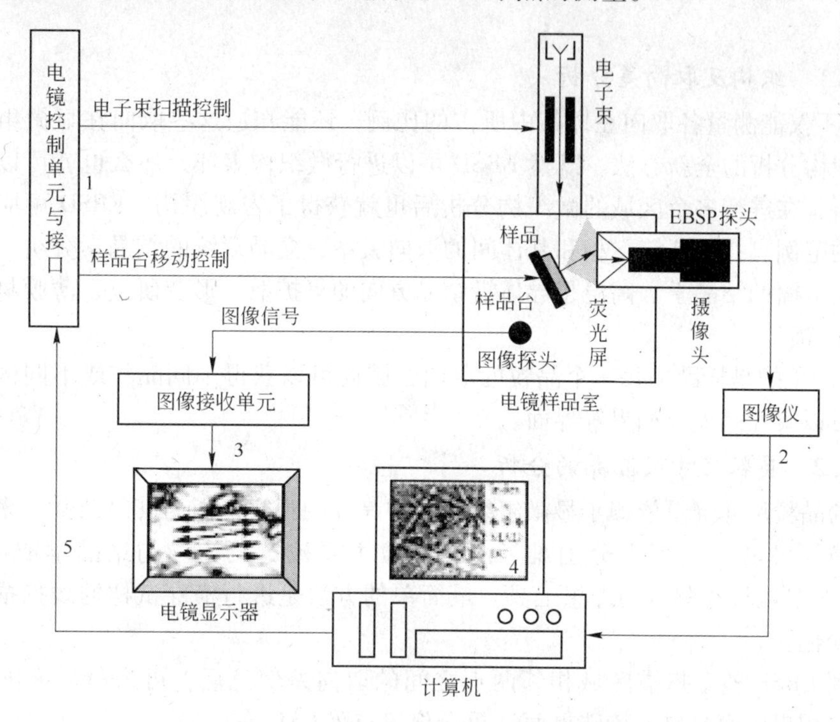

图 3-16 EBSD 系统的构成及工作原理

1—移动电子束或样品台；2—获取花样；3—标定花样；4—记录结果；5—循环至 1

EBSD 技术具有以下四个方面的特点：

（1）对晶体结构分析的精度已使 EBSD 技术成为一种继 X 射线衍射和电子衍射后的一种微区物相鉴定新方法；

（2）晶体取向分析功能使 EBSD 技术已逐渐成为一种标准的微区织构分析技术新方法；

（3）EBSD 方法所具有的高速（每秒钟可测定 100 个点）分析的特点及在样品上自动线、面分布采集数据点的特点已使该技术在晶体结构及取向分析上既具有透射电子显微镜方法的微区分析的特点，又具有 X 射线衍射（或中子衍射）对大面积样品区域进行统计分析的特点；

（4）EBSD 样品制备相对简单。

因此，装有 EBSD 系统和能谱仪的扫描电子显微镜就可以将显微形貌、显微成分和显微取向三者集于一体，这大大方便了材料科学工作者的研究工作。

3.3.2 EBSD 的应用

扫描电子显微镜中电子背散射衍射技术已广泛地成为金属学家、陶瓷学家和地质学家分析显微结构及织构的强有力的工具。EBSD 系统中自动花样分析技术的发展，加上显微镜电子束和样品台的自动控制使得试样表面的线或面扫描能够迅速自动地完成。从采集到的数据可绘制取向成像图 OIM、极图和反极图，还可计算取向（差）分布函数，这样在很短的时间内就能获得关于样品的大量晶体学信息，如：织构和取向差分析；晶粒尺寸及形状分布分析；晶界、亚晶及孪晶界性质分析；应变和再结晶的分析；相鉴定及相比计算等。

3.3.2.1 织构及取向差分析

EBSD不仅能测量各取向在样品中所占的比例，还能知道这些取向在显微组织中的分布，这是织构分析的全新方法。既然EBSD可以进行微织构表征，那么也就可以进行织构梯度的分析，在进行多个区域的微织构分析后也就获得了宏观织构。EBSD可应用于取向关系测量的范例有：推断第二相和基体间的取向关系、穿晶裂纹的结晶学分析、单晶体的完整性、断口面的结晶学、高温超导体沿结晶方向的氧扩散、形变研究、薄膜材料晶粒生长方向测量等。

EBSD测量的是样品中每一个晶粒的取向，因此可以获得不同晶粒或不同区域的取向差，从而可以研究晶界或相界等界面。

3.3.2.2 晶粒尺寸及晶界的分析

传统的晶粒尺寸测量依赖于显微组织图像中晶界的观察，因为其复杂性，多孪晶显微组织的晶粒尺寸测量变得十分困难。由于晶粒主要被定义为均匀结晶学取向的单元，EBSD是作为晶粒尺寸测量的理想工具。最简单的方法是进行横穿试样的线扫描，同时观察花样的变化。

在得到EBSD整个扫描区域相邻两点之间的取向差信息后，可进行研究的界面有晶界、亚晶、相界、孪晶界、特殊界面（重合位置点阵CSL等）。

3.3.2.3 相鉴定及相比计算

EBSD的特点使其具备进行相鉴定的能力，虽然目前这一应用还不如取向关系测量那样广泛，但是应用于相鉴定的技术潜力很大，特别是与化学分析相结合时更是如此。目前，已经采用EBSD鉴定了某些矿物和一些复杂相。EBSD最有用的就是区分化学成分相似的相，如在扫描电子显微镜中很难从能谱成分分析区别某元素的氧化物、碳化物或氮化物，通过EBSD测定这些相的晶体学关系经常能准确地被区分开来。用EBSD进行相鉴定还可以直接区别体心立方和面心立方组织，如钢中的铁素体和奥氏体，这在实践中也经常用到，而这用元素的化学分析方法是无法办到的。而且，在相鉴定和取向成像图绘制的基础上，可很容易地进行多相材料中相百分含量的计算。

3.3.3 EBSD与其他衍射技术的比较

对材料晶体结构及晶粒取向的传统研究方法主要有两个方面：一是利用X射线衍射或中子衍射测定宏观材料中的晶体结构及宏观取向的统计分析；二是利用透射电子显微镜中的电子衍射及高分辨成像技术对微区晶体结构及取向进行研究。前者虽然可以获得材料晶体结构及取向的宏观统计信息，但不能将晶体结构及取向信息与微观组织形貌相对应，也无从了解多相材料和多晶材料中不同相及不同晶粒取向在宏观材料中的分布状况。EBSD恰恰可进行微织构分析、微取向和晶粒取向分布测量，可以将晶体结构及取向信息与微观组织形貌相对应。而透射电子显微镜的研究方法由于受到样品制备及方法本身的限制，往往只能获得材料非常局部的晶体结构及晶体取向信息，无法与材料制备加工工艺及性能直接联系。

X 射线衍射或中子衍射不能进行点衍射分析。除了 EBSD 外，还有其他的点分析技术，主要有 SEM 中的电子通道花样（SAC）和透射电子显微镜（TEM）中的微衍射（MD）。一般认为 EBSD 已经取代 SAC，而 TEM 中的微衍射（MD）需要严格的样品制备，且不可能进行自动快速测量。

定位的相鉴定早已成为 TEM 的工作，但其样品制备较为复杂，有时甚至是不可能的，因此 EBSD 成为极有吸引力的选择。

综上所述，EBSD 是 X 射线衍射和透射电子显微镜进行取向和相分析的有力补充。

3.4 分析实例

3.4.1 扫描电子显微镜分析实例

3.4.1.1 析出相表征

在铸造铝-硅合金中，经常存在各种形态的细小硅晶体析出相，在形貌上显示为多面体结构，如图 3-17 所示。

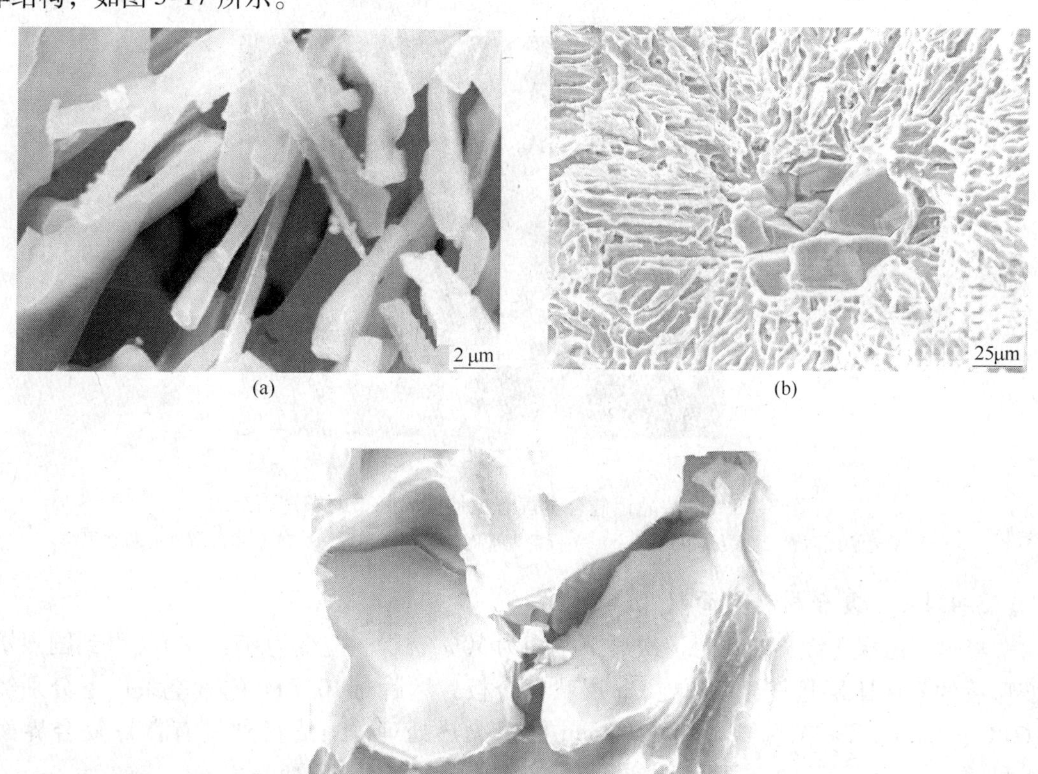

图 3-17 铝-硅合金中硅晶体的扫描形貌
（a）共晶铸造合金的硅晶体形貌；（b）过共晶铸造合金中的硅晶体形貌；
（c）过共晶铸造合金经热处理后的硅晶体形貌

3.4.1.2 材料拉伸断裂形貌

材料断裂类型通常包含脆性断裂、韧性断裂和混合型断裂模式。对于金属材料来说，断裂过程主要分为以下两个细节：原子连接的破坏和点阵原子位置错动。通过扫描电子显微镜的微观观察，可以区分不同断裂类型的表面形貌，表征不同断裂机制和断裂类型，如图3-18、图3-19所示。在周期载荷作用下的断裂形貌有别于静态或动态加载引起的断裂，因此，疲劳断裂为一个单独的类型。

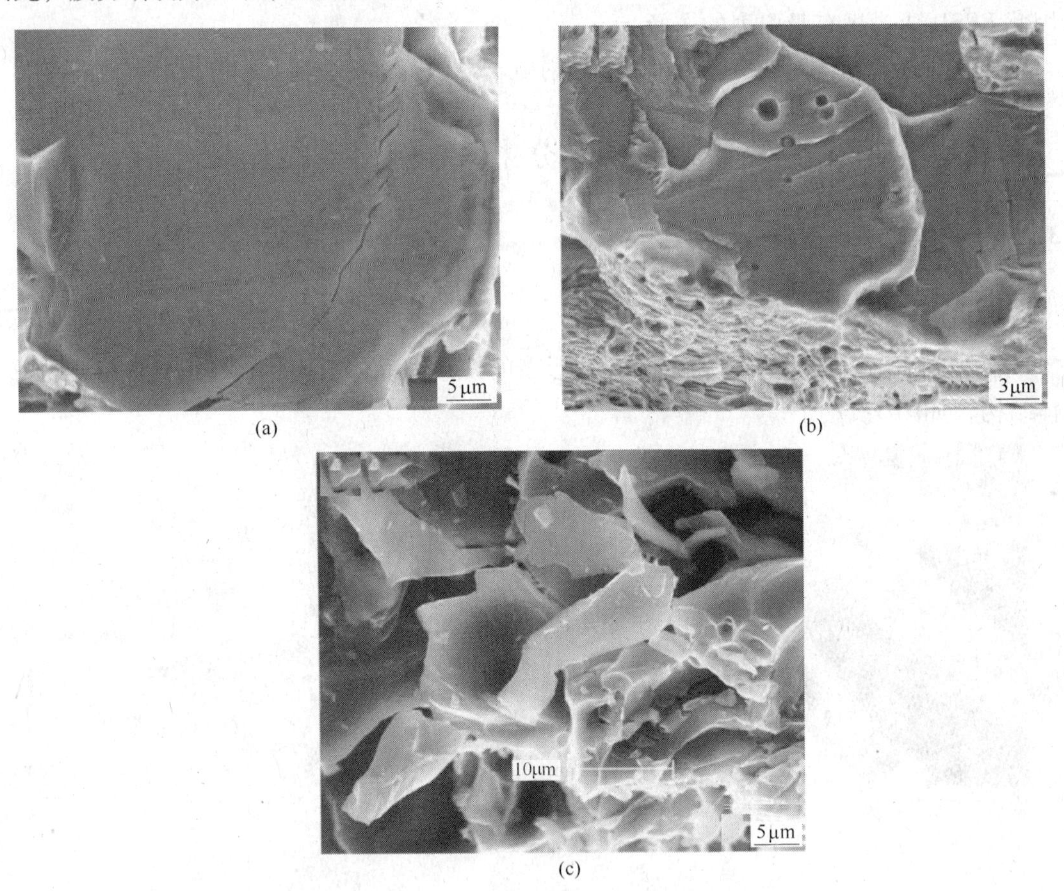

图3-18 过共晶铝硅合金静态拉伸实验断口的解理面组织

（a）平滑解理面和二次裂纹组织；（b）平行解理平面的解理断裂组织；（c）多次解理的断裂组织

3.4.1.3 复合材料界面研究

经过三道次连续冷轧，每道次压下率约为50%（等效应变为87.5%），得到剧烈塑性变形后的Cu/Al层状复合板和纯Cu层状复合板，然后在10^{-3}Pa的真空条件下分别经过160℃、200℃、240℃和280℃保温8min的退火热处理，最终得到具有良好复合界面的板材。

在Instron E1000微测试机上沿着板材轧制方向进行室温单向拉伸实验，夹头拉伸速度为2mm/min，应变速率为10^{-4}/s，试样尺寸为0.24mm×10mm×80mm。Cu/Al复合板界面连接的韧性通过双悬臂梁方法进行测试。截面组织及断口形貌采用ZEISS Supra 35扫描电子显微镜观察，如图3-20所示。

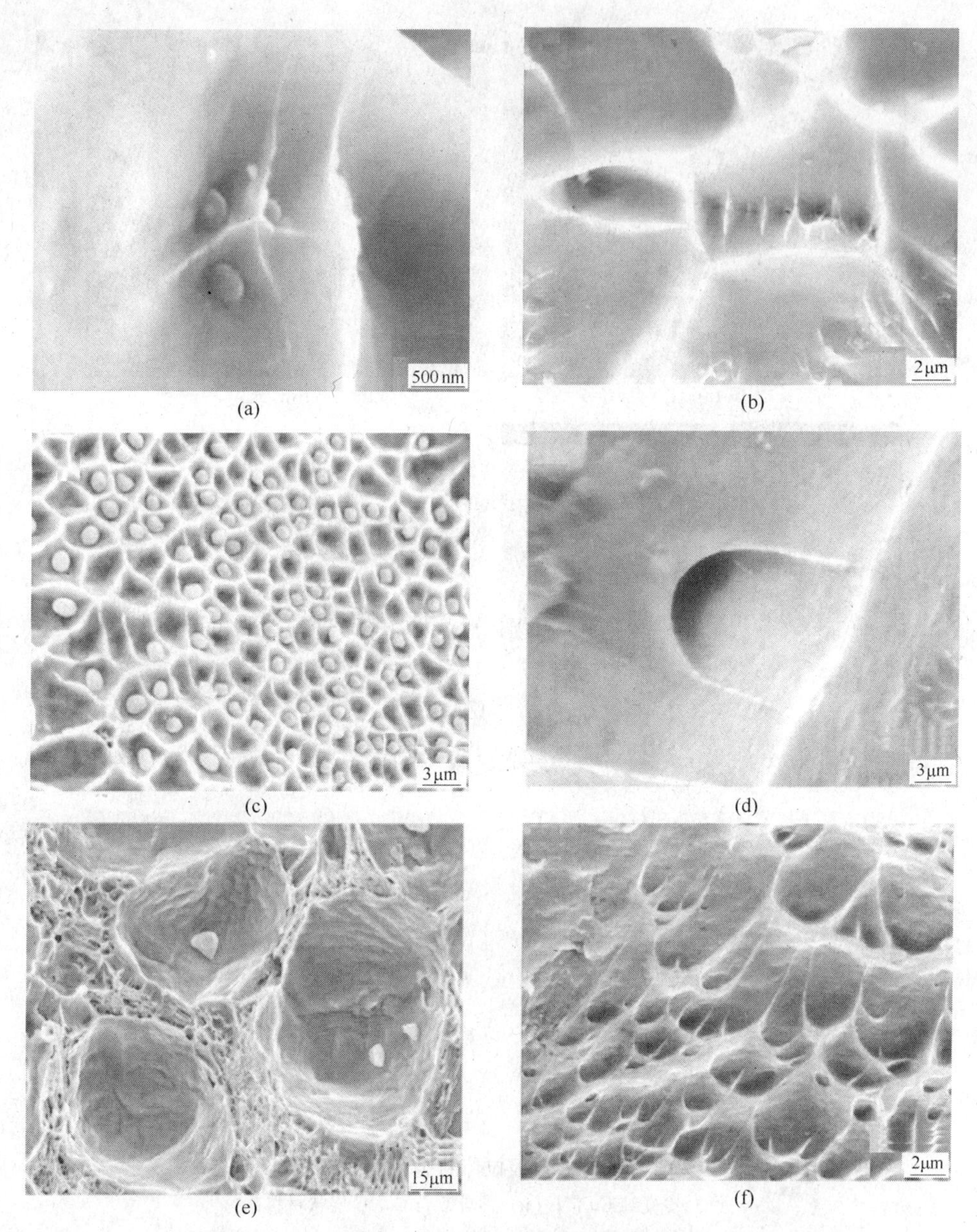

图 3-19 静态拉伸实验中穿晶韧性断裂的形成机制

（a）微孔萌发；（b）塑性流动过程微孔合并引起韧窝形成；（c）韧窝表面；（e）闭孔韧窝；（d），（f）剪切变形形成的韧窝

从图 3-20（a）、（b）中可以看到，两种复合方式的板材中 Cu 在拉伸断裂之前都表现出塑性缩颈行为，从图 3-20（c）、（d）中发现在缩颈断裂的表面上形成一些小韧窝。这表明经过形变硬化和大量塑性变形后，复合板以 Cu 层局部缩颈形式发生断裂，通过 EDS 检测发现一些 Al 碎片存在于断裂表面上，如图 3-20（d）所示。

根据这些现象可知，Cu 层局部缩颈之后造成的应力将 Al 层撕裂成许多碎片保留在断口表面上。在图 3-20（e）中发现 Cu/Al 界面分离，伴随着 Al 层的变形，Cu 层的局部缩颈行为被抑制。

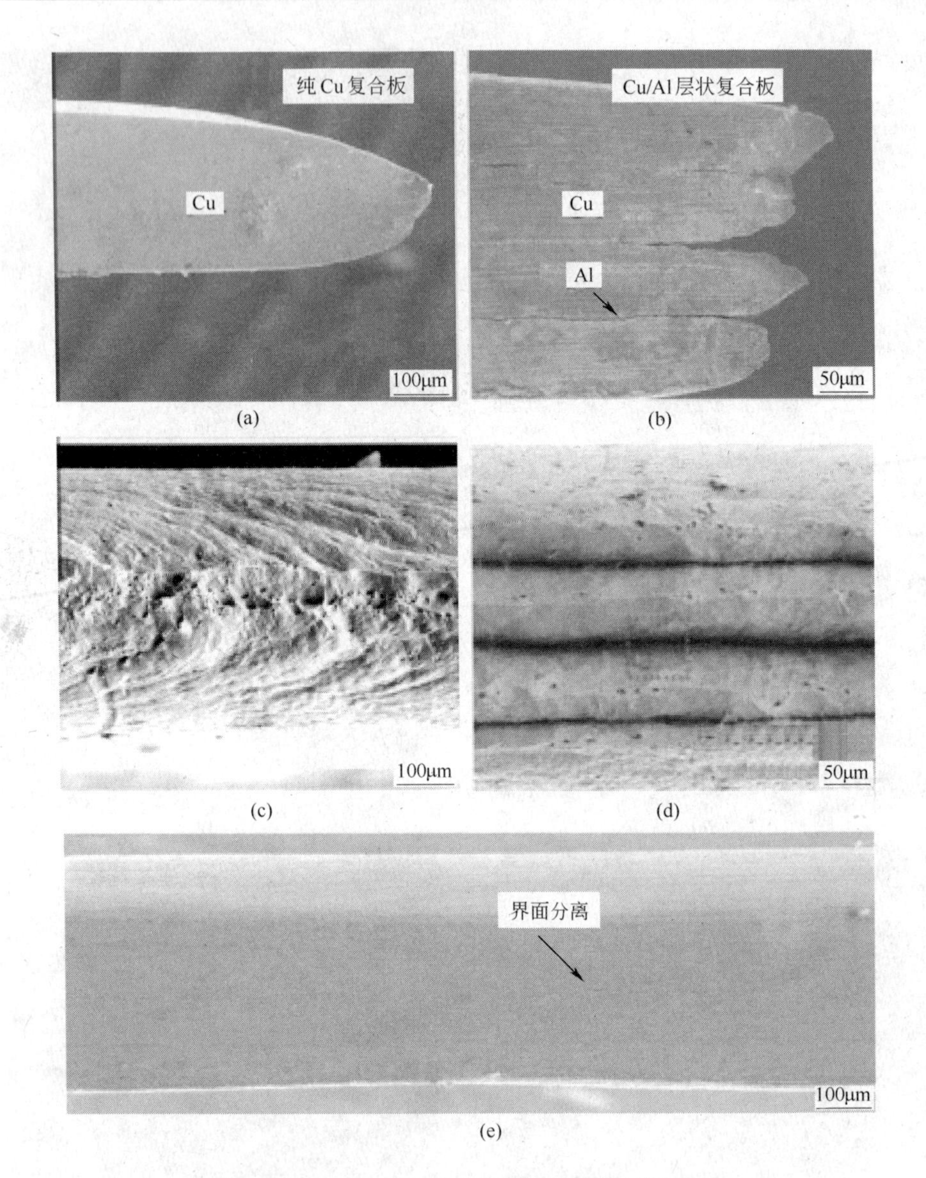

图3-20 Cu/Al复合板拉伸断裂界面的SEM形貌

(a) 冷轧纯Cu带；(b) 冷轧复合Cu/Al层状材料；
(c)，(d) 断裂表面的组织；(e) 冷轧复合Cu/Al材料的拉伸失稳组织

Cu/Al界面的连接韧性对Cu层的缩颈断裂行为起到了巨大的抑制作用，因此，Cu/Al界面连接韧性越好，Cu层的强度也越高，拉伸过程的均匀伸长率也越大。

3.4.1.4 纤维增强金属基复合材料性能表征

纤维增强复合材料的增强体状态与基体的状态决定着复合材料的性能，但因材料特性很难在采用透射等超高倍电子显微镜来观察，而扫描电子显微镜高倍分辨率可以达到纳米级，对于分析亚微米材料具有很大帮助。

通常，纤维增强聚合物复合材料的断裂理论认为，拔出纤维的临界长度决定了纤维增强材料失效模式。根据标准ASTM D638在SANS CMT2000材料力学测试机上进行拉伸实验，拉伸速度为1.0mm/min，根据SEM观察的断口形貌组织确定复合材料的断裂方式和

机理。

在复合材料拉断过程中，拔出纤维的长度一般低于临界长度，否则纤维材料自身会发生断裂。总体上来说，纤维拔出实验在聚合物基体增韧方面是有效的。根据图3-21观察结果，可以有效测量出纤维拔出的临界长度。

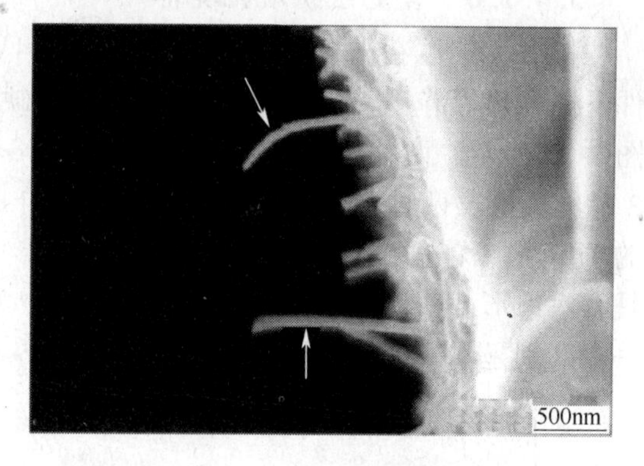

图3-21 环氧树脂基复合材料拉伸断口侧面SEM形貌

（白色箭头表示最长的两根拔出多层碳纳米管）

3.4.1.5 焊剂与基体的界面反应分析

在裸露的Cu基体上，一块焊料（约0.18～0.2g）在红外回流炉的作用下发生回流铺展。回流温度峰值为160℃，回流时间与焊料熔化时间相关为90s。扩散偶在自然状态的炉膛内进行等温时效处理，温度精度为±1℃。时效温度分别为70℃、80℃、90℃、100℃，时间周期为0～60天，误差在30min以内。完成时效处理之后，试样用树脂镶嵌，对横截面进行机械研磨和抛光处理。为了计算在界面扩散反应过程中金属间化合物的生长动力学，在试样横截面沿着基体与金属间化合物过渡位置采用扫描电子显微镜进行观察。金属间化合物相采用EDX和EPMA手段检测，如图3-22所示。

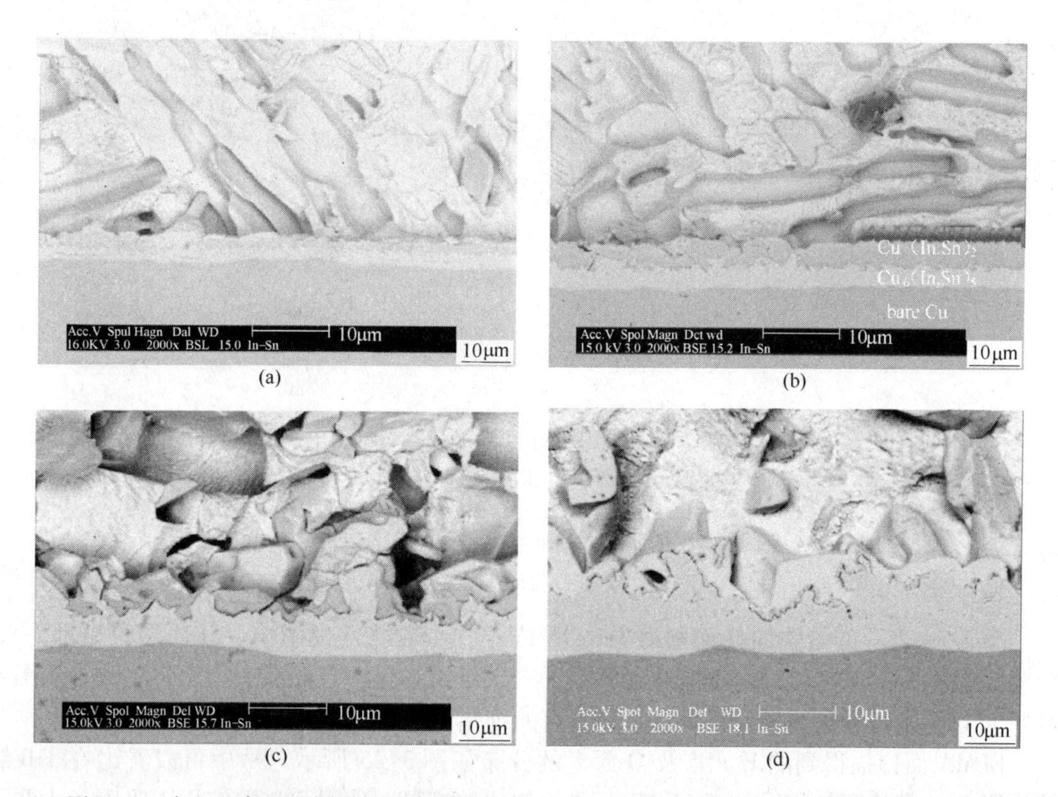

图3-22 在90℃保温不同时间的时效处理后In-48Sn焊料与裸露Cu基体之间的组织形貌

（a）焊接常态；（b）3天；（c）35天；（d）50天

3.4.1.6 合金组织演化观察

将B元素以粉末形式直接加入Ti-6Al-4V（Ti64）熔体中，采用在900℃、100MPa条件下标准热等静压2h来修复铸锭中的微孔缺陷。Ti64、Ti64B处于相同位置的铸造组织如图3-23所示，两种合金材料均含有魏氏体α/β团聚态组织，α、β相以层片状交替分布在β晶粒内部，两种合金的主要区别是在添加B元素的Ti64合金中存在TiB颗粒。针状形貌的TiB颗粒优先在β晶粒边界出现，最终形成链状结构，如图3-23（b）所示。TiB颗粒具有六边形截面，并且呈现出表面脊形态，如图3-23（c）所示。添加B元素后合金的另一个区别是在TiB存在的位置，α-Ti的晶界缺失，如图3-23（d）所示。

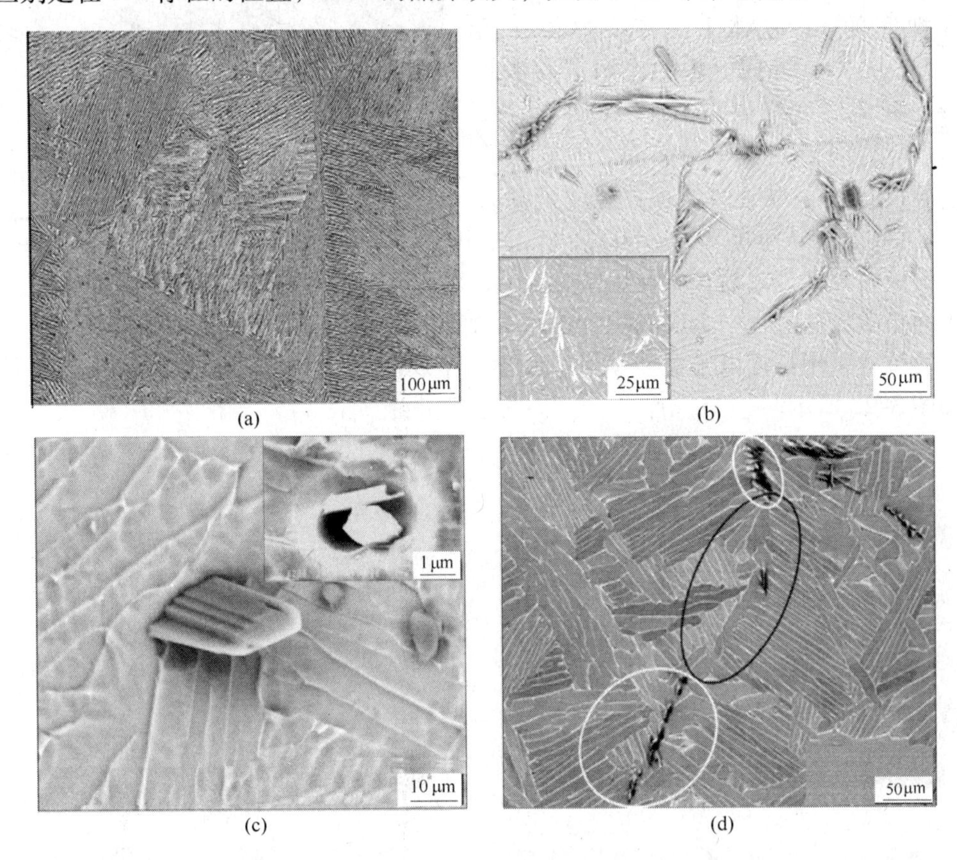

图3-23 Ti-6Al-4V凝固组织SEM形貌（背散射电子模式）

（a）Ti64中的魏氏体α团聚组织，主要在β晶粒和粗晶界位置沉淀形成；
（b）Ti64中添加B元素后因TiB作用形成的项链形魏氏体α团聚组织；
（c）Ti64中添加B元素后因TiB作用形成的宏观的六边形嵌入物；
（d）与TiB共存的薄晶界沉淀相

图3-24表示的是添加B元素对Ti-6Al-4V合金晶粒大小的影响。SEM形貌显示，TiB合金β晶粒大小不均匀，而添加B元素后的合金组织细化，且晶粒大小均匀一致。从图3-24中可以清晰地看到，B元素具有十分显著的细化Ti64合金晶粒的作用。

EPMA面扫描得到的B元素及O元素的分布如图3-25所示，从中可以看出在TiB颗粒位置O元素的含量相对较高，由于晶界扩散比较容易，使得TiB颗粒周围吸附了大量O元素。因此，在TiB颗粒附近O元素含量增加，而β晶界附近O含量下降。

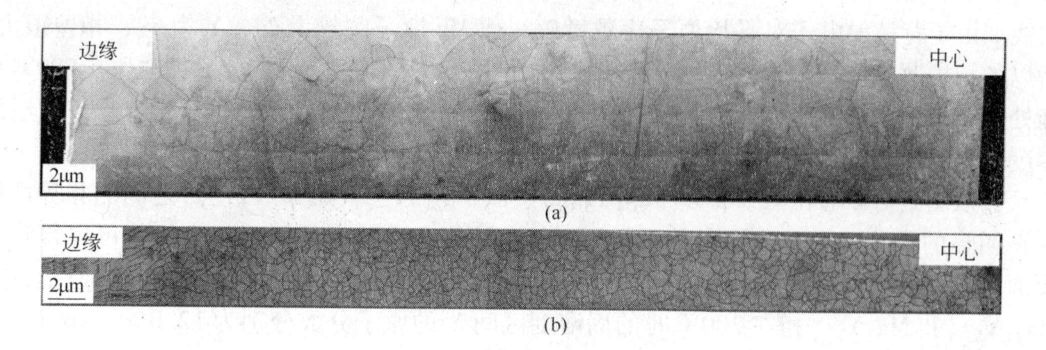

图 3-24 由铸锭边缘到中心的凝固组织 SEM 局部宏观形貌（二次电子模式）
（a）Ti64 合金；（b）添加 B 元素的 Ti64 合金

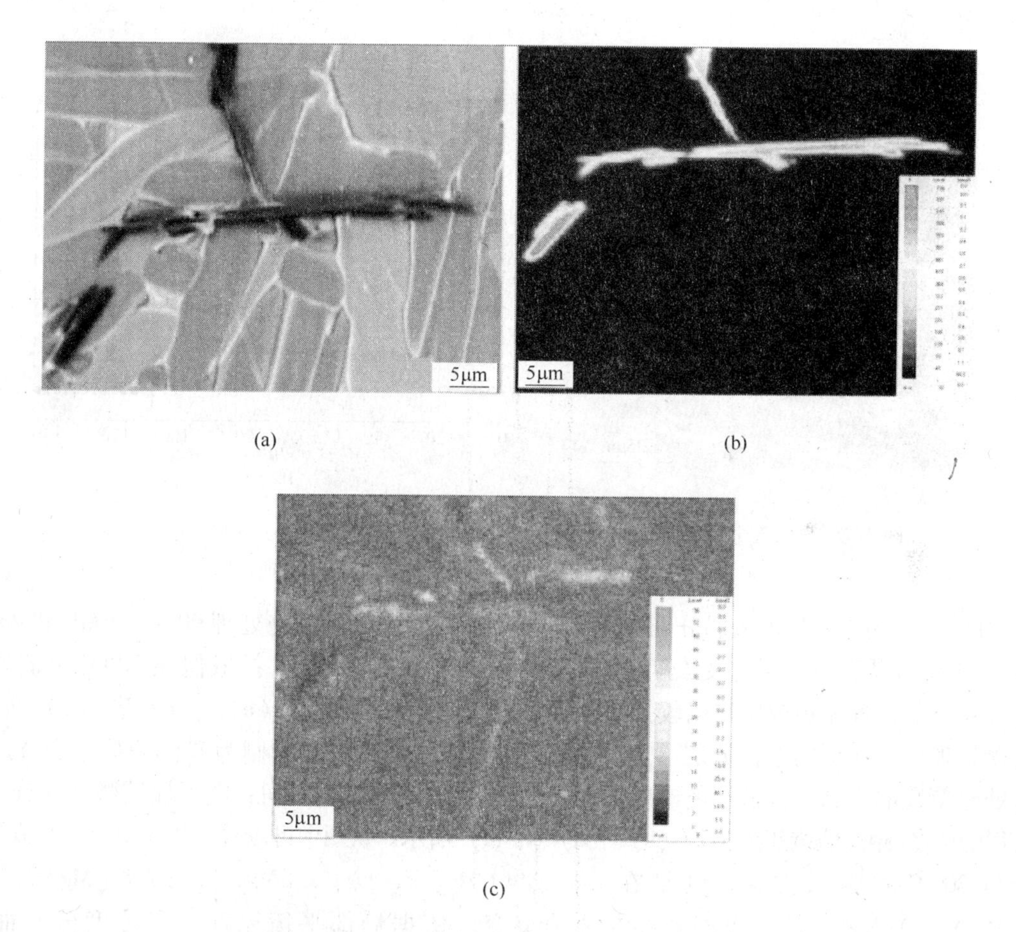

图 3-25 Ti64 + B 合金 EPMA 面扫描分析结果
（a）分析区域的组织形貌（BSE 模式）；（b）B 元素的分布；（c）O 元素的分布

3.4.2 电子探针分析实例

3.4.2.1 二元系相图的测定

图 3-26 为 300℃平衡处理 1020 h 后 Mg/Y 扩散偶的 SEM 背散射电子像以及浓度-距离

曲线。由于背散射电子对平均原子序数敏感，而Mg原子序数为24，Y为89，相差很大，所以各相扩散层可以较为清晰地分辨出来，如图3-26（a）所示。Mg/Y扩散偶在300℃平衡处理获得两个扩散层，左侧为残留的母合金α-Mg，右侧为残留的母合金Y。扩散层的厚度分别约为70μm和20μm，电子探针微区成分分析获得的成分距离曲线如图3-26（b）所示。从图中可以看出α-Mg/ε($Mg_{24}Y_{5-x}$)、ε($Mg_{24}Y_{5-x}$)/δ(Mg_2Y_{1-x})之间的相界面处存在明显的成分突变，依据局部平衡原理，将浓度分布曲线外插到相界线就可以得到相界面两侧的相平衡成分。根据相平衡成分确定ε和δ相分别为$Mg_{24}Y_{5-x}$和Mg_2Y_{1-x}相，$Mg_{24}Y_{5-x}$和Mg_2Y_{1-x}相在300℃时的固溶度区间Y的原子分数分别为12.0%～16.1%和24.0%～30.1%。同时，外插得到在300℃时Y在α-Mg中的最大固溶度的原子分数为1.2%。

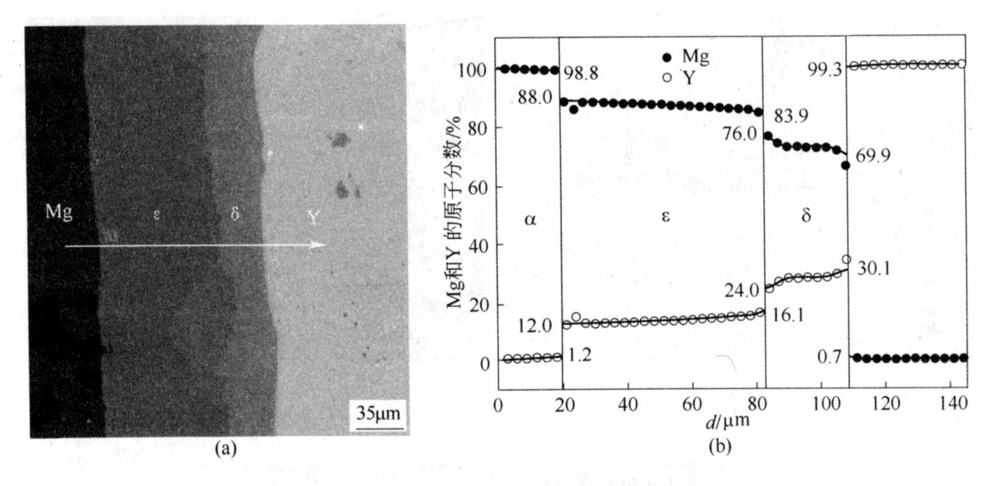

图3-26 Mg/Y扩散偶在300℃平衡处理1020h的组织形貌以及浓度-距离曲线
（a）SEM背散射电子像；（b）电子探针微区成分分析曲线

图3-27为Mg/Y扩散偶分别在400℃、450℃以及500℃平衡处理900h、500h和240 h后的SEM背散射电子像以及浓度-距离曲线图。其结果与Mg/Y扩散偶在300℃平衡处理的结果类似，各相扩散层可以较为清晰地分辨出来，如图3-27（a）、（c）和（e）所示。平衡处理后均获得两个扩散层，左侧为残留的母合金α-Mg，右侧为残留的母合金Y。随着处理温度的升高，扩散层的厚度增加，大约在20～180μm之间，电子探针微区成分分析获得的浓度-距离曲线如图3-27（b）、（d）和（f）所示。从图中可以看出相界面处存在成分突变与300℃的结果类似，也是在α-Mg/ε($Mg_{24}Y_{5-x}$)、ε($Mg_{24}Y_{5-x}$)/δ(Mg_2Y_{1-x})、δ(Mg_2Y_{1-x})/Y之间的相界面处存在成分突变。依据局部平衡原理，将浓度分布曲线外插到相界线就可以得到相界面两侧的相平衡成分。根据相平衡成分确定ε和δ相分别为$Mg_{24}Y_{5-x}$和Mg_2Y_{1-x}相，确定$Mg_{24}Y_{5-x}$和Mg_2Y_{1-x}相在400℃、450℃和500℃时的固溶度区间范围，同时外插得到在400℃、450℃、500℃时Y在α-Mg中的最大固溶度。并将Mg/Y扩散偶在300℃、400℃、450℃以及500℃平衡处理结果汇总在表3-3中。随着温度的升高，$Mg_{24}Y_{5-x}$和Mg_2Y_{1-x}相的固溶度范围区间变大，Y在α-Mg中的固溶度也增大。

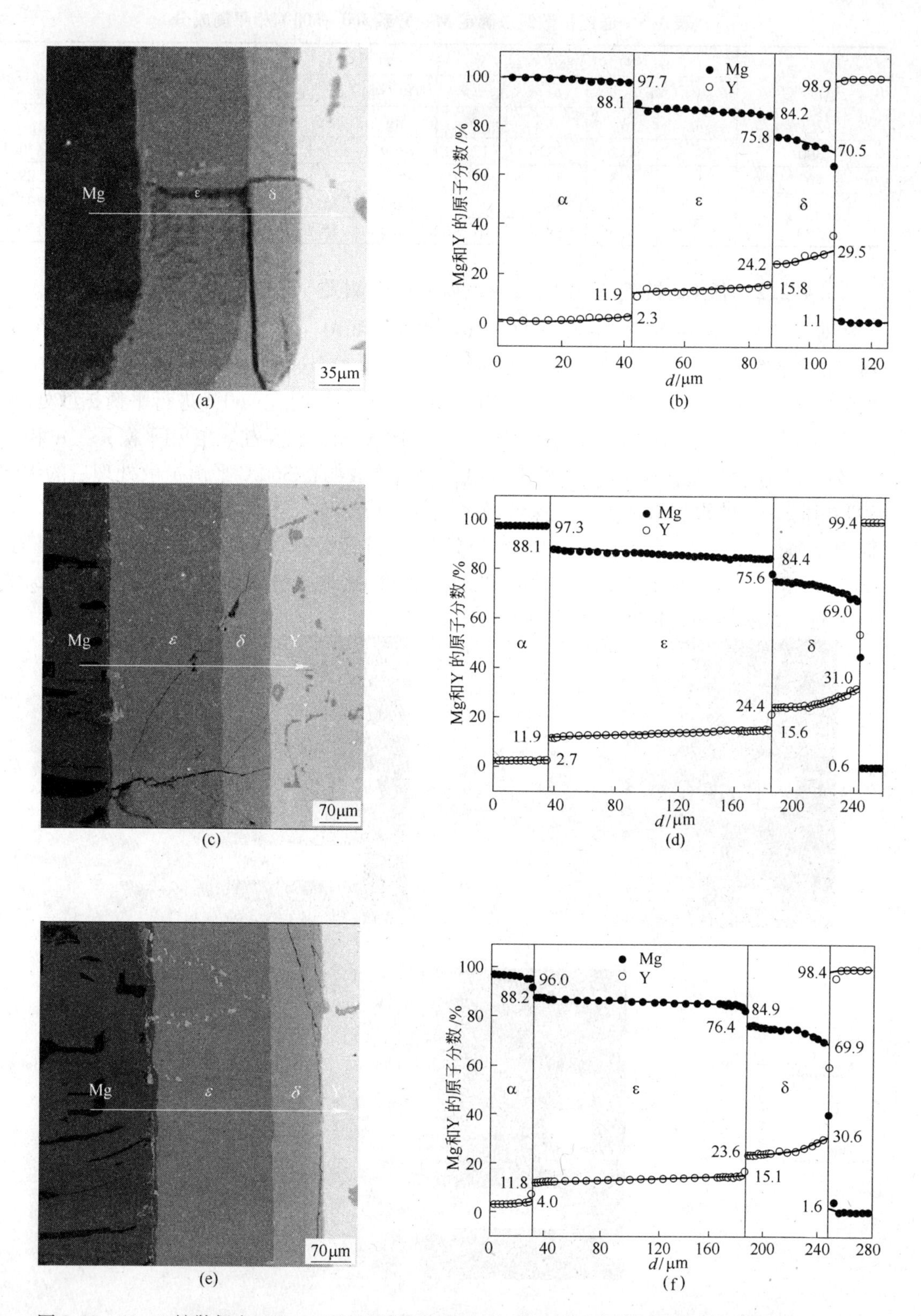

图 3-27 Mg/Y 扩散偶在 400～500℃不同平衡处理时间的组织形貌及相应的浓度-距离曲线

(a)，(b) 400℃平衡处理 900h；(c)，(d) 450℃平衡处理 500h；(e)，(f) 500℃平衡处理 240h

表3-3 通过扩散偶法确定Mg-Y系300~500℃相平衡成分

温度/℃	$\alpha(Mg)/\varepsilon(Mg_{24}Y_{5-x})$				$\varepsilon(Mg_{24}Y_{5-x})/\delta(Mg_2Y_{1-x})$				$\delta(Mg_2Y_{1-x})$	
	$\alpha(Mg)$		$\varepsilon(Mg_{24}Y_{5-x})$		$\varepsilon(Mg_{24}Y_{5-x})$		$\delta(Mg_2Y_{1-x})$			
	Mg	Y	Mg	Y	Mg	Y	Mg	Y	Mg	Y
300	98.8	1.2	88.0	12.0	83.9	16.1	76.0	24.0	69.9	30.1
400	97.7	2.3	88.1	11.9	84.2	15.8	75.8	24.2	70.5	29.5
450	97.3	2.7	88.1	11.9	84.4	15.6	75.5	24.5	69.0	31.0
500	96.0	4.0	88.2	11.8	84.9	15.1	76.4	23.6	69.4	30.6

3.4.2.2 低Cu侧T_s温度以上相平衡成分的测定

对真空热压法制备的Al/Zn、Al/(Zn-1.0Cu)和Al/(Zn-2.0Cu)扩散偶在360℃进行48h扩散平衡处理，三个扩散偶未经腐蚀的背散射电子像如图3-28所示。根据Al-Zn二元相图可知，Al-Zn系溶解度间隙的顶点温度为351℃，表明在360℃进行平衡扩散处理时，在Al/Zn扩散偶中不应该出现中间相层—富Zn的α_2相，仅存在α/β相平衡，在α相中Al与Zn元素连续分布。从图3-28可以看出，三个扩散偶在360℃平衡扩散处理后的组织与300℃和320℃的很相似。但电子探针微区成分分析结果（图3-29）表明，在Al/Zn扩散偶中仅存在α/β相平衡，在α相中Al与Zn元素连续分布，如图3-29（a）所示，与Al-Zn二元相图一致。在Al/(Zn-1.0Cu)和Al/(Zn-2.0Cu)扩散偶中都存在α_1/α_2和α_2/β的相平衡，如图3-29（b）、（c）所示。

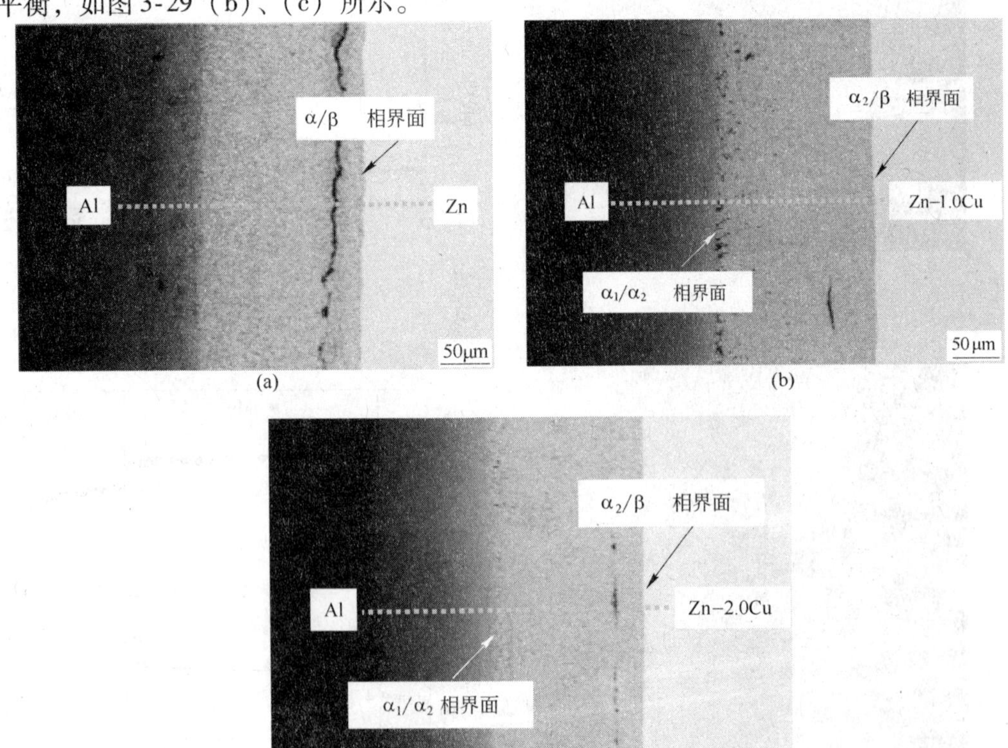

图3-28 扩散偶在360℃保温48h后的背散射电子像

（a）Al/Zn扩散偶；（b）Al/(Zn-1.0Cu)扩散偶；（c）Al/(Zn-2.0Cu)扩散偶

图3-28表明了在Al/Zn扩散偶中，α/β相界面较平直，Zn的扩散距离远大于其他温度；在Al/(Zn-1.0Cu)和Al/(Zn-2.0Cu)扩散偶中，α_1/α_2和α_2/β的相界面都很平直，中间相层厚度大约在70~80μm之间，但前者扩散偶中的α_2相层厚度明显大于后者。

对三个扩散偶在360℃平衡扩散处理48h后的试样进行电子探针分析时，从Al侧向Zn或Zn-Cu合金侧沿图3-28中的虚线进行，测得扩散区域中Al、Zn和Cu元素的成分变化曲线如图3-29所示。可以看出，在α_1/α_2和$\alpha_2(\alpha)/\beta$相界面处出现了明显的成分突变。依据局部平衡原理，将相界面两侧的成分向界面处外插，可在无Cu和有Cu扩散偶中分别获得360℃时α/β、α_1/α_2和α_2/β的相平衡成分，其结果列在表3-4中。

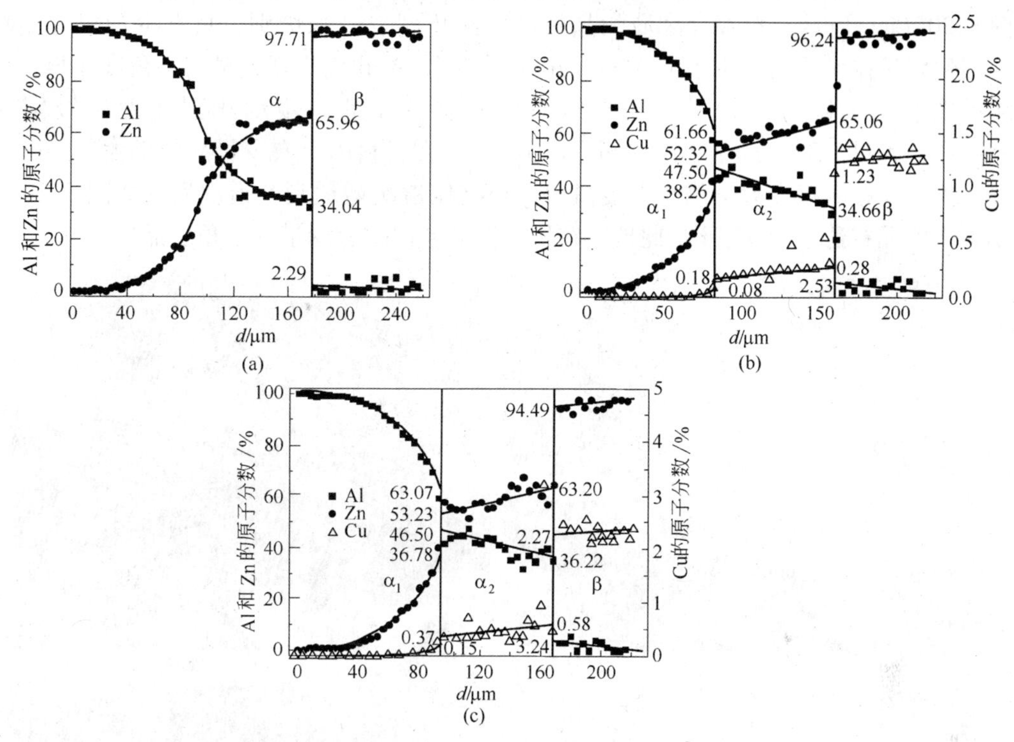

图3-29　三个扩散偶在360℃时保温形成的扩散层中Al，Zn和Cu的浓度－距离曲线

(a) Al/Zn扩散偶；(b) Al/(Zn-1.0Cu)扩散偶；(c) Al/(Zn-2.0Cu)扩散偶

表3-4　扩散偶在360℃退火后的α_1/α_2及α_2/β相平衡成分及Cu的分配比$K_{Cu}^{\alpha_2/\alpha_1}$和$K_{Cu}^{\beta/\alpha_2}$

扩散偶	α_1			α_2			$K_{Cu}^{\alpha_2/\alpha_1}$
	X_{Al}	X_{Zn}	X_{Cu}	X_{Al}	X_{Zn}	X_{Cu}	
Al/Zn	—	—	—	—	—	—	—
Al/(Zn-1.0Cu)	61.66	38.26	0.08	47.50	52.32	0.18	2.2
Al/(Zn-2.0Cu)	63.07	36.78	0.15	46.50	53.23	0.37	2.5

扩散偶	α_2			β			K_{Cu}^{β/α_2}
	X_{Al}	X_{Zn}	X_{Cu}	X_{Al}	X_{Zn}	X_{Cu}	
Al/Zn	34.04	65.96	—	2.29	97.71	—	—
Al/(Zn-1.0Cu)	34.64	65.06	0.28	2.53	96.24	1.23	4.4
Al/(Zn-2.0Cu)	36.22	63.20	0.58	3.24	94.49	2.27	3.9

3.4.3 EBSD 分析实例

选择文献［9］报道的等通道挤压（Equal Channel Angular Pressing，ECAP）对 AZ80 镁合金显微组织及织构的影响来介绍 EBSD 技术的分析特点。AZ80 镁合金在室温下等通道挤压不同道次后，晶粒细化及取向演变非常显著，如图 3-30 所示。从图 3-30（a）中可以看出，挤压 1 道次后，大部分晶粒粗大且不均匀。在这些粗大晶粒内形成大量的孪晶界，同时，在粗大晶粒周围出现了一些细小晶粒，其晶粒尺寸约为 1μm。EBSD 分析结果也表明：挤压后的组织中存在大量的小角度晶界（白线为小角度晶界）。挤压 2 道次后，如图 3-30（b）所示，大部分区域的晶粒已经细化到亚微米级别，只有少量粗大晶粒存在，细化后晶粒尺寸已经小于 1.0μm，并且，在粗大晶粒内出现大量的小角度晶界。当挤压 4 道次后，晶粒以等轴晶为主，其平均晶粒尺寸进一步细化到亚微米级别（约 0.85μm），如图 3-30（c）所示。挤压 4 道次后，在材料内仍有少量晶粒仍大于 5μm，在这些较大的晶粒内存在大量的小角度晶界。当挤压道次增加到 8 道次后，如图 3-30（d）所示，平均晶粒达到 0.65μm。此外，在稍大的晶粒内仍有少量的小角度晶界。

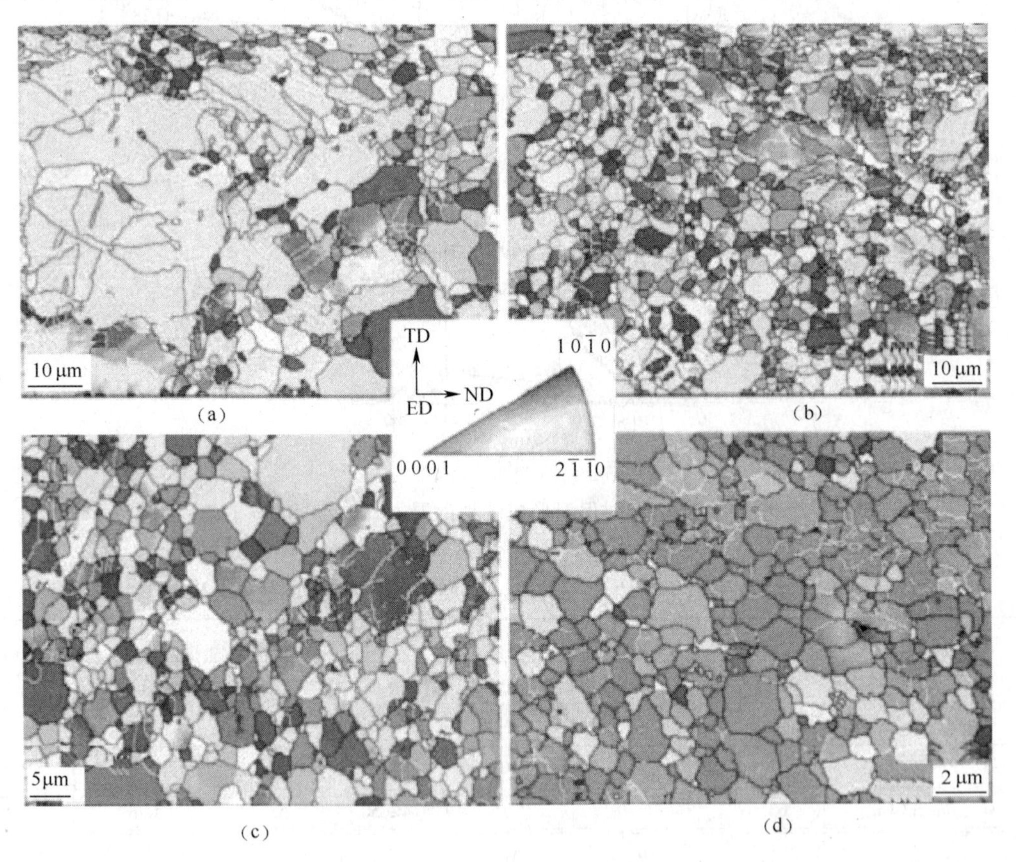

图 3-30 不同道次等径角挤压路径挤压后的反极轴显微结构示意图
（a）1 道次；（b）2 道次；（c）4 道次；（d）8 道次

从图 3-30 中还可以看出，不同道次挤压后晶粒取向逐渐发生转变，从第 1 道次以绿色为主，逐渐转变为 8 道次大部分晶粒以红色为主。对于挤压 1 道次后，大部分晶粒取向分布在蓝色的（$10\bar{1}0$）和绿色的（$2\bar{1}\bar{1}0$）取向。挤压2道次后，大部分晶粒取向转变成为蓝色，即（$10\bar{1}0$）取向。挤压4道次后，晶粒取向进一步趋向于蓝色。然而，当进行8道次挤压后可以明显看出，大部分晶粒显示为红色，偏向于（0001），出现明显的择优取向，即在挤压8道次后基面趋于垂直挤压轴。

图3-31给出了在室温下挤压不同道次后晶粒取向分布和大角度晶界百分比含量（晶界大于15°）。从图中可以看出，挤压1道次后，材料内存在大量的小角度晶界，大角度晶界只有57.5%；挤压2道次后，大角度晶界百分比含量增加到69.0%，小角度晶界比例明显减少；当挤压4道次后，可以明显看出小角度晶粒取向显著减少，大角度晶界高达78.8%；与4道次后相比，挤压8道次后，大角度晶界比例只有少量增加，为79.4%。

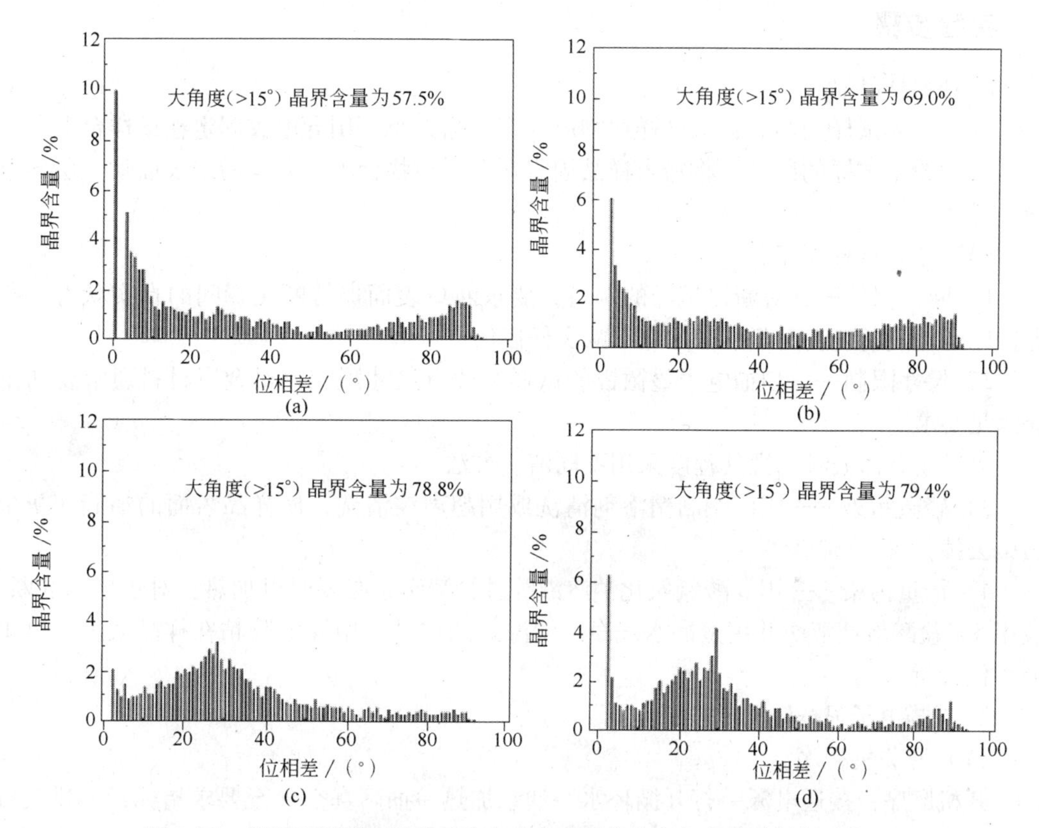

图3-31　挤压不同道次后晶粒取向分布及对应的大角度晶界所占百分比

（a）1道次；（b）2道次；（c）4道次；（d）8道次

实验4　扫描电子显微镜金属组织形貌观察与分析

实验目的及要求

1. 了解扫描电子显微镜的基本结构、工作原理及操作过程。
2. 通过实际样品观察与分析，明确扫描电子显微镜的应用。

实验条件

仪器设备：

日本岛津公司生产的SUPERSCAN SSX-550型扫描电子显微镜，设备主要参数如下所示：

分辨率：3.5nm；

放大倍数：7～300000倍；

加速电压：30kV；

样品尺寸：≤125mm；

实验材料：低碳钢及拉伸断口。

实验步骤

1. 观察样品制备

（1）块体试样的制备：将试样切割成指定样品大小，用导电胶固定在试样台上。

（2）粉末试样的制备：将粉末样品固定在金属载物台上，并在粉末表面喷一层导电金粉后观察。

（3）断口试样制备：

1）断口保护——对断口试样的制备，要求断口表面保持断裂瞬间的真实状态，断口保护原则是使断裂表面既不增加也不减少任何信息。

2）尺寸限制——扫描电子显微镜的试样一般有尺寸限制，对金属材料通常要切割才能满足要求。

当样品有污染时，视其程度采用不同清洗方法。

3）轻微污染——用丙酮酒精溶剂清洗或用超声波清洗，使样品表面的油脂、灰尘等污染去掉。

4）严重污染——用弱酸氢氧化钠溶液等进行清洗，必要时可加热。对于生锈的断口，应用5%盐酸溶液清洗并用蒸馏水洗净。清洗好的样品，用导电胶粘在样品架上，烘干后便可供分析。

2. 扫描电子显微镜操作步骤

（1）开关机程序。

开机顺序：接通电源→打开循环水→油泵加热→抽高真空（至要求指标）→排气放样品→抽高真空（至要求指标）→打开高压→调像→记录。

关机顺序：关灯丝电压→调节三轴（x、y、z）至原始位置→关扫描电子显微镜→冷却15min后关循环水→切断电源。

（2）图像调整。

1）高压选择。扫描电子显微镜的分辨率随加速电压增大而提高，但其衬度随电压增大反而降低，并且加速电压过高污染严重，所以一般在20kV下进行初步观察，而后根据不同的目的选择不同的电压值。

2）聚光镜电流的选择。聚光镜电流与像质量有很大的关系，聚光镜电流越大，放大倍数越高。同时，聚光镜电流越大，电子束斑越小，相应的分辨率也会越高。

3）光阑选择。光阑孔一般是400μm、300μm、200μm、100μm四档，光阑孔径越小，景深越大，分辨率越高，但电子束流会减小。一般在二次电子像观察中选用 300μm 或 200μm 的光阑。

4）聚焦与像散校正。在观察样品时要保证聚焦准确才能获得清晰的图像。聚焦分粗调、细调两步。由于扫描电子显微镜景深大、焦距长，所以一般采用高于观察倍数二、三档进行聚焦，然后再回过来进行观察和照相，即所谓“高倍聚焦，低倍观察”。

5）亮度与对比度的选择。要得到一幅清晰的图像必须选择适当亮度与对比度。二次电子像的对比度受试样表面形貌凸凹不平而引起二次电子发散数量不同的影响。通过调节光电倍增管的高压来控制光电倍增管的输出信号强弱，从而调节了荧光屏上图像的反差。亮度的调节是调节前置放大器的直流电压，使荧光屏上图像亮度发生变化。发差与亮度的选择则是当试样凸凹严重时，衬度可选择小一些，以达到明亮对比清楚，使暗区的细节也能观察清楚。

（3）样品形貌观察：

1）二次电子像，采用二次电子模式对试样表面及断口组织进行观察，区分各部分的形貌及凸凹状态；

2）背散射电子像，采用背散射电子模式观察试样，可以得到试样表面明暗不同的组织形貌，便于区分试样的化学成分。

思考题

1. 分析二次电子形貌像和背散射衬度像的区别。
2. 背散射电子可以检测到元素的原理及应用范围。

实验报告

1. 简述 SUPERSCAN SSX-550 扫描电子显微镜的构造、工作原理及性能特点。
2. 分析微观组织及典型断口形貌。

实验5　电子探针微区成分分析

实验目的及要求

1. 了解电子探针的基本结构、工作原理及操作过程。
2. 通过实际操作演示，了解电子探针分析方法及其应用。

实验条件

1. 实验设备

日本岛津 EPMA-1610 电子探针微分析仪，设备主要参数如下所示：

元素分析范围：5B—92U；

X 射线取出角：52. 5°；

二次电子像分辨率：6 nm（W 灯丝，30kV）和 5 nm（CeBx 灯丝，30kV）；

电子图像放大倍数：×100 ~ ×50000；

光学图像放大倍数：×540。

2. 样品要求

所用的试样都是块状的，要求被分析表面尽可能平整，而且能够导电，任何试样表面的凹凸不平，都会造成对 X 射线有规则的吸收，影响 X 射线的测量强度。此外，样品表面的油污、锈蚀和氧化会增加对出射 X 射线的吸收作用；金相腐蚀也会造成假象或有选择地去掉一部分元素，影响定量分析的结果。因此，应重视所制备样品表面的原始状态，以免得出错误的分析结果。

3. 加速电压

电子探针电子枪的加速电压一般为 3 ~ 50kV，分析过程中加速电压的选择，应考虑待分析元素及其谱线的类别。为了从试样表面上激发物质所包含元素的特征 X 射线谱，要求电子探针的加速电压大于物质所包含元素的临界激发电压。当分析含量极微的元素时，应采用较高的加速电压以提高分析的灵敏度。

4. 电子束流

特征 X 射线的强度与入射电子束流成线性关系。为提高 X 射线信号强度，电子探针必须使用较大的入射电子束流，特别是在分析微量元素或轻元素时，需选择大的束流，以提高分析灵敏度。在分析过程中要保持束流稳定，在定量分析同一组样品时应控制束流条件完全相同，以获取准确的分析结果。

5. 分光晶体

实验时应根据被分析元素的范围，选用最合适的分光晶体。一般来说，选择其 d 值接近待测试样波长的分光晶体，这样衍射效率高、分辨本领好且峰背比值大。

实验步骤

1. 定性分析

（1）点分析。将电子探针照射在样品的某一微区或特定点上，对该点作元素的定性和定量分析，即为点分析。电子探针分析的元素范围可从铍（原子序数 4）到铀（原子序数 92），检测的最低浓度（灵敏度）大致为 100×10^{-6}，空间分辨率约在微米数量级。

（2）线分析。当电子束在试样某区域内沿一条直线作缓慢扫描的同时，记录其 X 射线的强度（它与元素的浓度成正比）分布，就可以获得元素的线分布曲线。线分析法适合于分析各类界面附近的成分分布和元素扩散。

（3）面分析。当电子束在试样表面的某面积上作光栅状扫描的同时，记录该元素的特征 X 射线的出现情况。凡含有待测元素的试样点均有信号输出，相应在显像管的荧光屏上出现一个亮点；反之，凡不含有该元素的试样点，由于无信号输出，相应在显像管的荧光屏上不出现亮点。因此，在荧光屏上亮点的分布就是代表该元素的面分布。元素的面分布图像可以清晰地显示与基体成分存在差别的第二相和夹杂物，能够定性地显示微区内某元素的偏析情况。

2. 定量分析

（1）选择合适的分析线。在波谱已经进行注释的分析基础上，考虑选用强度较高和不受干扰的谱线作为元素定量分析的分析线。选择最佳的工作条件，排除干扰线对分析线附加强度的影响，以便尽可能降低干扰线的强度而提高分析线强度。

（2）峰值强度的确定。因为所测得特征 X 射线的强度近似与该元素的浓度成正比，故作为定量分析的基本实验数据，首先要确定分析线的峰值强度。要获得分析线的纯净峰值强度，必须扣除干扰线的强度影响以及本底强度。

（3）*K* 比率和修正系数 *Pi* 的确定。目前在 X 射线波谱定量分析中，通常采用 ZAF 法计算元素浓度，只需把测得的纯净峰值强度数据和试验条件输入到计算机中，就可以通过 ZAF 分析程序计算出被分析元素的浓度，一般均能得到较好的定量分析结果，所得元素浓度的结果同真实浓度差异约 2% ~5% 左右。

思考题

1. 电子探针微区成分定性及定量分析的原理是什么？
2. 电子探针分析的应用是否与检测材料有关？

实验报告

1. 简述电子探针仪的构造、工作原理及性能特点。
2. 结合测试样品，进行点、线、面成分分析。

实验6　扫描电子显微镜 EBSD 分析

实验目的及要求

1. 了解电子背散射衍射的原理及仪器操作过程。
2. 通过对实际样品组织分析，掌握电子背散射衍射的应用。

实验条件

仪器设备：

日本岛津公司生产的配备有电子背散射衍射仪的 SUPERSCAN SSX-550 型扫描电子显微镜，设备主要参数如下所示：

分辨率：3. 5nm；

放大倍数：7 ~300000 倍；

加速电压：30kV；

样品尺寸：≤125mm；

附件：X 射线能谱仪 EDS；

　　　电子背散射衍射仪 EBSD；

实验材料：冷轧硅钢板。

实验步骤

1. 实验样品的制备

EBSD 分析要求试样表面高度光洁，在测试前必须对试样进行表面研磨抛光处理。在研磨抛光中形成的加工形变层会导致图像灰暗不清晰，应完全去除。EBSD 通常的制样方法为常规金相样品制备结合电解抛光/腐蚀。

不同的材料可以灵活采用不同的表面加工方法。金属材料可采用化学或电解抛光去除形变层；离子溅射减薄可去除金属或非金属材料研磨抛光中形成的加工形变层；某些结晶形状规则的粉末材料可直接对其平整的晶面进行分析。

机械抛光：方便，快捷，但试样表面破坏，存在残余应力。该方法对变形金属不适用，主要对退火后粗大晶粒材料使用。

电解抛光：方便，最常用，但抛光工艺（抛光液，参数）摸索需要一定的时间。该方法影响抛光效果的因素有：电解液成分，溶液温度，搅拌条件，电解面积（影响电流密度）和电压，通过调整这些参数可以得到较好的抛光效果。

电解抛光并不适用于所有金属，在抛光过程中容易出现抛光不均匀或者形成凹坑，边缘被腐蚀，抛光区范围有限，抛光能力有限，电解液有毒，比较难找到合适的抛光液等不利因素，因此需要较长时间的摸索过程。

离子轰击：适用于难抛光的软材料，如 Cu，Al，Au，焊料及聚合物；也用于难加工的硬材料，如陶瓷和玻璃等。该方法具有无表面污染，无划痕，试样损伤小，机械变形较小等优点。

2. 电子背散射衍射的分析过程

（1）用标准样品校正显微镜、样品和衍射仪的位置，并检查电子显微镜工作状态是否正常。

（2）安装样品（使用 EBSD 专用样品台）。

（3）用 SEM 获取一幅图像，并确定分析区域，使样品待分析区域位置与标样上校正点处于同一聚焦位置。

（4）条件设定，收集电子背散射衍射图像，计算机标定图谱。

（5）数据存储，方便进一步处理和输出。

EBSD 的数据分为两大类，一类是从传统的宏观织构测量中衍生出来的方法：理想取向、极图、反极图、欧拉空间；另一类是由显微织构得出的晶体取向及相互之间关系的测量方法：快速晶体取向分布图、特殊晶界类（MAP）、重位点阵晶界（CSL）、RF 空间图（Rodrigeuz Frank）、所有晶界取向错配度图形、重构的晶粒尺寸。

思考题

1. 试样的晶界取向夹角与冷轧变形量有何关系？
2. EBSD 在金属材料如何分析变形织构？

实验报告

1. 简述电子背散射衍射仪的工作原理及性能特点。
2. 说明电子背散射衍射用来分析试样晶体取向的原理。

参考文献

［1］王富耻．材料现代分析测试方法［M］．北京：北京理工大学出版社，2006.

[2] 左演声，陈文哲，梁伟. 材料现代分析方法 [M]. 北京：北京工业大学出版社，2000.

[3] 常铁军，祈欣，刘喜军，等. 材料近代分析测试方法 [M]. 哈尔滨：哈尔滨工业大学出版社，2005.

[4] 张善勇，库马尔. 材料分析技术 [M]. 刘东平，等译. 北京：科学出版社，2010.

[5] 黄新民，等. 材料研究方法 [M]. 哈尔滨：哈尔滨工业大学出版社，2008.

[6] Kim D G，Jung S B. Interfacial Reactions and Growth Kinetics for Intermetallic Compound Layer between In-48Sn Solder and Bare Cu Substrate. Journal of Alloys and Compounds，2005，386 (1-2)：151 ~ 156.

[7] Liu H，Zhang B，Zhang G. Delaying premature local necking of high strength Cu：A potential way to enhance plasticity. Scripta Mater，2010，64 (1)：13 ~ 16.

[8] Roy S，Suwas S，Tamirisakandala S，et al. Development of solidification microstructure in boron-modified alloy Ti-6Al-4V-0.1B. Scripta Mater，2011，59 (14)：5494 ~ 5510.

[9] 李继忠. 镁及镁合金中低温等通道转角挤压变形及组织性能研究 [D]. 东北大学，2010.

冶金工业出版社部分图书推荐

书　　名	作　者	定价(元)
金属材料塑性成形实习指导教程	钱健清	26.00
金属塑性加工学——轧制理论与工艺（第3版）	王廷溥	48.00
金属表面处理与防护技术	黄红军	36.00
金属压力加工车间设计（第2版）	温景林	42.00
钒冶金	杨守志	45.00
无缝钢管百年史话	金如崧	35.00
钢管生产	李　群	32.00
冶金废旧杂料回收金属实用技术	谭宪章	55.00
金属学与热处理	刘天佑	42.00
现代钢管轧制与工具设计原理	李国祯	56.00
轧制工艺参数测试技术（第3版）	黎景全	30.00
金属压力加工概论（第2版）	李生智	29.00
C + +程序设计	高　潮	40.00
高精度板带钢厚度控制的理论与实践	丁修堃	65.00
轧制过程自动化（第3版）	丁修堃	59.00
无线传感器网络技术	彭　力	22.00
热轧带钢轧后层流冷却控制系统	彭　力	18.00
信息融合关键技术及其应用	彭　力	29.00
电磁冶金技术及装备	韩至成	76.00
电磁冶金技术及装备500问	韩至成	58.00